阅读成就思想……

Read to Achieve

妙趣横生的
认知心理学

［英］ 彼得·J.希尔斯（Peter J. Hills）
迈克尔·帕克（Michael Pake）　◎著　张蔚◎译

Cognitive Psychology
For
Dummies

中国人民大学出版社
·北京·

图书在版编目（ＣＩＰ）数据

妙趣横生的认知心理学 ／（英）彼得·J. 希尔斯
(Peter J. Hills)，（英）迈克尔·帕克
(Michael Pake) 著 ；张蔚译. -- 北京 ：中国人民大学
出版社，2023.5
　　书名原文: Cognitive Psychology For Dummies
　　ISBN 978-7-300-31590-4

　　Ⅰ. ①妙… Ⅱ. ①彼… ②迈… ③张… Ⅲ. ①认知心
理学—研究 Ⅳ. ①B842.1

　　中国国家版本馆CIP数据核字(2023)第059975号

妙趣横生的认知心理学

［英］ 彼得·J. 希尔斯（Peter J. Hills）
　　　 迈克尔·帕克（Michael Pake）　　　著

张蔚　译

MIAOQUHENGSHENG DE RENZHI XINLIXUE

出版发行	中国人民大学出版社		
社　　址	北京中关村大街31号	**邮政编码**	100080
电　　话	010-62511242（总编室）	010-62511770（质管部）	
	010-82501766（邮购部）	010-62514148（门市部）	
	010-62515195（发行公司）	010-62515275（盗版举报）	
网　　址	http://www.crup.com.cn		
经　　销	新华书店		
印　　刷	天津中印联印务有限公司		
开　　本	787 mm×1092 mm　1/16	**版　　次**	2023 年 5 月第 1 版
印　　张	23　插页 1	**印　　次**	2023 年 5 月第 1 次印刷
字　　数	348 000	**定　　价**	99.00 元

译者序

・・

认知心理学作为 20 世纪 50 年代发展起来的一股思潮，对现代心理学研究方向产生着非常重大的影响，其在记忆、注意、感知、知识表征、推理、创造力及问题解决等方面的研究，不仅开辟了一批崭新的心理学研究领域，而且与之前的研究相结合，在很多方面更是带来了长足的进步。

从认知心理学的不断发展中，我们看到了学科的无限潜力，以及对"过程"研究时所展现出的无穷魅力，这种魅力吸引着越来越多的人投入到认知心理学的学习中去。由此，一个问题就自然而然地出现在了广大爱好者和初学者面前，那就是：我们该如何学习认知心理学这样一门内涵丰富且富有专业度的学科呢？要知道，很多认知心理学成果的发现都是认知心理学家在实验环境下辛苦得到的，大多数结果都可能面临着生态效度的问题。

在专业的认知心理学知识与爱好者的学习动力之间，往往存在着一个巨大的问题——理解。在读者试图对书中知识进行理解的时候，过于专业的表述会让读者的注意力分散，感觉到无聊，随即失去兴趣。所以，每当翻开一本专业书籍时，我们当然希望书中的内容是易懂的、全面的，或者如果可以再有趣一点，那可能对于大多数读者来说，这本专业书籍就是近乎完美的存在了。

在翻译完《妙趣横生的认知心理学》这本书后，我可以很负责任地说，它可能就是正在被这个问题困扰的你可以选择的最优解。

这是一个系列的专业科普书籍，可能在之前的阅读生涯中，你或多或少看过这个系列的其他几本，虽是不同领域的书籍，但风格非常统一，作者完全站在专业的角度，以诙谐幽默的描写，努力在书中为读者呈现出尽可能多的专业知识，以及这些专业知识充满趣味性和引人入胜的那一面。本书亦是如此。认知心理学所涉及的知识点众多，为了让读者可以轻松地进行阅读，同时又对这些想要了解的知识点有所记忆，作为认知心理学家的作者，将这本入门版的认知心理学书籍做成了可查询的手册形式。

你不需要从头开始读这本书，每个章节之间是独立存在的，如果你只对记忆的过程感兴趣，那就直接翻到记忆的章节开始看。作者在书中同时设置了关键词、延伸阅读的提醒等，足以同时满足爱好者和深入学习者的不同识记需求。读者在阅读学习的同时，也可以随着自己对知识点了解的深入，随时调整自己对这本书的运用和发掘深度，假设看到一半不想看了，也可以轻松地跳转到其他可能感兴趣的单元重新开始，比如从"记忆"跳转到"注意"的章节。

很多人看到这里可能会产生一个疑问，这与其他的教科书并没有太大的区别，或者说如果其内容还是局限于概念，那怎么引起和维持读者的阅读兴趣呢？作为认知心理学家的作者深谙此道，并不会让读者的注意从他书写的字里行间流走。所以，本书的一大特点就是口语化的表达以及不间断的实验、案例、幽默笑话组成的更加接地气的表达（尽管在翻译的过程中给我带来了挺大的困扰，但对于读者来说，在认知心理学书籍中这是前所未有的创举），将知识点带入不断出现的各种案例和实验中，形成更容易唤醒和记忆的图示。这不正是认知心理学专业知识的日常运用吗？

当作为读者的你打开这本《妙趣横生的认知心理学》时，呈现在你面前的不是一本一成不变的教科书，而是一本可以随着读者需要不断开发的书籍。这本书在兼顾了认知心理学专业知识准确性的同时，还在语言风格和易读性上面做了十足的努力。不夸张地说，这应该是最适合入门学习者和认知心理学爱好者阅读的一本专业教科书了。

希望读到这本书的所有人，都可以在吸收专业知识的同时乐在其中，甚至乐意将自己在这本书中得到的专业知识与周围人分享，就好像我在翻译这本书的过程中所体会和所做的那样，更加深入地、沉浸地去体会认知心理学的乐趣。

前　言

∙∙∙

如果你正准备阅读这本书，那可能存在两种情况：要么你是认知心理学的爱好者，要么你可能需要学习认知心理学这门课程。无论哪种情况，你可能都认为自己已经很清楚认知心理学的定义就是"有关认知的所有心理能力和心理过程的研究"。但显而易见，如果我们按照这一范围很广的定义来编写一本认知心理学书籍的话，内容可能超过目前你看到的这本书几十倍还多。

我们认为，所有人都应该对认知心理学感兴趣，因为这门学科真的太引人入胜了。当然，这可能会被说成是认知心理学爱好者的溢美之词，但必须要承认，认知心理学的魅力是不可否认的！通过科学地研究人们如何感受、记忆、认知、交流和思考，这个学科可以使我们真切地理解人存在的意义以及人所具有的特殊性。

关于此书

编写《妙趣横生的认知心理学》是为了对认知心理学进行科普，所以我们会在书中对认知心理学的历史进行追溯，同时也会对近期一些有趣的研究成果进行借鉴。

虽然认知心理学家非常喜欢使用专业术语，但我们会在遵循学术规范和科学准确性的前提下尽可能采用通俗易懂的写作手法去表述专业的认知心理学。尽管如此，书中依旧存在一些专业性的词汇，这主要是因为我们搜肠刮肚实在找不到除了专业之外的其他通俗表达方式了。为了让这本书在专业准确的前提下更通俗，我们甚至还在书中加入了一些有关我们自己的幽默段子和笑话。如果你并不觉得可笑，那肯定是我们还不够幽默。

认知心理学家还很喜欢在高度控制的实验室环境下做实验，这些实验看上去似乎与现实的日常生活没什么关系，但不必担心，他们所研究的内容对我们人类都是有益的。为了消除你有可能读不懂本书的担心，我们在编撰本书的过程中，尽可能多列举真实的例子，让书中阐述的内容与现实生活挂钩。

本书大多数的章节中还探讨了"当事情出错时"的例子，这些讨论可以使普通读者了解到，当我们的某项特定认知能力失控时，健康人群（可造成幻觉）或者脑部受创人群所可能受到的影响。此外，我们的记忆会在几个方面出错：你可能会产生错误的联想，让记忆被扭曲，或你的记忆被言语掩盖。总之，这部分内容建议你不能总是相信你的记忆，因为它会捉弄你！

这本书可能适合两类读者：生活和学习中需要认知心理学知识的人以及想要对其进行了解的人。对于前者，此书可以向所有在校进修的学生以及那些大学一年级刚接触认知心理学的学生，提供课程学习期间所需的所有信息，且大概率能帮助他们通过认知心理学考试。对于后者，我们对几个常见的认知心理学知识领域进行了不同程度的融合，所以如果这些读者只是想要简单地对认知心理学进行了解，也可以在本书中找到很多有趣、好玩的认知心理学相关内容，其中就包括了一些能让其在亲友身上进行尝试和演示的例子与练习，这足以让他们成为大家关注的焦点。

本书说明

与大多数心理教科书不同，我们并不会在文中插入参考文献或者是引用。如果我们觉得某位研究者的工作非常重要且值得被铭记，那我们会在文中提及这些研究者的姓名。

对于一些认知心理学领域非常重要或极具影响力的研究，书中会有所涉及，但并不会特别多，主要是因为文中的结论和结果基本都基于实证研究，但我们不希望读者深陷这些研究的细节而停滞不前。

不仅如此，本书中还设置了一些专栏，其中包含了更详细的理论、方法论以及一些临床案例的附加信息。尽管我们觉得这些信息非常有意思且可以为正文添彩，但如果你不想读，那也可以忽略这些专栏。即便如此，你也不会错过本书的关键信息。

本书对读者群体的假设

关于认知心理学的读物成百上千，其中许多是专业的、冗长的、枯燥的，只涉及某些垂直细分领域或者仅仅涵盖了认知心理学领域非常狭小的部分内容。这引起了我们的思考，并出于对本书读者群体以下几点的假设而撰写了《妙趣横生的认知心理学》这本书：

✓ 很想了解人们是如何思考、看待和记忆事物的；

✓ 对人类思维如何运作抱有疑问；

✓ 准备修一门认知心理学的课程，此前没学过；

✓ 发现其他教科书过于复杂、枯燥或太过于专业；

✓ 只是对人感兴趣；

✓ 通过入门课程或入门级读本对心理学已有基本的了解；

✓ 想了解一些能提升自己认知能力的技巧。

书中图标释义

我们在这本书的左侧空白处设计了一些图标来帮助你找到特定类型的信息。以下是关于这些图标的释义。

这个图标说明我们在向你展示一些你也许会派上用场的信息。

这个图标所指向的内容是你在这一段中需要记住的内容。

像大部分学科一样，认知心理学有许许多多的词条和特定用语，我们用这个图标来强调词条和特定用语，以便让你能参与到认知心理学家群体的讨论当中。

有一些超出基础知识的内容，如那些与大脑影响人类认知相关的研究内容，我们会用这个图标标出来。如果你不愿意把精力放在主要知识点之外的内容上，完全可以跳过这个部分。

这个图标代表的是能够在现实生活中应用或观察到的内容。

这个图标指向那些可以在你自己或你身边的人身上尝试的一些练习，这一类练习均基于本书中我们提供的案例或额外提供的网络资源设定而成。

学习本书的愿景

我们根据人类大脑的工作原理来组织本书内容（知识获取、记忆、表达和思考），但章与章之间的内容依旧保持相对独立。之所以这样设置，是为了让你可以在空闲时毫无压力地翻看本书。除了第 1 章和最后一章以外，其余的每一章都围绕着认知心理学不同的概念或元素展开，所以你可以挑选最感兴趣或最纠结的部分阅读。

你可以运用目录来找到与你相关性最强的内容。若你是首次接触这一领域，从第 1 章开始顺次阅读也许更加适合你，但也不一定要从头到尾读完全书。

我们希望本书富有教育意义，可以为你带来大量的信息且使你乐在其中。我们也相信，你会喜欢这本书，且随着阅读的深入，你能更深刻地认识自己。如果的确如此，那这本书就应该是一本你和朋友互相分享的书籍。

目 录

● ●

part 1

第一部分

认知心理学入门

本部分目标

✓ 理解什么是认知心理学以及认知心理学为何如此重要。

✓ 认识到认知心理学在人类发展的历史长河中对人类思考带来的多方面影响。

✓ 了解认知心理学如何在学习、工作和生活诸多方面帮助我们提高认知技巧。

第 1 章

理解认知：你如何思考、观察、表达和存在

通过对本章的学习，我们将：

▶ 定义认知心理学；

▶ 介绍认知心理学的研究方法；

▶ 阐述认知心理学的局限性。

你怎么知道你看到的是真的？如果有人在你眼皮子底下换了身份你能注意到吗？你怎么能百分之百确定你脑中所记之事是不会错的？当你与某人谈论某事时，你如何确定对方对此事的理解和你是一样的？有比寻找这些问题的答案更令人着迷的吗？这些问题是"成为你"的核心所在。

认知心理学是所有围绕认知心理能力和进程所做研究的统称，尽管这一描述已经向我们展示了认知心理学涵盖之广泛，但其关注的广度仍然令人惊讶。我们将在本书中对认知心理学进行介绍，并从根本上对认知心理学的科学性进行论证。除此之外，我们还会展示认知心理学家如何从信息处理的角度来诠释该学科，以及我们如何运用这一视角来构建此书。

本书中当然不会缺少围绕大量认知心理学研究方法展开的描述。本章只是对整本书的简要介绍，因为我们在后面的章节会对本章所提及的方法论和哲学观点加以深入的阐释与运用。

认知心理学简述

认知心理学家和大多数心理学家一样，都认为自己是实证的科学家，即都是通过精

心设计的实验来研究人类的思维和认知的。认知心理学家（包括我自己在内）会对那些看似非常普遍、其他人觉得理所当然的日常行为（比如感知、注意、记忆、推测、问题解决、决策、阅读以及人际交往）展现出浓厚的兴趣。

为了进一步对认知心理学进行描述并证明其科学性，我们首先需要明确我们所讨论的科学是什么，然后在这个背景下对认知心理学的历史进行追溯。

科学假说

 虽然许多哲学家花了大量的时间去讨论科学的定义，但最核心的依旧是通过对事物系统地理解以便做出可靠的预测。科学方法通常会严格遵循以下模式。

1. 针对某事提出可通过实验证明的假说或理论。例如，人们如何在记忆中存储信息？有时我们会将这种假说或理论称为模型，你会在本书中见到非常多的模型。
2. 设计出用于检验该假说的可观察实验或方式。创造一个可以验证该假说正确性的环境，以对样本进行控制并观察其影响。
3. 将实验结果与假说进行对比。
4. 依据实验结果对假说进行优化或扩展。

哲学家卡尔·波普尔（Karl Popper）认为，当人们设计出能证明假说错误的测试时，科学的进展会更快，他将此称为"证伪"。在排除了所有错误的假说之后，剩下的那个自然就是答案了。这一方法有点像福尔摩斯在探案时所使用的手段，当你排除了所有不可能的选项后，最后剩下的一定是真相，这一方式也被称为演绎推理。

当然，科学方法也不是万能的，它存在着一些非常明显的局限性。当然，你也可以把它当成优点，这取决于你的视角。

> ✓ 科学假说和测试只能针对可被实际观察到的事物做出。为此，很多认知心理学家并不认为西格蒙德·弗洛伊德（Sigmund Freud）、卡尔·罗杰斯（Carl Rogers）等人是科学家。
>
> ✓ 任何已有的理论都必须通过实验来进行验证，不能只为了发现新东西而进行研究。

认知心理学的研究大量依托科学方法进行，本书中阐述的所有内容皆是从遵循科学方法所做的实验中总结而来的。虽然这一原则有时会限制我们提出疑问的空间，但它确实为所有实验建立了一套需要遵循的标准。

认知心理学的崛起

　　在认知心理学出现之前，心理学研究者们通常会使用包括行为主义、心理物理学和心理动力学在内的多种研究方法（或范式）对心理学进行研究。但随着 1956 年认知学派复兴运动的兴起，这些之前沿用的方式多少都受到了一些挑战，其中当属行为主义研究方法受到的挑战最大。在专栏 1–1 "1956：认知心理学元年"中，有更多关于认知心理学以其他学科为依托进行发展的背景介绍可供你延伸阅读。

专栏 1-1　1956：认知心理学元年

　　直到 1956 年，才有足够多的人意识到行为主义并不足以支撑研究者对人类行为探究的期待，在此之前，行为主义一直是心理学研究的主导方向。具体来说，行为主义并不能被研究者用来诠释有关人类认知的问题。究其原因我们可以发现，几乎所有的行为研究都是在动物（通常是老鼠和鸽子）身上进行的，但人类和动物毕竟存在着很大的不同。此外，对新领域或事物产生兴趣是我们日常生活中不可回避的东西，但研究者通过研究证明行为主义很难对兴趣的产生进行诠释；人类的意象、短时记忆、注意和知识的构建等要点也都无法轻易地通过行为主义模型来诠释，因为行为主义只会对可观察的行为产生兴趣。

　　在这场认知学派复兴运动中，一些学者对行为主义学派进行了猛烈的抨击，甚至有些过度和失控，其中以美国语言学家诺姆·乔姆斯基（Noam Chomsky）为首。诺姆·乔姆斯基声称，行为主义研究者针对语言学习所做的行为主义分析是错误的（具体原因我们将在第四部分的相关章节中予以讨论）。他的抨击与 1956 年发表的一些颇具影响力的论文相一致，所有这些都在释放一种信号，即行为主义正在陨落，认知科学才是前进的方向。这些颇具影响力的论文包括乔治·米勒（George Miller）关于神奇数字

7 所做的研究（详见第 8 章）、艾伦·纽厄尔（Allen Newell）和赫伯特·西蒙（Herbert Simon）的问题解决模型（详见第 17 章）以及人工智能的诞生。这场声势浩大的认知学派复兴运动在 1967 年美籍德裔认知心理学家乌尔里克·内塞尔（Ulric Neisser）撰写的第一本认知心理学教材正式出版后达到了顶峰，他将该教材描述为对行为主义的抨击。

我们无意贬低行为主义的重要性，行为主义研究方法确保了科学方法在心理学中的应用，使得实验能够以可控的方式进行。在这个基础上，认知心理学其实在做加法，对行为主义研究方法的优势进行学习，并将其与更深入和巧妙的认知研究进行了融合。

了解认知（和这本书）的结构

恰逢第一本认知心理学教材出版（1967 年）50 周年之际，抱着让更多人对认知心理学有所了解的初衷，我们撰写了本书。

应用

在本书的第一部分，我们将对认知心理学的应用以及其研究的重要性进行回顾和思考。不可否认的是，认知心理学研究为我们带来了一些既有趣又振奋人心的发现，改变了人们看待心理学甚至是看待自身的方式（我们会在第 2 章中对此进行详细的解读）。但认知心理学为我们带来的冲击和改变并非仅限于此，在第 3 章中，我们将对更核心层面的内容，即认知心理学为我们带来的教育、学习和自我提升方式的转变进行解读。同时不得不承认，认知心理学的应用范围非常广泛，在诸如计算机、社会工作、教育、传媒技术、人力资源等各个领域中均能看到认知心理学研究的身影。

信息处理框架

本书的写作其实也是遵循人类认知中核心的信息处理模型完成的，在很多方面，这种认知形成的方式类似于计算机运算。其依托的理论认为，人类的认知基于一系列处理步骤的形成和完善。1958 年，一位名为唐纳德·布劳德本特（Donald Broadbent）的英国心理学家给出了如图 1–1 所示的认知处理的详细步骤。在图 1–1

中，方框里的内容代表了认知步骤，箭头代表其处理过程。

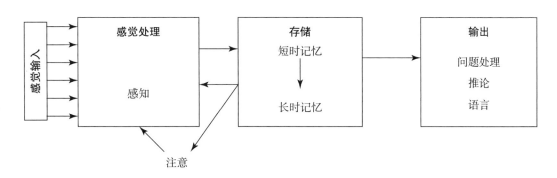

图 1-1　遵循信息加工过程的基本认知处理过程

　　所有认知结果的形成均符合这一框架。认知心理学研究者在许多领域都对图 1-1 中的每一个方框（步骤）和箭头（过程）进行了验证。换句话说，这一框架为如何理解和学习认知心理学提供了一个不错的结构（巧的是，与本书的框架也极其吻合）。

专栏 1-2　环环相扣

　　认知心理学研究中备受喜爱的信息处理框架与我们大脑处理信息的方式几近相同。人类具备可以用来感受和探测世间万物的感知器官，这些器官与人脑中主要负责感知的部分（就视觉而言，主要是指脑后方的枕叶）相连，感知到的信息会从感知中心传向注意中心（位于枕叶前的顶叶皮层），随后再传向记忆中心（位于中间的颞叶），而高级别的推理和思考则主要由位于脑前方的额叶进行处理。尽管上面这段描述很简单，但它却能与认知信息处理的过程相吻合。

　　但我们必须注意到一点，看上去完美的大脑信息处理流程，即从感知的输入到长时记忆的存储，也许并不像图 1-1 中描绘的那样简单。我们大脑中现存的知识和经验可能会导致某些处理过程发生反复或者是逆行，所以出现了以下两种信息处理模式：

> ✓ 自下而上处理：物理环境及感觉驱动下的大脑处理；
>
> ✓ 自上而下处理：现存知识及能力驱动下的大脑反应。

所有展现在我们眼前的认知心理学表现形式均基于自上而下处理和自下而上处理的相互作用产生，并不存在严格由刺激因素或知识驱动的单一信息处理环节。

认知心理学家对类似的信息处理框架青睐有加，因为人们与世间万物的相互作用是由内在心理表征（如语言）所引导的，而这种心理表征是可以通过对处理时长的测量进行揭示的。同时，神经科学家对大脑不同区域进行的研究也发现，大脑中不同的区域负责不同的认知行为。

输入

本书的第二部分会让我们对认知的第一步"信息输入"有一个初步的了解，回顾之前我们用计算机信息处理做类比，你会发现这一过程与用相机记录信息或敲击键盘输入指令异常相似。

 认知心理学家将信息输入称为感知——大脑如何理解来自感官的信息。与感觉不同，感知所瞄准的就是感官记录的物理信息，然后你的大脑会立刻将信息转化并理解，以便进行处理。这一过程突出了从感觉（第 4 章）到感知（第 5 章和第 6 章）的线性过程。

而注意属于是信息的输入过程（参考第 7 章）。注意是信息处理集成的第一个特殊过程，同时也是将感知与更高层次的认知联系起来的过程。如果没有这一步，人们只能在无意识的情况下对世间万物做出非常简单的反应。

存储

信息一经处理就会进入你大脑的存储系统当中（参考第三部分的相关章节）。我们的大脑中存在着许多关于存储和信息提取的机制，这些机制被统称为记忆。本书稍后会在第 8 章对短时记忆进行阐述，在第 9 章对长时记忆进行解读。我们在存储信息的同时，也存储了知识和技能（第 10 章）。尽管这些知识都非常有用，但我们不能因此忽略对遗忘的思考和探究（第 11 章），同时也不能忽略对记忆如何影响我们的日常以及记忆研究的应用层面的思考（第 12 章）。

回到用计算机运算与认知过程所做的类比中，短时记忆就好像是运行内存：容量有限，且只会保留眼下你可以即刻使用的信息。简单来说就是，人类的短时记忆运用模式就好比你无法在一台计算机上同时打开过多的应用或窗口还能维持电脑的高速运转一样。而长时记忆和知识则处于有海量信息和存储空间的电脑硬盘之中。

语言和思维活动

感觉和感知是比较初级的认知功能，过程很简单，甚至人类之外的很多动物也能做到。相较而言，记忆就属于较高级的认知功能了，但它还不是最高级的。最高级的认知功能是那些动物无法做到的，比如一些心理学家认为语言和思维活动就属于这个级别（参考第四和第五部分的相关章节）。

✓ 语言：语言是信息处理过程中输出的第一阶段。一些心理学家认为，语言是人类互相交流想法的一种有声交流形式。我们将在第 13 章对语言和语言与其他交流形式的联系进行进一步的阐述；在第 14 和第 15 章中，还将就语言结构和语言产生的步骤进行概括；在第 16 章中，我们会就语言如何与认知和感知的其他部分产生联系进行探讨。

✓ 思维活动：思维活动是信息处理过程中输出的第二阶段。问题的解决、推理和决策（分别在第 17 章、第 18 章和第 19 章）是复杂的、高度进化的能力，且都来源于丰富的经验、知识和技能的积累。此外，认知如何受情绪影响也是我们不能忽略的部分（第 20 章）。

认知心理学研究

研究者在认知心理学研究方法的开创上花的心思非常多，近年来技术层面的进步对此也有很大的帮助，技术使得心理学家能够对大脑的运作机制进行更深层次的探索。接下来，我们将围绕那些针对病患进行的脑部扫描实验和计算机建模，对心理学家理解认知系统工作原理带来的帮助进行阐述。

实验室环境中的检测

认知心理学研究中最常使用的研究方法当属实验环境严格控制下的实验室测验了。心理学家通常会找来一些受过良好教育的大学生或智力良好的聪明人作为被试参与其中，然后将被试置于一个个小隔间里，通过计算机向他们展示一些内容，实验中的各项参数都是计算机严格根据指令给出且统一调控的。

大多数的情况下，被试并不是非常清楚自己要做什么，而是根据面前计算机显示的一系列通过游戏形式出现的任务指示，用鼠标、键盘或者其他为实验专门设计的特殊设备做出响应。任天堂在几年前发布的一款益智游戏，就利用或者说模拟了认知心理学研究时所使用的实验任务，我们在第 7 章中提及的斯特鲁普效应（Stroop effect）亦是如此。

被试的各项反应数据，比如常见的响应速度和准确度，都会被研究者收集起来用于后续的统计研究，这些统计研究结果将会被用于论证认知心理学家提出的模型和理论的正确性，并且可以使得研究者对模型或理论的适用性做出判断。

适用性判断的一个关键在于，实验所覆盖的被试数量一定要足够大，其结果才能与适用性挂钩。如果实验的被试数量很小，那实验的结果可能会非常奇怪。因为这个充满包容的世界本身就有很多奇奇怪怪的个体存在，而且不得不说，类似的实验对他们充满了吸引力。所以，被试的数量很重要，只有在对足够多的被试进行实验后，可用于判断理论适用性和对错的那个结果才会浮现出来。

专栏 1-3　遵守研究道德与伦理

认知心理学家在研究实验中必须按照恰当的道德伦理标准行事，比如赫尔辛基原则（一项国际公认的实验道德伦理标准）就是其中之一。道德伦理的关键问题是实验期间的知情同意，即被试必须很清楚自己身上将要发生什么，并允许其发生。但这并不意味着研究者需要告知被试所有内容，比如，如果研究者想要测试内隐学习或记忆，按照知情同意，一定程度上你需要让被试知道要做什么，但后续的记忆测试也可以不用完全告知。

知情同意的获得在某些情况下并不是那么简单的事情，比如，如果实验的被试是儿童或脑损伤人群的话，获得知情同意就会变得比较艰难（可能无法顺利进行言语的表达）。

面对这样的情况，研究者应寻求其他能够表明此人参加实验意愿的线索或寻求被试的监护人或直接责任人的意见，在获得其监护人或责任人的知情同意之后，才能进行实验。

　　除此之外，认知心理学实验还面临着其他伦理道德问题，比如在实验中要尽量使被试处于健康和愉悦的状态等，但这些问题在认知心理学实验中出现的频率较低。

计算建模

随着科技的发展，一种完全不需要人类参与的认知心理学实验方式出现了！研究者可以使用计算机来模拟人类的认知进行实验，这种方式被称为计算建模。计算建模所做出来的模型需要足够具体才能对人类的行为进行预测，这种方法在实验效果上会比早期认知心理学家常常使用的基于口头报告法衍生出来的方法更准确。

基于不同类型或体系结构会产生很多种不同的计算建模，其中联结主义模型是目前认知模型中最常用的。该模型通过逐层相连的能够促进或阻断活动的节点来运作，同一层的节点之间相互抑制。我们绘制了一个简单的联结模型（见图 1–2），该模型展示了概念和知识的激活模式，在第 10 章中，我们会对该激活模式做进一步的讨论。

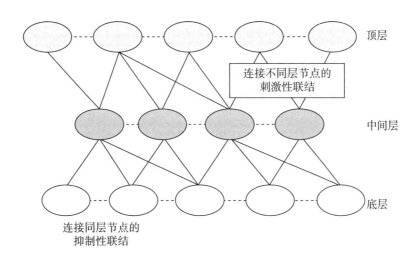

图 1–2　一个基本的联结主义模型

注：通常顶层是输出，中间层是隐藏处理，底层是输入。

　　另一种常见的模型是信息加工模型，这是一种基于形式逻辑和一系列"如果……那么"陈述句产生的模型（第 18 章）。该模型认为，知识的存储依托于"如果存在这种情况，那么就会发生"的方式存在。当然，还有另一种较前沿的技术——人工智能，也可以用来做认知心理学的研究，该技术会利用计算机在不反映人类大脑处理过程的情况下模拟产出智能结果。

计算模型可以极好地解释人类行为，但建模的同时也要面临流程过于复杂和模型不易理解的风险。此外，在对有限数据进行统计解释时，还有较大被篡改的风险，仅仅变动一个数据，整个模型的结果就可能发生巨大的变化。站在这个角度上来看，计算模型在现实中的实用性可能没那么大。

与脑损伤人群协作

认知神经心理学的研究通常围绕脑损伤人群展开，其目的是为了对其正常认知进行研究和了解。一般而言，认知心理学家会设计诸多不同的巧妙实验去对应具有不同类型脑损伤的人群，用以观察被试可能出现的差异表现。当然，这样做的目的是为了鉴别大脑各个部分的情况以及认知功能中任务组的相关性。

神经心理学研究方法自 19 世纪末出现以来就一直沿用至今。澳大利亚知名神经心理学家麦克斯·科尔哈特（Max Coltheart）对神经心理学研究方法的几个核心假设进行了总结。

✓ 模块化：认知系统由若干独立运行的认知模块组成。

✓ 域特异性：每个认知模块只负责一类刺激。

✓ 解剖模块化：每个认知模块均位于大脑的一块特定区域，由专门的脑神经组织承载。

✓ 功能结构无个体差异：世界上所有的大脑都是一样的，对于人类共同具有的一些基本的认知过程来说，个体间的功能结构大体相同，无明显差异。

✓ 缩减性：大脑的损伤只会使人失去一部分能力，这些能力的丧失不影响大脑的认知代偿机制利用之前已有的认知模块去进行代偿。所以，损伤在整体上并不会以任何其他形式改变大脑或者增加新的认知模块（这一假设大概率是错误的，尤其是当脑部损伤发生在孩子身上时）。

神经心理学家一直将单分离或双分离作为最佳的证据在探寻着。

✓ 单分离：在这种形式下，神经心理学家会要求被试在同一类控制变量下完成两种不同的任务，他们会在一项任务中表现不佳，但是在另一项任务中表现正常。

✓ 双分离：在这种形式下，神经心理学家会发现在同一类控制变量下完成不同任务的两组被试之间会出现互补的损伤形式（即其中一组被试会在任务 A 中出现问题，但在任务 B 中不会；另一组被试则是在任务 B 中出现问题，而在任务 A 中不会）。

个案研究法是神经心理学家在研究过程中经常使用的方式。通过对一些带有特定类型脑损伤的个案进行观察，来了解脑部的不同部分与绝大多数认知任务之间的联系，这其中已经有一些研究者的研究和贡献远超他人，我们会在第 21 章中对此进行个案列举。

分析我们的大脑

认知神经学研究者们会使用昂贵的设备来对大脑活动进行测量。我们的大脑中有 1000 亿个神经元且每个神经元又与其他多达 10 000 个神经元相连（实际上就是大脑里一团复杂的黏稠物），但研究者们却很巧妙地用神经成像技术将这团黏稠物的内在展现了出来。

德国神经学家科比尼安·布洛德曼（Korbinian Brodmann）是世界上第一个绘制脑部图的人，他在该图中将 52 个不同的大脑区域进行了命名，且这些大脑区域的描述也被学界沿用至今。将大脑分成若干不同的区域并进行解释，是基于我们阐述过的认知神经心理学家提出的模块化假设发展出来的观点，即每个大脑区域都负责着不同的事情。

神经学家在对认知心理学进行研究的过程中还使用了以下多种方式。

✓ 单细胞记录：将一个微电极输送到单细胞或细胞外液中来记录细胞电导率和放电率

的变化，该方法通常需要对颅骨和大脑进行穿透（所以在吃午饭的时候不要看这些资料）。

✓ 脑电描记法：用放置在头皮表面的电极测量大脑的全部电活动，结果以波的形式呈现出来，在产生特定刺激的时候会产生电尖峰脉冲，称作事件相关电位。这个技术可以快速记录大脑活动，但无法找到活动的来源。

✓ 正电子发射断层扫描：在个体进行认知任务的同时，对大脑的血液流动情况进行扫描。扫描前将放射性同位素附着在葡萄糖或氧分子上注射入血液，血液中的同位素浓度会随着认知活动而波动，设备通过计算同位素发射的正电子数量判断大脑活动。

✓ 功能性磁共振成像：当血液进入大脑的时候，用一台巨大且充满扫描仪释放出无线电波脉冲对血液中的氧气水平进行扫描。设备会接收特定区域检测到的反弹信号，将其转化为动态图像，显示哪些区域更活跃。这一技术在测量的速度上并不占优势，但其准确性却相当地高。

✓ 脑磁图：当神经元启动时会带来磁场的变动，与脑电描记法相似，测量时会要求个体在进行认知任务的同时戴上一个头盔，用于测量脑电活动产生的磁场，并以可视的形式呈现出来，揭示大脑变化的精确位置和活动形式。

✓ 经颅磁刺激：将线圈绑在个体头上，通电，将一个巨大的磁脉冲发射到大脑的部分区域，使得该区域停止运作一段时间。

✓ 经颅直流电刺激：向大脑某区域发射一个小电波，以观察影响特定认知事件的特定区域的活动是增加还是减少。

这些技术可以帮研究者确定大脑各部分负责的认知活动类型，即使其结果并不是百分之百准确。神经成像技术的顺利实施是以设计精良、易于控制的认知测试为前提的，这些认知测试通常仅用于测量一项能力，其核心是为了定位负责该能力的脑区，我们在下面会对此进行详细的讲解。

另一方面，这些认知心理学研究方法面临着一个共同的问题：在研究中对大脑进行测量略显奇怪，且可能会改变被试的行为。比如使用功能性磁共振成像对被试认知进行研究时，被试必须躺在一个巨大的环形磁铁里，这种姿势并不是任何形式认知产生时的典型姿势，因此我们不能排除这些研究方法对被试行为可能带来的影响。

承认认知心理学的局限性

 认知心理学家们所做的那些精妙绝伦的实验为我们带来了很多惊喜，这些发现也对社会产生了极其正面的影响和推动。但尽管认知心理学已经这么出色了，研究者们还是要承认这个学科存在两个不足。

✓ 项目杂质：许多认知心理学家策划的测量项目可能包含不止一个预期。例如，一名研究者可能对反应抑制感兴趣，并使用反应–不反应联想任务测试（go/no-go test）来对此进行研究（详见第 8 章），但这其中可能还会涉及反应冲突（一个相关但又细微不同的认知过程）。因此，研究者得到的结果可能会反映两种不同的认知类型，这一情况被称为项目杂质。

此外，一项实验的结果有时不会在类似的实验中重复出现。这种范式特异性反映了认知心理学研究的一个问题，即一些认知心理效应仅限用于发现它们的那些经过精确设计的实验程序。

✓ 生态效度的缺失：为了能够呈现出高度的科学性，心理学家会将个体置于一个行为可控的非现实实验环境中。但也正是因为这种与现实环境的巨大差异，导致了实验结果生态效度的缺失，所得到的结果不一定会在现实世界中发生。

认知心理学家对在认知过程中发生的内部心理过程有着浓厚的兴趣，但这些过程并不一定能被直接观察到，这就导致研究者收集到的都是间接证据。事实上，许多认知心理学家的理论都局限于一定范围内，且只着眼于人类经历中一个小小的方面。也正是这个原因，导致了认知心理学中的许多领域之间呈现出相互独立的状态。

第 2 章

学习认知心理学即研习日常

通过对本章的学习，我们将：

▶ 了解认知心理学的核心领域；

▶ 明晰我们的认知并不是万无一失的；

▶ 认识到"授人以鱼，不如授人以渔"。

当人们想到心理学时，大多数人会倾向于关注那些不寻常的个案和发现，比如心理学对那些看似不寻常的行为所进行的解释等。但这并不是心理学的全部，心理学关心的是人们内心世界的方方面面，而不仅仅是那些极端情况。大部分认知心理学书籍的内容都以寻常的话题为主（如识别、记忆、语言的使用和思考等），这些话题都是人们无须多加思考且每天都在做的事情。

这种对日常行为关注的作用是巨大的。因为在知识学习的过程中，学习的速度和获得感主要取决于知识和个体的相关性，相关性越高，成长就越快。基于此，我们在学习认知心理学时，最好的办法就是去思考认知心理学与你日常生活的相关性，以及你如何能运用知识去改善你做事的方式。非常幸运的是，认知心理学家的研究已经为我们带来了一系列具有巨大吸引力的发现，这些发现或多或少从根本上改变了人们看待自己的方式。在本章中，我们将会对认知心理学在现实世界中所扮演的一部分重要角色以及其局限性进行阐述。

了解认知心理学的相关性

下面，我们将就以下认知心理学研究的四个主要领域进行描述。

✓ 感知：你是如何看到并理解周遭世界的。

✓ 记忆：你是如何处理和回忆事件和经历的。

✓ 语言：你是如何明白别人在跟你说什么以及如何与别人交流的。

✓ 思维：你是如何推理并解决问题的。

关注现实世界

围绕着人们感知和理解世界的方式所展开的研究，强调了两个关于人类感知的关键——感知的优势及其短板。

感知的优势

人类的感知令人惊艳，我们对所看到的场景进行理解的能力看上去是如此地简单，简单到你会低估这一任务本身所具有的难度。这一认知过程困难吗？认知心理学家为了让计算机能够像人类一样对场景进行理解，会遵循一定的人类认知过程对电脑进行编程，这样的过程复杂且困难。从这一点上，我们就可以看出该认知过程本身的难度了。

针对人脑感知问题解决机制的研究，让心理学家们得以寻找大脑某些机制的可复制性，并以此来促进学习效率的提升。

很多科技巨头（如谷歌等），已经在使用深度学习这类的技术了，这类技术的核心主要集中于视觉图像中高阶特征的捕获上。高阶特征一般指能够定义图像的关键方面（比如面部图像的高阶特征为鼻子在嘴上方，眼睛在鼻子上方），使得机器可以识别有特定概念的或高阶特征的图像。深度学习所依托的，实际上是那些围绕人类认知以及人类大脑如何根据经验发展感知理解进行的实验所获得的理论与结果。

感知的短板

人类所具有的对周遭世界惊人的理解能力也有着自身的局限性，这些认知局限无疑会给我们带来一些麻烦，一个发生在荷兰的例子简单明了地验证了这一点：

荷兰史基浦机场和阿姆斯特丹市之间的一条新公路刚开通没多久，交通事故就不断地发生。这条路的事故发生率远远高于其他的道路，于是大家就开始寻找问题出在哪里。认知心理学家们发现了其中的奥秘，并将该问题称为史基浦隧道问题（Schiphol tunnel problem）。这条路上有一个命名为史基浦的隧道，该隧道整体呈锥形设计——两端都是矩形，机场一边的入口相对较大，但隧道逐渐通向另一个较小的出口。鉴于一般隧道的两端大小完全相同，所以驾驶者的视觉系统会将他们在史基浦隧道中所看到的较小出口理解为较远的出口（而非较小），这个认知结果会导致他们比预料之中的更快地到达隧道尽头。时间变短了，驾驶者会以为是自己开得太快而突然刹车，急刹带来了更高的交通事故发生率。

同样，许多重大事故都与过于复杂的控制系统有关。比如 1979 年三里岛核电站灾难的主要原因就是混乱复杂的控制系统。

 通过对个体单次同时处理信息峰值以及注意吸引方法和易接收信息呈现方式的研究，认知心理学还对界面设计产生了重大影响（类似于人体工程学）。界面设计的认知心理学观点不仅适用于如核电站控制一样的关键系统，也适用于如移动手机或者烤箱一样的日常系统。认知心理学家唐纳德·诺曼（Donald Norman）就曾撰写了一本名为《设计心理学》（*The Design of Everyday Things*）的经典书籍，他在该书中花了大量的篇幅来找出日常事务中存在的一系列糟糕设计。

 认知心理学表明，个体需要了解自己的极限，并认识到感知和注意过载的那些时刻。

了解现实的记忆

认知心理学中存在很多与日常记忆相关的观点，比如与学习相关的信息。在第 3 章中，我们将就认知心理学对学习技能提高产生的正面影响进行阐述，但其影响远不止于此，更多的影响要远远大于我们所关注到的这些。

想知道你真的眼见为实吗

 美国心理学家伊丽莎白·洛夫特斯（Elizabeth Loftus）和她的同事对记忆缺陷的形成和记忆误导很感兴趣，尤其是司法过程中的目击者证词和目击者记忆部分，其团队围绕该主题所进行的若干实验被称为认知心理学研究中的经典。我们会在第 12 章中通过一则交通事故目击者记忆的故事来说明提问方式对目击者记忆可能带来的影响。

 与之类似，为了避免目击者记忆的误导，认知心理学家协助警方开发了一种叫作认知访谈的访谈技术。该方法基于以下几个重大实验研究发现展开。

✓ 引导性提问：事件发生后，引导性的提问会改变个体对事件的记忆，所以要避免这种提问方式。

✓ 还原事件背景：记忆会通过联想和事件背景起作用。事件发生当下，心态会和事实联系在一起以达到更好的记忆。所以，让目击者回忆当时的感受、事件当下自己在做的事情等，即使并没有显著的相关性，也会帮助目击者回忆起一些重要的事实。

✓ 采用不同的角度和顺序：让目击者以相反的顺序或从他们自身以外的角度去回忆，可以激发更多的记忆。

创伤性记忆的处理

在经历诸如恐怖袭击等创伤性事件之后，人们可能会患上创伤后应激障碍（post-traumatic stress disorder，PTSD）。创伤后应激障碍带来的一个主要症状就是侵入性记忆，这种记忆会给一个人的日常生活带来极大的痛苦和干扰。

 认知心理学家们通过对遗忘和记忆篡改机制的研究，针对创伤后应激障碍开发了新的治疗技术，试图减少创伤性记忆发生的频率和影响。

 这一方式对大脑建立长时记忆的方式进行了运用，认知心理学家称之为巩固（更多信息详见第 9 章）。心理学家们通过研究，了解到睡眠对于巩固的重要性和帮助作用，这也就是为什么你应该在学习后和考试前睡一觉（更多考试小技巧详见第 3 章）。睡眠一旦被剥夺，巩固过程就会受到干扰。但有的时候，人们可能会从长时记忆的缺失或不完整中受益。

英国心理学家近期进行的一项研究就发现了类似的结果，该研究发现减少个体在创伤性事件之后的睡眠可能会减少创伤性事件所造成的后续负面心理影响。基于伦理道德的原因，研究人员使用一个模拟事件去替代真实的创伤性事件，也正是因为实验室环境与现实的差距，该研究的结果是否会反映在真实事件中尚待考察。因为在真实事件中，事件可能会更为激烈、造成更多情绪层面的影响。

 最近一项有趣的研究发现，事件记忆会随着个体对该事件的回忆产生变化，主要的变化有被修复完善、被重新巩固或被修改三种模式。这个结果告诉我们一个潜在的可能：一个人可以就某个创伤性事件进行回忆，同时以某种方式对其进行修正，以此获得重新巩固过的记忆。正如目击者对事件的"记忆"可以通过提问被人为篡改一样，通过对记忆和认知形成知识的运用，完全可能对事件后形成的创伤性记忆进行修正。

阅读现实中的语言

认知心理学家为如何更好地阅读所提的建议，对教育系统产生了巨大的影响。已故的基思·雷纳（Keith Rayner）等通过精心设计的实验和复杂的眼球追踪技术来研究人们阅读期间大脑进行的认知过程。随后，专家小组依据对这些数据的分析结果向政府相关部门提供建议，为其教育政策的制定提供参考。

全词教学法 vs 自然拼读法

目前，阅读教学主要采用两种截然不同的方法。

✓ 全词教学法：强调在有意义的语境中，把单词作为一个整体来学习。
✓ 自然拼读法：专注于字母和发音之间的关系。

 认知心理学的研究结果表明，全词教学法有利于儿童注意和兴趣的培养，而自然拼读法则在阅读教学的效率方面更占优势。

 对人们阅读方式的了解使得自然拼读法在学校教学中被运用得越来越多。这个结果告诉我们，教师或者说至少是英文教师，应该在教学中更加关注一种称为"字母原则"的概念。该概念强调书面字母与口头音素（构成语言的声音）的关联，并教会孩子生活所必需的字母到声音的映射：孩子们学习的实际上是将拼写对应到声音的方式。

认知心理学对语言的理解本身就很迷人。我们离不开语言，但其工作方式却鲜有人知。对语言机制的进一步了解和学习，可以使我们在阅读学习时能更好地察觉所面临的困难，以及如何更好地帮助我们身边的人了解语言的机制。

嘿，Siri，和我聊聊吧

移动智能助手这一非凡成就融合了计算机科学、语言学和认知心理学等领域数十年的研究精华，它可以使用户通过语音向智能手机提问并得到对应的回答。从对基本对话的理解到后续推理能力的实现（比如，如果某人问"你知道时间吗"，智能助手回答"知道"显然是不恰当的），这些对人类惊人能力的模仿都离不开对认知心理学实验结果的运用。

专栏 2-1 语言处理模式之争

2012 年，发生了一场围绕着两种不同的语言认知方式展开的有趣辩论，辩论发生在 20 世纪 50 年代被称为引发认知革命的诺姆·乔姆斯基与谷歌的研究总监彼得·诺维格（Peter Norvig）之间。他们的争论集中在后者强调从经验中学习并积累关于世界的大量统计数据的现代方法，而前者强调以先天知识和逻辑系统为依托的传统方法。

简单地说，诺维格认为，人们只需要通过识别单词之间的统计关系便可以学习语言，比如一些词语在其他词语附近出现的频率更高，这种高频词的信息对于个体语言来说必不可少。乔姆斯基则认为，人类对语言结构具有一定程度的先天认知，且这种先天认知是统计手段无法理解的。有趣的是，在我们有生之年，这个辩题居然已经从哲学辩论变成了常见的计算机科学的争论。

现实中的思考

很显然，人们如何思考、推理和解决问题是认知心理学的核心问题。我们将在本书的

第五部分予以阐述。

有两组著名的研究者搭档不得不提，他们的研究工作奠定了该领域的基调，且都为心理学和经济学发展做出了贡献。艾伦·纽厄尔和赫伯特·西蒙是其中一组，他们围绕着人们解决问题和做出决定的方式做了很多基础实验，创建了人类问题解决的计算机模型及多种用以理解人们问题解决方式的技术。他们指出，在解决问题时，人们会将问题置于一个专属的空间内，并在这个空间内根据逻辑对自己当前的状态、目标和所有问题解决的步骤进行规划。另一组是丹尼尔·卡尼曼（Daniel Kahneman）和阿莫斯·特沃斯基（Amos Tversky），他们随后也进行了一系列关于人类决策的实验，并论证了在决策中使用启发式认知（如刻板印象等思维捷径）会导致推理阶段产生偏见的可能。

早期的认知心理学研究强调对问题的思考，但近年来研究的关注点有了更积极的变化：人们如何应用认知心理学的知识来改进决策。德国心理学家格尔德·吉仁泽（Gerd Gigerenzer）及其同事的研究表明，如果人们使用更适合大脑的方式进行推理，便可以优化或提高人们的决策能力。比如，仅需短短几个小时，认知心理学家便可以通过教授医生们一种适合大脑"自然"工作模式的方法来训练医生，提高他们对病患检测结果进行解释的效率。

认知心理学领域的研究表明，对处理问题的方式加以简单改变，便可以优化我们的思维模式。我们将在第 3 章就这一知识对学习技巧的影响进行更详细的解释。

对认知系统的研究帮助我们分辨对错

认知心理学中一个常见的议题就是对功能运作正常与否的分辨。许多认知心理学课程强调的都是人类认知系统的正常功能，但这并不是因为认知心理学家对异常心理不感兴趣，而是由于想了解为什么出错，首先要了解如何做是正确的。有时候，对常规运作的研究能够帮助心理学家理解一个系统在什么情况下会出问题。

另一方面，临床问题有时候也可以起到同样的效果，即让研究者明白系统的工作模式是什么。例如，一种名为运动失认症（动视障碍）的罕见疾病可以帮助心理学家理解脑中不同部分处理视觉运动的感知与处理视觉形式感知的区别。换句话说，看到和识别一个目标的过程发生在大脑的某个部分里，但是识别这个目标移动与否的过程则由大脑的另一个部分来完成（可参见第 21 章的案例研究）。

认知心理学可以帮助人们明白不同的认知功能在什么情况下会出现异常，也能够为寻找治疗或改善认知功能异常的方法提供帮助。对认知过程以及认知造成负面影响方式的理解是认知行为疗法（cognitive behavioural therapy，CBT）发展的根基，该疗法致力于分辨负面或扭曲的思维模式并加以修正。

例如，人们经常会在灾难化思维或情绪低落时陷入消极的想法之中。这个时候，我们就可以使用认知行为疗法来帮助个体识别负面想法形成的过程，并将其扼杀在摇篮里。相关内容详见蕾娜·布兰奇（Rhena Branch）和罗布·威尔森（Rob Willson）合著的《达人迷：认知行为疗法（第 2 版）》（*Cognitive Behavioural Therapy For Dummies*）一书。

认知心理学无法解释一切

在认知心理学短暂的历史中，一直都有数字化计算机发展的身影。因此，随着科技的迅猛发展，对认知心理学及其对社会发展潜在推动作用的探究需求也在同时增长。能够置身于一个不断增长的领域对研究者们来说无疑是一件激动人心之事，且新成长起来的年轻认知心理学家们也可以在这个不断增长的领域中提出自己的观点，探索各种可能。

但是，有一点值得所有认知心理学研究者注意，认知心理学和其他心理学领域一样，属于实证科学。它在实验的设计和数据的收集中快速发展，这也印证了一个说法，即心理学家永远在发现新的事物。所以，研究认知心理学并不只是学习了解那些认知心理学研究过程中已知的"真相"，还需要去学习和了解那些可能的新方向以及发现这些新方向的方法。

也正是因为这个原因，本书中将着重强调认知心理学中的一些新方法和巧妙的实验设计。我们要习惯于思考心理学家专业知识的边界，同时，也要思考心理学家获得专业知识的方式——方法的重要性并不亚于研究结果。

第 3 章

用认知心理学提高学习成绩

通过对本章的学习，我们将：

▶ 掌握提升注意力的技能；

▶ 用认知心理学来改善记忆；

▶ 获得考试和论文顺利通过的思维和推理模式。

我们撰写本书的目的，是想让你相信认知心理学是一门值得探索且兼具实际用途的学科。在本章中，我们将就认知心理学如何优化教学和学习方式进行讲解。只要稍加运用这些技巧和指导，你就能在应试或者写论文的过程中表现得更加出色。另外，我们还在本章中为读者呈现了一些可以起到认知优化作用的方法，主要涉及第 2 章阐述过的感知、记忆、语言和思维这四个方面。

毋庸置疑，本章所提供的技巧和指导非常实用！在其他章节中，我们会就"为什么心理学理论和科学证据对现实有指导意义"进行论证，本章并没有论证的部分，而是直接提出了一些简单的技巧，以助你提高自己的认知能力，从而促进学业的进步。

 本章涉及三个提升认知的关键点：一是练习的重要性；二是以不熟悉的形式对熟悉的问题进行识别的重要性；三是调用高级思维策略来安排工作和学习的重要性。

认知和注意的激活

我们对这个世界的感觉、认知和注意需要调动大脑大部分的功能来完成，而这些功能都是可以通过认知心理学的知识和技巧来提高的。我们会在这个部分里传授给你一些关于认知和注意知识运用的技巧，这些技巧可以帮助你提升在学业上的表现。

在讨论具体的技巧之前，你必须先对自身有所了解，重点是了解自己的作息规律——身体的自然节律，你需要明白你的大脑和身体在一天内的什么时段会表现得更好。有些人早晨状态最好，有些人则是晚上，关注自己就行了，因为作息规律因人而异。本书的两位作者中一个早晨状态更好，也就是说他在上午 10：30 左右的时候注意范围最广；而另一位则是个夜间状态更好的人，那他的注意范围在晚上 8：30 左右会达到峰值。当你对自身的作息规律有所了解之后，便可以知晓自己在什么时间段会处于最佳状态。

当然，学校通常都会将考试安排在上午，这对于夜间状态更好的人来说非常不友好。为了保证这类考生在考试中有适宜的思维运作和状态，我们通常建议用类似调整时差的方式去调节生物钟。你需要起早一点，让考试开始的时间不至于和你起床的时间挨得太近，这样你的大脑就会觉得已经起来很久了，该进入状态好的那个时段了。

集中练习

有些专家因其有着丰富的经验，只是注视一下图像的中心点就能了解全局。比如象棋高手，对一个棋盘的中心区域只要看一眼就能了解棋盘的全局。与那些没有经验的人相比，他们可以通过这种方式对感知的事物进行更多的记忆、诠释和处理。我们会在第 5 章中对感知能力的提升做详细的讲解。

这些专家展现出的卓越能力皆源自集中练习，即在较短时间内进行大量的实践与训练。这种方法与学习过程中存在着较短间隔的分段练习截然不同（更多关于分段练习的内容详见后面的"长时记忆"）。

通常情况下，集中练习一般要求个体每天进行大约六个小时的练习，且需要持续数周、数月甚至数年。研究结果一致表明，使用集中练习方式的个体在感知和运动任务中的表现要比使用其他方式的人更优秀。

举个简单的例子：如果你固定每天连续玩六个小时的《魔兽世界》并持续一年，那你肯定会比每天玩六次、每次玩一个小时并持续一年的人要厉害得多。换句话说，要想提高你的感知和运动能力，你所进行的练习内容必须是一致的。

该技巧对于那些需要感知和运动技能的项目来说非常有效，比如体育运动项目、电竞、棋牌类智力运动项目或音乐，但其对于学习数学或者其他智力科目来说却并没有多大帮助。

专注的获取

创建一个贯穿工作或学习全程的流程脚本是众多可以帮助人们专注于自己所做之事的方法中的一种（详见第 11 章）。

流程脚本一般包括一系列经常接连发生的行为，每个人都可以根据自己的实际情况和流程来创建。比如本书的一位作者，他的流程脚本就包括了电脑开机、登录 Facebook、玩 3 分 30 秒（时间不多不少）的益智小游戏、浏览新闻网站，然后开始工作。

集中注意

你可以通过一些简单的办法来提高自己注意的广度和专注度。比如，在你开始学习的前 15 分钟里，进行轻度或中等强度的锻炼，然后停下来喝点水，这样可以帮助你的大脑释放适当的化学物质，这些化学物质会对后续的学习和记忆存储有所帮助。

另外，干扰源的阻断很显然也是集中注意的一种有效方式，比如不要在学习时看手机和登录 Facebook，尽管这两者的阻断都颇具难度。除此之外，我们还需要注意一点，就是一般人的注意时长约为 40 分钟（尽管这个数值取决于任务的复杂程度以及你的学习方式），在这之后，信息的吸收就会变得困难很多。所以，可以在学习了大约 30~40 分钟后适当休息 15 分钟。

还有另一个需要注意的关键点，就是我们将在第 7 章中详尽描述的多任务处理能力。如果同时存在两项需要不同方面的工作记忆处理的工作任务（详见第 8 章），只要任务足够简单，同时处理对大多数人来说不成问题。但多数情况下，当我们尝试同时处理多项任务时，其中任何一项任务的表现相较于专注一项任务的状态来说都会有所降低。

你还可以购买很多标榜致力于"提高"注意力的 App。但我必须要提醒一点，目前关于这些 App 实际效果的研究，结果可以说是相当混乱。对注意的练习确实会使个体在日后的其他注意任务中表现得更好，但是这种能力是否能够嫁接到其他任务或者学习上呢？答案很可能是否定的。

避免分心

对干扰源的了解意味着我们可以学着去避免这些分心。围绕人类工程学和人为干扰因素进行的大量调查，已经对最强干扰源问题进行了全方位的探究，并且得到了一个令人异常震惊的结果——言语。相较于其他类型的干扰，言语是最干扰人们工作的事情——（事实上甚至有可能是唯一一件），不管是电视里的对话、周围某人在说话还是从收音机、电话里传出的某个人的声音或者对话。

研究员们管这叫作无关言语效应，而且一并指出，一些听起来像言语的声音也能够对个体造成干扰。为什么言语是最强的干扰因素呢？其原因可以归结为言语是一种带有含义的声音，且它可以优先于其他干扰源到达我们的记忆层面。这就是为什么当员工需要集中注意工作的时候，开放式的办公室对他们而言就会非常糟糕的原因，这同时也解释了为什么开车的时候打手机是一件极其危险的事情。

　　为了避免这种干扰，最好的方式就是在一个可以相对隔绝言语的环境中学习。这种环境可以是完全安静的或者存在一些你可以进行控制的声音，比如播放音乐。神奇的是，言语是最强的干扰源，但是与言语类似的音乐或者常见的噪音却是能够帮我们集中注意的东西。该结果可能出乎很多人的意料，但我需要指明，我们这里所说的音乐并不是那些非常耳熟能详的乐曲，当然，如果你把这些乐曲的声音调大到淹没其他的对话和言语，确实也能防止分心。

所以，继续加大音量吧，如果有人反对，就说心理学家告诉你的。当然，保持安静同样有效。但是一旦有类似讲话的声音或言语出现，就会分散你的注意力，绝对安静的环境所营造的那种抗干扰屏障就会被打破。

提高你的学习和记忆能力

心理学中唯一一个完全致力于研究学习和记忆最佳方法的领域是教育心理学。接下来，我们将对教育心理学与认知心理学相关的技术进行简单的回顾。其实很多我们想知道的关于学习的技巧和知识都与信息记忆有关，这一小节我们就来谈一谈信息记忆，至于其他关于学习、记忆和遗忘的过程，会在第三部分的各章节逐一阐述。

我们所讲述的大部分技巧其实都有助于你提高处理信息或完成任务的效率。学习是一个异常活跃的认知过程，但即使是处于如此活跃的认知过程中，依旧存在着一些更能帮助记忆的活动形式。仅仅是在睡觉的时候听一些语音或看书，并不能使你的大脑进入适宜的学习状态中，这个过程里最需要的，实际上是对材料和信息的消化。

提高记忆力

大多数对学习有帮助的方式都与工作记忆相关，并且这里面涉及新旧知识的结合。下面，我们通过列举三个例子，告诉你如何提高记忆力。

✓ 记忆分组：将摄入的信息（这些信息中可能存在大量无意义的信息）分为有意义的、易于管理的信息组。我们将在第 8 章更多地讨论意元集组的内容。

✓ 信息处理水平：该技巧与处理信息的方式挂钩，一般来说，信息处理的越彻底，就越有可能被存储和记住（更多细节详见第 9 章）。

✓ 记忆法：通过在各种信息中形成某种联结，利用已知的内容来帮助学习和记忆未知的方法。记忆法使信息更加私人化和有意义，且以此为基础，在处理过程中给予信息更加清晰的阐述（参考上述论点）。记忆法的熟练运用，可以使我们在吸纳记忆新信息时构建更多的提示线索并与已有的记忆联结。研究表明，运用了记忆法的人，其记忆指数会比不使用记忆法的人最高可超出 77%。

 我们可以自己开发许多不同形式的记忆法：

✓ 将你正在学习的词汇替换成一些更易于学习的词汇；

✓ 将整个信息序列浓缩组成一个词；

✓ 将需要记住的信息序列编成顺口溜或者是歌曲；

✓ 通过发音的押韵或绘制图案来记忆信息；

✓ 描绘心理图像或意象来代表需要记住的内容。

长时记忆

许多技巧都声称可以帮助人们长久地记住信息。这里也有一些可以供你学习使用的技巧，这些技巧是通过一些调查研究开发得到的，这些调查旨在探索人们在不同学习情况下所展现出的能力差异。

分段练习

熟能生巧是一个所有人都认同的道理，我们确实可以通过反复朗读教科书上的内容来学习，但我们要说的不只这么简单。放在我们面前的有两个选择：一是集中练习，即将同样的内容不间断地练习数小时后再停下；二是分段练习，即进行多次间隔的短时间练习。哪个效果更好呢？

 研究结果说明，分段练习在学术学习层面具有无法比拟的优势；但对于感知和运动任务来说，集中练习会更有效（详见前面"集中练习"部分）。当你在一个小时内需要多次学习时，分段练习所带来的效果更佳。

对已学内容的测试

测试效应是一个非常有趣的发现，即你针对某事进行短期学习之后再对自己所学到的内容掌握情况进行测试。研究表明，自我测试后，短期学习的内容会更好地结合起来成为一个整体。这种测试还能使你脑中形成信息和记忆之间的新联结，这种联结一般存在于信息与访问该信息所需的提示线索之间。更多关于提示线索的内容详见第 9 章。

对自己所学内容的掌握情况进行测试，纠正所有的错误，然后再测试一遍。

避免遗忘

干扰是指，你所学习的新知识或已经掌握的旧知识对你存储的知识或当前的学习造成影响的情况。举个例子，本书的一位作者非常天真地想同时学习两门语言，但在学习的过程中经常将两种语言搞混，结果以失败告终。

当你在学习两个类似的东西时，确保你在使用两种不一样的方式进行学习，这样做就可以轻易地避免干扰。不要以相同或相似的方式学习两个类似的东西。

更快地提取信息

为了更快地从大脑中提取信息，从而改善你的考试表现，你可以运用一些能够帮助你提高信息提取能力的技巧。下面的两个技巧对你来说应有所帮助。

✓ 尝试将学习状态和学习环境相匹配。相关研究结果表明，当你以学习某信息时同样的环境条件对该信息进行提取时，提取的效果会更好。这种环境条件可以非常简单，比如以同样的心情、在同一个房间里、坐在同一个座位上、穿同样的衣服或者使用同一支笔（这听起来有点迷信的感觉）。任何能够在回忆状态和学习状态之间建立起联结的东西都能够帮助你回忆信息。

但该方法并不能帮助你更好地进行信息的识别（所以切勿将这种方法应用于多选题考试中）。此外，不要仅依赖这一种方法，因为使用这种方法的前提是你脑中必须已有你要提取的信息!

✓ 放松大脑，想点别的事情。当你冷静下来的时候，解决方案总是会自己跑出来。这一技能源于近期针对三级意识的研究，即包括提取记忆在内的问题解决方式可以在你不尝试思考问题的时候恰好出现在你的脑海里。

学术阅读和写作技能的提高

 作为一个学生，大量的阅读不可避免。许多成年人认为，他们的阅读能力是在童年时期获得且已经相对固化了的。但正如其他认知技能一样，能够精于阅读也是一个需要练习的事情，精于阅读的第一步就是尽可能多读、勤读。

阅读策略

 在你掌握阅读书面语言这一基本技能之后，你可以采取元认知策略进一步提高你的阅读技能（比如阅读的内容、阅读顺序和阅读时的认真程度）。认知一词指的是思考，那么元认知指的就是关于思考的思考。认知心理学家经常会这么做，但其实思考自己的思维方式能够让每个人都获益。

专栏 3-1　阅读规则

有时候，成年人在阅读方面遇到障碍是因为他们尚未掌握语言的规则。认知心理学家黛安娜·麦吉尼斯（Diane McGuinness）的研究表明，如果阅读能力较弱的成年人接受以语音为基础的高强度课程（即着重于语言中字母和发音的对应关系），他们的阅读能力将得到有效提高。

这项研究表明，若一名成年人有阅读障碍，很可能是因为儿童时期没有掌握恰当的拼写－发音规则造成的。

我们看小说的时候，通常会从头开始一个词一个词地读到最后，但这一方法对于学术性阅读而言有时并不适用。在学术性阅读中，你可以使用一系列元认知策略使自己的阅读效率事半功倍。以下是本书推荐的几项策略。

1. 浏览或预习。快速浏览文档，特别注意摘要、小标题和总体结构。事先确定文档中哪些部分是最重要的、哪些部分可以简单浏览、哪些部分可以直接忽略。

2. 带着目的进行阅读。在你开始阅读之前，明确你想通过本次阅读得到什么。为你的阅读设置一个目的能够帮助你有策略地理解文本。

3. 在阅读期间代入个人角度。当你读到一个观点时，问问自己你是如何看待这一观点的。你同意作者的观点吗？正在阅读的材料是否能够为你的阅读目的带来帮助，如帮你完成一篇论文或帮你进行考前复习？

4. 抛出问题。针对你所读的内容提出问题，并对后续内容进行预测。

5. 化为己用。以你的方式对观点进行总结或者向朋友解释你所读的内容。一般为了达此目的，我们需要对所阅读的文本进行更深层次的理解，并且去思考字面背后的含义。

6. 让学术阅读变得有趣。专注于学术阅读中你感兴趣的观点。如果某篇文章很无聊或者太专业，不妨先放一放，有必要的话稍后再返回来看。

7. 利用语境来理解观点。孩子在牙牙学语时，会利用语境来学习新单词。如果你不认识某个词或者短语，可以尝试用文中你能够理解的部分来推测它的含义。

8. 先做笔记，稍后回顾。如果你需要弄明白某些概念，可以先记下来并稍后再回顾它们，而非任由它们打断你的阅读节奏。

9. 保持顺畅。对于你尚未理解的部分，暂时略过优于让它们一直打断你的阅读节奏。如果孩子在每一次听到某个陌生词汇时都停下来，那可能永远都没办法学好语言。当你放弃理解一切的想法仅沉浸于阅读中时，你所能记住的内容很可能让你自己都感到惊讶。

10. 多读。策略性阅读学术性书籍和研究报告的练习是唯一能够提高你阅读技能的办法。大部分认知心理学研究都是以书面研究报告的形式发布的，这类研究报告大都遵循一个标准的框架（详见第22章）。在经过练习之后，你能够发现哪些部分是你需要钻研、哪些部分是你可以略过的。当然，这种取舍本身也取决于你想要获取的信息是什么。

提高你的写作能力

作为一名学习认知心理学的学生，你大概率逃不开撰写论文或研究报告，无论其中哪一个，都有专门的写作要求。

 能写出一篇好论文的第一要务就是理解格式要求。了解清楚所有的写作格式要求、写作指导及有关字数限制等。学术写作可大致分为两个阶段：规划（即你对将要以何种顺序撰写什么内容进行决策）和进行实际写作。我们将在后续章节"系统性规划"中对规划阶段进行详解，眼下我们先着眼于实际写作部分。

写作是语言输出的一种表现形式。正如本书在第 15 章中将讨论的那样，语言的输出包括一系列大脑活动。该系列脑部活动始于语义层面，即生成你所想表达的观点。随后，该语句中的各类元素会被鉴别（如是主语、谓语还是宾语），并将其转化为文字。

 如果你要说一个句子，你首先需要调整词语顺序，呈现出这些词语在听感上的表达，然后利用你的嘴和声带以一系列复杂的动作发出这些声音。当然，即便你最终没有大声发出声音，该产生过程在大脑中依旧会进行。

专栏 3-2　思考和说话：对我而言都一样

当我们对想说的话进行思考时，我们嘴部和喉部的肌肉运动实际上与真实说话时完全相同，只是其幅度会小很多。敏感电极可以检测到这种无声语言。这种无声语言也是美国国家航空航天局（NASA）开发计算机语言识别软件的基础，这种软件使我们不用开口说话，仅通过思考就能达到交流的目的。

 像大多数人一样，如果你发现口语对话比写作更容易，那就可以通过想象自己在大声说话来帮助写作，并把你的注意集中在单词的"发音"上。另一个实用小技巧是，想象自己在向一个特定的人或者一群认识的人解释你的观点。这样做可以使你发挥现有且可观的语言使用经验。你可能不是有经验的作家，但你是擅长和亲朋聊天的人，当你想象这样做的时候，便可以对大脑中现有的大容量知识储备加以利用。

想象自己在和朋友聊天可以有效提高你写作的流畅性，但当你在撰写论文和报告时，你需要考虑的因素往往更多。其中一个是学术性写作中所用语言的不同风格，另一个则是学术性写作需要遵循的规则，如字数限制或者使用特定的章节小标题等。

为了能够使你的学术性写作从这几个方面得以提高，你可以尝试以下两个方法。

✓ 尽可能多地体验不同的学术性写作风格。通过大量阅读所学科目的研究报告和教材来了解该领域的写作风格；同时，对大量阅读中的素材进行累计，比如一段文字特定的开篇风格等。

✓ 运用你现有的能力在一定范围内对学术性写作进行修正。你也许会在与朋友、祖父母或者陌生人交流的时候使用不同的语言风格，所以在不同背景下对语言风格进行调整已经是习以为常之事。另外，短信和推特等社交工具也在很大程度上影响着我们，拜这些字数限制工具所赐，大多数人在面对严格字数限制时，并不会感到特别突兀。

曼彻斯特学术短语库（www.phrasebank.manchester.ac.uk）是一个学术写作宝库，里面罗列了许多实用的学术写作文本段。

更高效地使用你的思维能力

大脑的执行功能会统摄你的总体行为，包括诸如问题解决、推理和决策在内的高层级思维模式（更多详情参考第 5 章）。这些高层级思维模式对于你的学习规划和工作产出而言至关重要。

理性逻辑运用

通过阅读本书，可以让你对逻辑的规律和人们常犯的逻辑错误有更深入的了解。对这些的深入了解可以提高你发现他人言论中漏洞的能力以及构建自身逻辑性发言的能力。同时，也能够让你认识到人们在生成或者理解某个观点时需要经过的步骤有哪些，而这些在很大程度上能帮助你优化你的学术写作结构。

系统性规划

针对一个项目的每个阶段进行规划是有其特殊意义的。在开始一个项目之前，确定你的工作量和你可能面临的问题，这就是规划项目的意义所在。

认知心理学采用了状态空间法来进行规划（我们在第 17 章会对此方法进行更详尽的阐述）。使用该方法的个体会基于自己的当前状态和目标状态之间的一系列状态，思考每个阶段可能会做出的选择，以及这些选择会怎样影响结果的生成。这一技巧可以有效培养个体对自身注意的引导及可支配时间的分配意识。

创造和运用子目标

学生们时常会将一项工作看作一个完整且不可分割的整体，但这一观点有时会让他们觉得该工作对他们而言过于庞大以至于无从下手，从而导致在面对工作时产生惊慌失措的情绪。

可以通过层次分解法将目标任务划分为多个子目标，即将一个问题拆解为几个小问题，然后重复该过程，将这些小问题拆解成更小的问题，最终你会得到一系列易于处理的小问题。将这些易于处理的小问题处理好，再进行结合，大问题便得以解决。例如，当我们要撰写一份调查报告时，可以将这一工作拆解为撰写报告的各个部分，再将各个部分拆解为各个段落，然后针对这些小段落进行撰写。你会发现，不知不觉中工作就完成了。

你处理某个问题的经验越多,你就越自信你有能力解决这一问题。随着你经验的增长,你能够将一个问题拆解成更多的子目标,且不断地优化你的解决方案。随着时间的推移,你大脑中便建立了这些模块状经验的存储库,也学会了如何处理更大的问题。

完成过程自动化

任何一项技能你练习得越多,你就越能用该技能自动地处理相关的问题。当你重复一系列行为时,大脑会识别这一模式,并建立能让你不假思索就执行这一系列行为的新程序。

通过大量练习撰写论文或者学术报告,你能自动地完成越来越多的过程,这将释放你的注意和认知能力,从而使你能去处理更大的问题。

反向作业

当被问及如何创造新的笑话和段子时,英国喜剧演员比尔·贝利(Bill Bailey)回答说:"我从笑声开始,然后反向推导这个笑话是怎么出来的。"这一过程与人们常用来处理问题的方式相差并不大。

在一种被称为"手段–目的分析"的方法中,人们先识别出自己的目标,再根据目标去思考他们应该怎么做才能达成该目标。比如,为了让观众发笑,你需要一个梗;为了找到一个梗,你便需要一个设定,等等。

所以,在规划你的下一项学术任务时,可以从鉴别最高级别部分的工作开始,再通过寻找能够通往它的一些特定工作内容来进行反向作业,这样做可以帮助你在进行论文撰写时拆解问题。在脑中有一个正向的目标不仅能激励你,还能使你的注意集中在问题中最重要的层面上。

培养成长型思维

根据斯坦福大学心理学家卡罗尔·德韦克(Carol Dweck)的说法,影响学生行为最重要的因素之一就是她所提及的思维模式——一个人的思维模式是元认知或思考如何去思考的又一例证（我们在本章前面的"策略性阅读"部分讨论过）。根据德韦克的说法，人们的思维模式大致上可以分为两类。

✓ 固定型思维模式：这一类人群相信人们生来便具有一些特定能力，且这些能力一生都相对稳定。拥有这种思维模式的人倾向于守着他们擅长的事情，且抗拒在不擅长的领域中发展新的技能。相较于付出努力，他们更重视成果，也更喜欢解决他们能力范围内能轻松处理的问题。

✓ 成长型思维模式：这一类人表现出与固定型完全相反的模式，他们认为人们因实践而进步，所以相比起结果，他们更重视付出的努力。他们能很好地应对新的挑战，因为他们付出了努力，所以也并不会因为犯了错而感到气馁。

德韦克的成果令人振奋，她展现了可以通过简单的干预来改变人们思维模式的可能。即使仅对这一理念有所了解，也更有可能让人们从固定型思维模式转变为成长型思维模式。

part 2

第二部分

关注感知的微妙之处

本部分目标

✓ 对感知过程中涉及的所有生物过程进行充分理解。如果你吸收的不是正确的信息，你就无法判断出正确的行为或者推论并进行恰当的探讨。

✓ 在行动中认识到自己惊人的视觉能力以及你是如何被视觉愚弄的。

✓ 对各类型目标物的感知模式有所了解，尤其是人脸识别这种特殊情况。

✓ 关注注意的概念，它是人类赖以生存最重要的能力之一。如果没有它，你会经常走神以及变得手足无措。

第 4 章

感知你周围的世界

∙∙∙

通过对本章的学习，我们将：

▶ 区分感觉和知觉；

▶ 审视自己的世界观；

▶ 从心理学角度对视觉进行理解。

∙∙∙

在你开始学习、记忆或者研究任何目标物之前，你需要先对目标物进行一番感知。听起来简单，但实际上这个过程囊括了一系列心理学教科书中很容易被忽略的生物过程，而这些生物过程对于理解心理学这一领域来说恰恰是至关重要的，并且它们真的很有意思！

为了理解认知并充分理解贯穿本书的认知心理学模型，你需要知道你的大脑一般都收集哪些信息。出于这个原因，对于感知的学习便成为理解认知心理学必要的一环。

人的感官多种多样，但我们只就眼睛以及大脑如何利用眼睛所提供的信息进行讨论。我们认为，视觉过程是一个受认知所影响的高级心理过程。研究者们通过酷炫视觉假象的沉浸式体验证实了"眼见不一定为实"，也凸显了要糊弄人们的视觉系统其实并没有什么难度。同时，这种视觉假象还揭示了人们看待事物以及他们为什么以这种方式看待的重要信息。

深入探究你的认知系统

每个人都有相同的基本生物配置（眼睛、耳朵和鼻子等）用于感受这个世界。但不是所有人都以完全相同的形式去看和听，因为感受世界的过程还涉及心理过程的参与。

心理学中两个早期的流派对感觉和知觉进行了重要的区分（详细内容见专栏 4–1 "两种截然不同的心理学流派"）。

✓ 感觉：感官和大脑如何检测并传递关于周遭世界的信息。

✓ 知觉：每个人基于自己的意识所"看到"的和对周遭世界信息做出的回应。

专栏 4–1   两种截然不同的心理学流派

人类许多行为都源于对环境的反应，因此心理物理学应运而生，用于研究这些行为都是如何发生的。换句话说，就是为了探索人类认知的极限。心理物理学研究的核心骨干是德国物理学家、心理学家兼哲学家古斯塔夫·费希纳（Gustav Fechner）。他的核心逻辑是找到感觉阈下限，并以此对特定的刺激进行定位或对两种刺激进行区分；心理物理学将人类视为物理有机体，并基本忽略其自由意志；心理物理学家对人们如何解释他们的感受不感兴趣，只关注人们实际上做了什么。因此，这种方法给人非常客观的感受，且只基于数据。

另一个主要关注人们感知质量的流派是结构主义，核心骨干是德国医生、生理学家兼哲学家威廉·冯特（Wilhelm Wundt）。冯特认为，思维通过许多不同相互作用的认知处理过程将世界以个体角度呈现。思维接收了身体感知到的事物后，会创造性地尝试通过其内部结构来理解它（详见第 10 章）。结构主义者认为研究人类经历最佳的方式就是分析性内省。这种方法需要对正在看或正在想的东西以及为什么会发生这种情况进行详细的口头描述，其产生的分析结果是高度主观的，完全基于个人意愿。

心理物理学至今仍被学界广泛使用，但结构主义却很少被重视。

你的大脑看到的世界与他人看到的不同，甚至有可能在某种程度上是不完全准确的，因为大脑总是在试图理解这个世界，好以最佳方式来做出回应。

对周遭世界进行感觉和知觉是一件至关重要的事：因为你在持续地接受感官上的刺激。如果没有这样的感官信息持续性地流入你的大脑，你甚至可能不被认为是活着的。如果你身处感官丧失舱（通常用于冥想），大脑会产生幻觉形式的感觉。这就很明确地告诉我们，即使没有刺激，人们的大脑甚至也会自己产生它们的感觉。

知觉对行为而言至关重要。做某事之前，你需要首先意识到此事的存在并理解此事。比如，当你看到一根巧克力棒时，你需要运用你的眼睛传递给你的所有信息来指引大脑去进一步做出伸手并拿起它的动作。然后，你运用眼睛和手指收集到的信息组合来打开它，才能得到味觉上的愉悦。

人们会运用许多不同的感官来理解世界，除了视觉、听觉、味觉和嗅觉之外，还有更多有待你去发掘（比如平衡感和温觉）。尽管本章中我们只着眼于视觉，但也要注意每种感觉所带给你的不同信息，且这些信息很少会多余：信息通常只由其中一种感官提供。但我们并不能将其理解为感官与感官之间的完全分离，比如视觉就可以影响味觉。

看看世界发生了什么

眼睛是人体中最神奇的器官之一，它能让你看到这世界各种缤纷的场景：从游轮甲板上耀眼的阳光到灯光昏暗的夜总会。即使身处这两种截然不同的环境中，你的视觉也足以让你安全地四处走动。

上面的两个例子展现了视觉的关键要素：光线——它携带着你用来看到这个世界的信息，且对感觉而言必不可缺。光线会与它所接触的许多事物相互作用，产生反射或被其他物体吸收，并以这种方式来提供关于目标物的信息。世界上的光线种类很多，比如可以制造大量光线的日光就是其中之一。更多细节详见专栏 4–2 "照亮世界"。

这一部分我们会用一些物理学术语对视觉进行描述：大脑如何处理眼睛所看到的东西。

专栏 4-2　照亮世界

光是电磁辐射的一种形式，它包括无线电波、红外线和紫外线。电磁辐射以惊人的光速在传播。因此，光从几米开外捕食者的牙齿上传到你这里的时间几乎就是瞬间，也就使你当下有了足够的时间逃跑（你也希望是这样的）。

光波的一个重要特征是波长，即光波震动的频率（想想海浪拍打在岸上：如果一波海浪打在离另一波海浪很近的海岸上，一个短波长就产生了）。不同波长的光具有不同的性质，关键的是，只有某些波长的光线是人类可见的，且提供关于色彩的信息。

光还有另一个重要的特点：振幅（波的大小）。振幅越大，它所包含的能量就越多。再次回想一下海浪。海浪的大小就是振幅，冲浪者乘着的巨浪所具有的力量，比孩子们划船的小浪花要强大得多。

眼睛的定位

眼睛是能够检测到携带着你所需信息的光线的装置，比如对目标物进行感知活动。

你有没有想过，为什么人类的眼睛长在现在这个位置？好吧，也别想了。某些动物的眼睛长在它们脑袋的两侧，而有些动物的眼睛长在前方，这是有以下原因的。

✓ 两只眼睛在前方的动物对眼睛前方的事物有更强大的视觉能力，因为光线可以从正前方直接进入两只眼睛。因此，追逐其他动物对它们来说变得更容易，尽管它们无法从垂直角度去观察事物或者无法看到脑袋两侧的事物。

✓ 眼睛在头部两侧的动物（如兔子）几乎可以看到自身周围的所有角度，除了正背部。当然，这类动物也无法看到正前方的太多细节。这类动物通常充当着猎物的角色，需要对猎捕它们的动物持续保持警惕。

与大多数类人猿一样，人类的眼睛位于头部的前方，这样的位置可以帮助人类在狩猎、觅食、立体视觉和手工任务中观察到所必需的细节，比如使用工具打开坚固的罐头盒等。

凝视着你的眼睛

眼睛是一个充满水的果冻状球体，在前面（即瞳孔）有一个黑洞（它真的就只是一个洞），用来让光线进入。瞳孔后面是一个透镜（就像眼镜中的镜片），这样的结构是为了将光线聚焦到眼睛后端（视网膜），感光细胞会在那里对光线进行检测。

当你身处黑暗之中时，为了让更多的光线能够进入，瞳孔就会放大；而为了减少能够进入眼睛的光线（并防止眼睛其他一些娇嫩的部分受损），瞳孔就会收缩。当然，瞳孔大小也会随着心理因素而改变。

光线探测：感光细胞

感光细胞位于眼睛后方，它们分布在整个视网膜上，但是在中央凹（视觉中心）上会比周边（视觉边缘）有更多的视锥细胞存在。

- ✓ 视锥细胞：是一种能在明亮光线下做出反应的感光细胞，且能甄别颜色（详见第 5 章）。
- ✓ 视杆细胞：是一种能在昏暗光线下做出反应的感光细胞，且不善于甄别颜色（这就是为什么在夜间甄别颜色会比较困难）。

感光细胞的分布不均就意味着中央凹是具有最大解析度的位置。在中央凹处易看到精致的细节，而边缘则会比较模糊，这就是为什么人们观看重要场景的时候会不断地移动眼睛的原因。

眼部肌肉是人体最繁忙的肌群，它们每天至少运动 10 万次。这从一个侧面告诉了我们眼部肌肉运动的重要性，如果没有了眼部肌肉运动，你就会失明。

你对我们说的将信将疑吗？请看一下图 4-1，该图所展示的是一个名为特克斯勒消逝效应（Troxler fading）的例子。如果你盯着图中间的"+"，就会发现边缘的阴影开始渐渐消失。

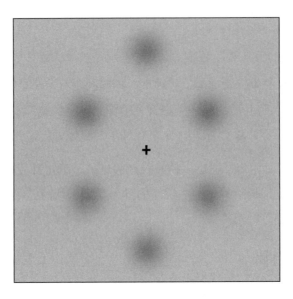

图 4-1   特克斯勒消逝效应

这种效应发生的原因是，大脑在识别一个物体时会通过将一个视网膜图像与下一个视网膜图像进行比对来进行，如果没有区别，大脑便认为没有东西存在。大脑通过检测两个场景之间的差距来"看到"某个东西，如果你麻痹了眼部肌肉，你就什么都看不到了。就算它们不参与光的检测，你也需要你的眼部肌肉才能看到某个东西。更多关于眼睛运动的内容详见专栏 4-3"移动的眼睛"。

专栏 4-3   移动的眼睛

整个视觉研究领域都致力于对眼睛运动进行研究，因为这是一个非常复杂的大脑过程。迄今发现的几种眼球运动包括以下类型。

✓ 共轭眼动：两只眼睛一起同向运动，比如你在观赏一场网球比赛的时候，眼睛会盯着目标物从一边挪到另一边。

✓ 异向眼动：两只眼睛向相反方向运动，比如你注视着某物移动着靠近你或者远离你。举个例子，如果你把你的手指放在你面前并向着鼻子移动，你的双眼会向一个方向聚合移动，最终你会变成斗鸡眼。

你的眼睛也能够以下面两种特殊的模式移动。

✓ 平稳追踪眼动：比如你跟随一个目标物时，会通过眼睛的平稳运动来识别目标物。

✓ 扫视性眼动：更为常见的是快速的、子弹一般的运动，这类动作在分离的两个目标物之间会快速地从一个场景跳跃到另一个场景（比如现在你正在阅读的时候）。

这些眼动模式揭示了对于知觉一方来说的重点所在。如果某事是重要的，人们就会注视着它；如果某事引起了注意，人们也会注视着它。需要注意一点，精神分裂症患者无法很好地执行平稳追踪眼动任务，而患者施行这一能力的困难程度可以用来直接预判他们症状的严重程度以及复发率。

眼动是如此重要，以至于不下 10 个不同的大脑组成部分都在为它效劳。最重要的一个部分位于离你视觉处理部分（位于枕叶）最远的额叶。

对光线做出反应：中心环绕

1962 年，神经生理学家大卫・胡贝尔（David Hubel）和托尔斯滕・维泽尔（Torsten Wiesel）发现了一种非常有趣的存在于视网膜以外的视觉细胞（视网膜神经节细胞）布局。通过对每个细胞进行一小束的光照射并测量细胞的反应，他们发现了细胞做出反应的位置（感受野）。他们发现这些细胞有一个甜甜圈状的布局（称为中心环绕布局），负责对光做出反应的中心区域开启时，其周边区域就会关闭。该研究发现让他们获得了 1981 年的诺贝尔生理学或医学奖。

中心环绕布局能确保你更易于看到光线的变化，也能帮助你看清细小的物体。如果一小束光只照射在中心细胞的中心且不触碰到外部部分，细胞就会有很大的反应；然而，如果光是照射在整个细胞上（包括中心部分和周边部分），细胞的反应就较为温和；当光线移动照射过一个细胞的时候（除了光照射在细胞中心的一刹那），会引起一个相对较小的细胞反应。

 中心环绕布局会带来一些奇怪的结果，其中之一就是有时你会看到不存在的东西。请看图 4-2 的赫尔曼栅格错觉（Hermann grid illusion），你应该能看到虚幻的灰色圆点浮现于许多白色的十字岔口。思考这一效应发生的原因是，在十字岔口，细胞感受野中，周边环绕区域的光多于中心区域的光，导致十字岔口的整个区域似乎是没有光的。

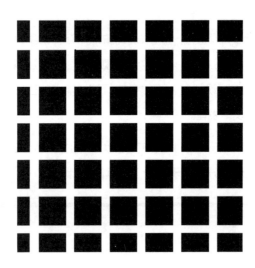

图 4-2   赫尔曼栅格错觉

 这种效应不会发生在中央凹区域，因为这个区域里的细胞只对较小的区域做出反应（如果你让你的凹区足够靠近书，你也会在你正在看的十字岔口里看到一些虚幻的点）。

感光细胞排列：寻找盲点

在每只眼睛的中央凹区域的细胞里，都有一小部分区域没有任何受体细胞，这意味着这个部分看不到任何东西，这个区域就是盲点。但因为大脑填补了这部分的空白，你便不会在视觉呈现上看到一个洞。

为了找到自己的盲点，可以闭上你的左眼并注视着图 4–3 中的"+"。把书竖立在你面前约 50 厘米左右的地方，你可能需要向前或向后稍做移动。你能看到另一个字母是什么吗？当这个字母位于盲点的时候就会消失。你的大脑看不到这个字母的时候，就会用它周围的任意物体对该区域进行填补。

+   A

图 4–3　找到盲点

这个例子告诉我们，视觉是一个活跃的过程，大脑会改变和篡改你所看到的内容。所以，要检测你是否有视觉问题相对来说是困难的，因为你的大脑总是在试图填补各种空缺。当然，这种填补也有其重要性。我们知道了大脑对视觉的填补机制，才会不断地重申道路安全须知。过马路的时候要多看，前后左右都看看，要不然如果一辆车出现在你的视觉盲区，你的大脑又进行了填补，你是无论如何都看不到它的。

视觉脑的组织

每只眼睛收集到的信息到达大脑都必须通过视神经（盲点是存在的，因为信息会通过眼睛直奔大脑）。视神经的损害意味着你的一只眼睛会失去视力，因为针对一个点（视交叉）时来自两只眼睛的信息会混合。在每只眼睛看到的内容中，左边眼睛所呈现的信息会被发送到右眼视束，而右眼的信息则会被发送到左眼视束。一旦某一边的视束被切断，你的视觉便会触及不到这一侧的周遭世界（这种情况被称为偏盲）。

来自视束的细胞进入大脑中被称为外侧膝状体的部分，并被排列成六层。其中两层是大细胞，对运动较为敏感；另外四层是小细胞，对颜色较为敏感，也显示出较高的视觉敏锐度。

探索初级视觉

神经元将视觉信息从外侧膝状体带到位于大脑枕叶的初级视觉皮层，这是大脑产生的第一个有意识视觉体验的区域，位于大脑的后端。

不难看出这里是视觉的中心，因为当你对脑中这部分的细胞进行刺激时视觉效果就会随即产生。如果你足够用力地敲击后脑勺，你眼前就会看到小星星（就像动画片里那样），这种反应就来自视觉皮层的神经活动，但请别轻易尝试。

初级视觉皮层被认为是由视网膜映射出来的：它就像一张视觉世界的地图，同一空间中某一物体旁边的另一物体是由脑中一个细胞旁边的另一个细胞处理的。

初级视觉皮层中的一些细胞是简单细胞——视觉的基本组成部分，它们会检测并处理简单的形状（比如边缘或者条状物），但每个细胞只处理特定方向的边缘（如垂直条状检测细胞就"看不到"水平条状检测细胞）。

简单细胞的存在用于如边缘、条状物和线条等不同的类型，其他更为常见的边缘或形状都有对应的细胞负责。相比斜角，人类有更多用于水平条和垂直条的细胞（猫咪有应用于各种方向的细胞，也许这就是为什么它们常常以优越的轻蔑眼神看着人类的原因）。因此，人类会觉得检测水平线条和垂直线条会比其他角度更为容易（倾斜效应）。换句话说，他们对水平和垂直的线条有更高的视觉敏锐度。

倾斜效应揭示了经验如何影响大脑中的细胞。例如，生活在雨林或者北美平原的人不会表现出同样的倾斜效应：雨林中的人水平细胞较少，平原中的人垂直细胞较少。

大脑中，几个简单细胞的反应可以合成一个复杂细胞。一个复杂细胞可以处理一个任意大小和处在视觉世界任意位置的垂直条状物。在大脑更深处，几个复杂细胞的反应可以组成超复杂细胞，这些超复杂细胞会用于响应更加复杂的组合模式，比如移动的垂直条状物。

通过这种简单细胞的反应相加的方式，人们创造了整个世界（该理论是一些感知心理模型的基础，相关内容详见第 6 章）。如果你将一系列呈现了特定方向曲线的简单细胞相结合，你便可以为面部构建一个超（或者超＋）复杂细胞。事实上，英国神经学家戴夫·佩雷特（Dave Perrett）和他的同事已经证明，有些细胞似乎会选择性地对面部进行响应。

了解到这些知识后，你也许就会意识到一个超复杂细胞就代表了你所看到的一切。这个超复杂细胞将许许多多的简单细胞和复杂细胞所激活的反应叠加在一起，而这些细胞呈现了各类边缘，最后便构成了目标物的形象。因此，对每一个你所见过的物体你都有一个相对应的细胞，即"祖母细胞论"：要看到你的祖母，你需要一个用来呈现你祖母形象的细胞。事实上，脑成像研究已经揭示了人脑中确实存在只对美国影星珍妮弗·安妮斯顿（Jennifer Aniston）做出反应的细胞，这也许从一个侧面说明了祖母细胞论的有效性。

但如果是这样的话，人们脑中所需要的神经元就会比他们实际拥有的多得多。为了理清论点中的这一瑕疵，也许可以重新思考单个细胞针对单个物体进行响应的说法，而转换成一个细胞集共同对单个物体进行响应，其中的部分细胞同时也可以识别其他目标物。

深入探索大脑

初级视觉皮层与有限且基础的视觉处理相关联，更细致的处理进程发生在大脑其他区域里。然而，研究者发现，在初级视觉皮层区域之后，主要的视觉通路似乎变成了两条。

- ✓ "是什么"通路：用以确定你所看到的是什么。因为它涉及中央颞区中处理记忆的脑区域（详见本书第三部分的章节），所以被研究者称为时间流卷积。因为它会进入到顶叶，所以这种通路被称为顶叶流卷积。又因为它向下会穿过大脑底部，这里更靠近胃部，所以也被称作腹侧流卷积。参与"是什么"通路的关键大脑区域是视觉联络区域，分别处理颜色和形状。这种流卷积被认为是感知层面的视觉。
- ✓ "在哪里"通路：用以确定某物的位置。它比"是什么"通路更基础，它只简单地示意某物的位置和运动形式，不负责鉴别是什么东西。因为它会进入到顶叶，所以这种通路被称为顶叶流卷积。又因为它会延伸到头顶（就像鲸鱼的背鳍），所以又名背侧流卷积。它会穿过中央颞区，也就是处理运动的区域。这种流卷积被认为是运动层面的视觉。

大脑将世界拆解成了许多不同信息块，比如颜色和各种形式等（称作功能专门化），这一理论在心理学家中引起了广泛的争论。信息拆解后，高层次的大脑区域需要将所有信息绑定在一起，形成一个完整的表达（详见第 6 章）。

构建你的视觉世界

在前面"感光细胞排列：寻找盲点"这部分中，我们展示了大脑如何将你所见到的转化为你的知觉（盲点的存在可能造成与现实的巨大不同）。另一个例子就是，"眼见不一定为实"源于后像效应，这就是世界在长期暴露于特定刺激后有了不同模样的原因。

请注视图 4-4 左边光栅之间的固定点大约 1 分钟，然后再看右边光栅之间的固定点。你应该会看到一个后像效应，即顶部光栅会比底部光栅窄。稍等片刻，回头看看右边的光栅，你就会看到，实际上它们的宽窄是一样的。

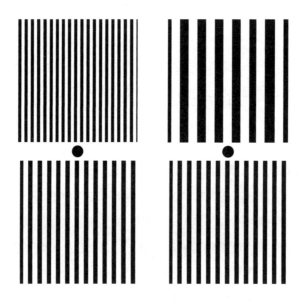

图 4-4　空间频率自适应演示

这种练习通过适应改变了你可以感知到的东西：长时间受到特定刺激会影响之后接受刺激的能力，并与我们将在第 6 章中描述的空间频率相关联。注视密集的光栅（高空间频率）会使大脑中负责响应它们的细胞变得疲劳（筋疲力尽）。随后当你再看着别的光栅的时候，这些细胞便疲于应答，一个没有空间频率的图像便出现了。在颜色（见第 5 章）、亮度、斜度甚至面部识别（见第 6 章）中都存在这种效应。

这些例子突显了知觉是如何由你现有的知识构建而成的。为了理解知觉，心理学家们做了许多的实验，而在此我们将主要阐述其中两个实验。

知觉引导

　　美国心理学家詹姆斯·吉布森（James Gibson）认为，知觉的存在是为了对视觉世界做出反应。这种直接知觉方法有点类似于"知觉的唯一目的是为了帮助启动某种形式的行为"。

吉布森认为，人们遇到目标物的同时，目标物的使用方式就会在大脑中被瞬间唤醒。目标物的用途是它们的可供性，故当某人遇到一只苹果时，他的知觉中便形成了进食的过程。但可供性受心理状态的影响，所以当他生气的时候，他的知觉中可能会形成苹果可以作为投射性武器的可供性并扔了出去。

处理知觉里的歧义

　　从以上提及的吉布森的直接知觉理论让我们明白，当你形成对周围世界的知觉时，知识是即时可用的，这一知识指的是如何使用目标物。但有些目标物不具备用途，此时现存知识便会影响知觉。

其中的一个例子就是双关图像错觉。在你继续阅读之前，请先看图 4–5。

图 4–5　双关图像

资料来源：W.E. 希尔（W. E. Hill）1915 年所绘漫画《我的妻子和我的岳母》（*My Wife and My Mother-In-Law*）。

人们看到的要么是一位老妇，要么是一位年轻女士。事实上，对这两个图像的知觉可以在你眼前改变，尽管视觉输入没有发生改变。这种效应说明大脑必须参与视觉处理过程的第一阶段。

如果你依旧看不出图 4–5 中存在的老妇或者年轻女士，让我来给你一些提醒：年轻女士正面向左边往上看，她的下巴实际上就是老妇的鼻子，因为老妇正俯视着左边。

这样的错觉说明，知识和故事背景对人们所看到的东西有很大的影响。事实上，知识和经历对于知觉的影响极其深远：你看到某事的次数越多，你就越不需要通过注视去看到它。此外，对特定目标物的经验会加速大脑对它的处理过程。例如，专业的国际象棋棋手只需看一眼棋盘的中心就能看明白整个棋盘，而新棋手则需要看每一棋子才能有相同的表现。

跟随运动中的世界

难以想象一个没有运动存在的世界是什么样的，运动是生命的定义之一。感知运动也是如此，针对运动的感知对于生存而言至关重要。想象一下，当你无法感知到运动时需要穿过一条马路的情景。此外，你感知运动能力的背后还蕴含着许多其他不太明显的意义。

拥有感知运动能力能帮助人们探测事物。如果你在森林里狩猎，哪怕是最轻微的动静都会吸引你的注意，以助你获取你的战利品并帮助你免于成为别人的口中餐。

运动感知也有助于图形 – 背景分离（详见第 6 章），并可以提供深层信息。如果你看到某物在移动，你可以清楚地意识到该物体作为一个独特的实体与背景是分离的。运动感知还有助于对运动中的相对位置进行定位，并让你能够移动自己。最后，运动感知可以帮助你识别目标物（详见第 5 章）。你知道兔子会跳，所以看到跳跃性移动便有助于你确定向你走来的是只兔子，而非一只巨大的、可怕的老鼠。

本节中，我们将就运动检测中所囊括的复杂大脑过程进行描述，其中还包括光流的参与。同时，我们还会在本节对定时运动检测的重要性进行演示，也会讨论生物运动所扮演的特殊角色，并会向你展示糊弄运动感知有多地容易。

运动感知

 人们是如何感知到运动的？这一问题的真相并不像听起来这么简单。请思考以下两个不同的情况。

- ✓ 视网膜运动系统：当你保持眼睛不动时，有物体在眼前移动。在一个瞬间，你的视网膜在一个点上捕捉到了目标物；在下一个瞬间，目标物已经位于另一个位置。你又如何判断这不是两个物体？
- ✓ 头 / 眼运动系统：当你为了使目标物停留在你的中央凹而转动眼睛，或者换句话说，为了跟踪目标物，你运用了平稳追踪眼动（详见前面讲过的"光线探测：感光细胞"部分）。

 第三种情况是，当你在移动的时候你需要移动你的眼睛来让目标物停留在你的视觉内。但此时你不会感知到物体在运动，因为你知道你自己也在移动。

科学家们就解释人们如何实现惊人的运动检测壮举提出了以下两种理论假设。

- ✓ 流入理论：英国神经科学家查尔斯·斯科特·谢灵顿（Charles Scott Sherrington）认为，大脑会记录人们移动眼睛的次数。也就是说，大脑指示眼睛或者脑袋进行移动，然后记录发生了多少运动。随后，大脑会将这些信息与视网膜图像的变化进行比较。
- ✓ 流出理论：德国物理学家赫尔曼·路德维希·费迪南·冯·赫姆霍兹（Hermann Ludwig Ferdinand von Helmholtz）提出了一个略有不同的思路。大脑计划移动眼睛时，会将计划中的内容与视网膜图像呈现的内容进行比较。

那么，这两种理论是如何对应现实中所观察到的内容的呢？两者均可轻松解释平稳追踪眼动（用你的眼睛流畅地跟踪某物）。虽然没有发生视网膜运动，但两种理论都记录了物体在运动，因为眼部肌肉在工作（流入），或者大脑在指示眼部肌肉工作（流出）。

但如果你戳戳自己的眼睛（千万不要把手指戳到自己眼睛里），你仍会看到运动。肌肉已经移动了，但大脑并没有指示它们进行移动。因此，根据流入理论可知，世界应该是保持静止的，因为肌肉已经移动了，且大脑应该将其作为追踪进行记录，但是你却感知到了运动。所以很明显，流入理论是错误的。流出理论表明，大脑没有进行移动的意图，因为你看到了运动，所以眼睛也发生了移动。

 基于这一点和其他证据，流出理论更利于解释人们是如何检测运动的。尽管它阐明了为什么你的大脑可能会感知运动，但它依旧存在局限性，不能解释视网膜中的细胞是如何反应的。为了理解这一层面，你需要某种形式的运动探测系统。

运动探测器通过比较来自两个不同受体的信息来工作。它需要两个感受野、一个比较器单元和一段时间差。受体 A 上捕获到了一个刺激因素，然后再将其移动到受体 B 上。只有当受体 B 被激活的时间与受体 A 被激活的时间相比略有延迟时，比较器单元才会被激活。这种模型被称为延迟 – 比较检测模型或 Reichardt 运动检测模型。

通过比较器单元对不同程度响应的时间差，速度探测便有实现的可能性：较短的时间差意味着某物移动得更快；较长的时间差意味着某物移动得更慢。

证据表明，运动检测发生在视觉皮层负责运动的区域，大脑中这一部分的细胞处理所有方向的运动。也就是说，每个细胞都负责处理特定方向的运动。

跟着光流走

 当你四处走动的时候，你会专注于一个特定的点（你预期中的目的地）。这种延伸焦点呈现出静止不动的状态，但围绕这一点的视野范围似乎在扩大（变得越来越大）。这种模式发生在光流中，这对于在旅行中辨认方向非常有用。一般而言，旅行中基于光流的方向预测误差非常小。虽然光流有用，但我们还不清楚它的工作原理。

1950 年，詹姆斯·吉布森（James Gibson）提出，人们能够以某种方式利用他们的整个视野，从光流中判断方向；相反，另一种理论认为，你只需要专注于视野中一般处于静止状态的局部就可以对方向进行判断。同时，有证据表明，当没有静止的局部存在时，可以基于光流来判断方向，说明局部理论的有效性不如吉布森的全局理论。

 当你坐在一列未开出的火车上看向窗外，随后站台上另一列火车开始驶出，你常会觉得你所乘坐的那列火车是在开动的（可能是出于一种怕晚点的担心，希望你乘坐的火车能准时送你到家）。这种效应是视觉感知的错觉——似动知觉，又被称为诱导运动。

展示似动知觉过程的一种方式就是使用视动力鼓室（一个旋转的房间）。被试被安排进这个旋转的房间里，随后房间开始旋转，但出于某种原因他们会错误地相信其实在旋转的是他们自己而不是房间。其原因是前庭系统（掌管平衡感的系统）只会根据变化发出信号。你习惯于只在运动开始的时候接收信号，所以如果你看着房间移动但是你没有收到信号，你的大脑会在疑惑的同时感知到房间在移动。几秒钟后，因为大脑没有收到来自前庭系统的信息输入，所以大脑不再疑惑，得出房间不可能在移动而是你自己在移动的结论。

似动知觉会导致呕吐，因为在这个过程中你所见的和实际发生的不匹配。

1976 年，英国心理学家大卫·李（David Lee）和 JR. 里士满（JR.Richmond ）运用似动知觉过程来展示环境的移动如何影响平衡感。他们把蹒跚学步的小孩（刚刚学会站立）放在一个房间里，等到他们站起来后，他们稍微移动房间的墙壁，便会使小孩摔倒。如果他们在蹒跚学步的孩子面前移动墙壁，孩子会向后倒下。孩子们误以为因为他们在移动而导致了墙壁的移动，因此他们通过屈身来补偿。巨幕影院中也运用了类似的效应。

移动时机至关重要

运动感知的一个重要作用是能够预估你什么时候可能会碰到东西，或在一年一度的大学校际垒球比赛中什么时候能接住球。接触（或接球）的时间点可以通过视网膜上目标物的膨胀率来计算——当球向你靠近的时候，在你的视网膜图像里会变得越来越大。通过计算这个速率，你可以得出发生接触的时间点。Tau（ τ ）是对接触时间点的度量，它等于 1 除以膨胀率。

当你接近一个物体或者一个物体接近你的时候，你的大脑会运用这个简单的算法进行预估。但是，你需要知道这个物体最终的大小才能预测出接触的时间点。因为你无法确定当该物体在你手中的时候在视网膜上呈现的大小，所以你无法在不知道某物大小的时候做好抓住它的准备。

此外，你的经验决定了你是否要利用物体接近你时的速度信息和距离信息。相较于速度信息，判断接近物方面经验丰富的运动员们更倾向于注意距离信息。

当你考虑到人们经常和他们要接触的物体同时移动时，事情就变得更加复杂了。比如，在垒球比赛中，当你为了进行专业的防守跑着去接住球时，你所掌握的信息就是对球的光学轨迹的判断。

一个有意思的结论是，在跑步时要比原地等待球向你飞来更容易接住球。人们在球的飞行状态下向着球跑过去比等着球朝着人飞过来时更能准确估计球的"可接性"。当防守员在球飞行期间精准地向球移动时，会以使球高度和距离的比例保持在零的速度移动。这样一来，防守员便总能和球同时到达。

但这种策略只有在球向你移动的时候才有效。更常见的情况是，球并不直接飞向你，球员为了保持球的轨迹呈现为直线而以弯曲的路径进行跑动。尽管如此，他们仍然会与球同时到达接球点，而非提前到达接球点并原地等待。

展示你的动物本能：生物性运动

运动能帮助人们提取目标物的三维信息。如果它移动了，它在你视网膜图像上的大小会发生改变，你就可以感知到它的距离，这称作运动结构重建。

例如，你可以用很多方式来诠释一个静态图像。假设你看到了一条直线状的影子——投射出这一影子的物体可能是一根绳子或一根坚硬的棍子。如果该物体被移动了，你便可以获得关于它的结构信息（你可以看到棍子以固定的形式移动，而绳子会晃动）。

运动结构重建中存在的一个特殊情况是具备获取生物性运动信息的能力：即生物的运动。生物性运动区别于固定和僵硬的机械性运动，生物性运动更为流畅优美。

生物性运动对人类而言非常重要，它可以为人类提供关于捕食者、危险或猎物的信息。这一重要性意味着，人类是解读生物性运动的专家。

人们通常可以从走路的方式就能认出自己的亲朋好友。生物性运动也可以提供关于某人年龄、性别甚至是性取向的信息。

如果把信息量降到最低限度，人们仍然可以辨认生物性运动，这一事实强调了人类对生物性运动的娴熟天性。1975 年，瑞典精神病学家冈纳尔·约翰森（Gunnar Johansen）将光点附着在一些人的关节上，然后要求他们以特定方式移动。这些人会在黑色背景前全黑穿着运动，使得只有光点轨迹可见。没有运动的话，人们就无法识别光点目标物带来的刺激，但人一旦有了动作，被试便可以轻松识别刺激。

其实，人们可以根据点光成像轻松识别不同类型的运动，如绘画、做俯卧撑、骑自行车，还可以读唇语。被试甚至可以根据点光成像来识别他人的性别。他们可以用这样最小的信息量来辨认他们的朋友、家人甚至是猫猫狗狗。

此外，他们可以非常迅速地根据光点运动来提取这些信息。被试可以在不到 200 毫秒的时间内做出这些判断，说明这一过程是较为自动的。人类不是唯一一种能够做到这件事的生物，猫咪也可以从点光成像中识别出其他的猫咪。

专栏 4-4 自主运动效应

自主运动效应是一种和生物性运动有关的效应。当在一个完全黑暗的空间里向被试展示一束单一的光时，被试通常会反馈他们看到光在自行移动。这种自运动效应是由眼球漂移和缺乏用于比较光的位置背景环境引起的。

点光成像广泛应用于电影中。许多计算机生成的角色（如电影《指环王》中的咕噜）就是利用点光进行拍摄制作的。这种技术使得计算机动画师能确保计算机生成的角色以现实中的风格运动。

生物信息如此地重要，以至于大脑有专门的区域用于处理它。研究人员认为，颞上回的细胞簇便是在处理生物性运动的时候召集的。

眼见为实：似动

电影院放映电影的方式类似于人类视觉系统编码运作的方式。在电影中，一系列的静止图像以精准的每秒 24 帧来呈现，每一帧的速度都意味着观众感知到了一个顺畅的似动。这听起来似乎有点奇怪，因为人类视觉系统本可以以这种速度检测到闪烁，但实际上，电影放映机的快门每帧打开的次数高达三次，也就创造了一个人类视觉系统无法探测到的闪频（将近每秒 75 帧）。

电影就是以这种频率呈现的，因为如果呈现帧的速度比较慢，你就感知不到运动，而只看到一系列静止的帧。如果以非常高的速度呈现帧，你便会同时看到所有内容，而非动作。

利用先前"运动感知"小节中我们描述过的延迟 – 比较检测模型，你可以发现是什么决定了人们能检测到多快的帧频。如果图像出现在受体 B 的时间早于受体 A 允许的时间差，则所呈现的图像就被认为是同时发生的。如果图像在受体 B 上出现的时间远远晚于时间差，你就会看到两个分离的静止图像。因此，人们甄别运动的帧率与运动检测器中的时间差是相同的。

另一个似动的形式也非常令人着迷。如果你在运动时看着某些汽车的轮毂帽，它会呈现出以汽车运动的方向旋转或以反方向旋转的效果（通常称为车轮效应）。当车轮缓慢转动时，你的运动检测器检测到了帧 1，因为辐条处于一个位置上。在帧 2 辐条移动了一点，你的运动探测器便假定它们已经向前移动了。但是，如果车轮移动得太快，以至于帧 2 发生的时候辐条已经移动得太远（大于 45 度），你就会认为车轮在向相反方向移动！

专栏 4–5　体验运动后效

长期不变的特定运动会导致静止物体看起来像是朝着反方向在运动。这种后效应是一种有趣的错觉，也称为瀑布错觉，因为罗伯特·亚当斯（Robert Addams）在苏格兰看瀑布的时候首先提出了这一错觉。他陈述了在盯着瀑布看了一分钟左右之后转而看着岩石，发现岩石似乎朝着反方向在移动。

你可以在网上搜到关于这一效应的演示。盯着画面中的动作看一分钟，然后看着你自己的手（更好的选择是离你近的人脸）。运动后效通常只需要几秒钟，但是对你的大脑而言要解释这件事非常具有挑战性。我们的学生觉得这感觉跟"皮肤下面有东西在爬行"一样奇怪。大脑必须对运动出现在了它本不该出现的地方这一事件进行诠释。事实上，你所看到的东西并没有发生位置上的改变：它们维持在原地，但它们却在移动。这种悖论只能解释为大脑对于运动的解释与它对位置处理的方式不同。

这一效应其实非常易于解释。当你看着静止的东西（岩石）时，你的运动探测器活跃到了相同的程度（在同一低基准线上激活）。因为所有的运动探测器（针对所有方向）都活跃得非常平均，所以你看不到运动；当你看着运动的物体（瀑布）时，负责对于这一运动（向下）做出反应的探测器比其他所有方向的探测器都更活跃。这时你转而去看静止的岩石时，向下细胞处于疲劳状态，所以不会运作（运作程度低于基准率）。因此，你似乎看到了相反方向的运动，这是因为负责处理反方向的细胞比处理当下运动方向的细胞更活跃。

这种错觉展现了一些关于视觉系统的要点。就像颜色一样，人们会反向处理事物。更准确地说，它们以与其他方向相反的方式来处理。它还表明视觉系统的活动基线不是零，这一点非常重要，同时也说明了你的大脑一直处于活跃状态。这个一直工作的系统听起来也许是一种能量的浪费，但是心理学家认为这是可适应的。换句话说，适应的过程帮助你的大脑更好地工作，帮助你注意到不同状态之间的变化。

鉴于大脑负责感知运动视觉的区域在处理运动时的活跃程度，我们可以假设这个区域对于处理运动后效也是活跃的（毕竟它是一种运动）。其实，一些研究人员已经证实了这一事实会发生在运动后效发生期间，而另一些研究人员则发现感知运动视觉的活跃会随着对运动的适应而削减。所以，至今还未确定是脑中的哪一部分负责处理运动后效，这种不确定的争论在心理学领域经常发生。

第 5 章

探究人们如何看到深度和颜色

通过对本章的学习，我们将：

▶ 了解人们如何感知三维世界；

▶ 获得人们看到颜色的呈现方式。

如果你的视觉是正常的，便难以想象一个无法感知深度和颜色的世界。但对于那些感知不到深度或者看不到颜色的人来说，问题本身就足以让他们感到无能为力了。

人脑处理视觉体验中的深度感知和颜色辨别的方式是非常了不起的（更多关于人类感知的基本生物学和人们探究周遭世界方式的理论详见第 4 章）。本章中，除了对如何感知深度和辨别色彩进行讲解，我们还加入了一些现实生活中发生的例子以及一些能扰乱我们视觉系统的有趣错觉。要知道，真实世界有时候和它呈现给我们的样子是天差地别的。

看见三维

对深度的感知对于我们来说至关重要：如果没有对于深度的感知，你就无法穿过马路、捡起东西，甚至无法对事物进行识别。对于认知心理学家而言，在感叹这种惊人能力的同时，其工作原理的探究也至关重要。一方面，它进一步揭示了人类思维是如何影响人类视觉的；另一方面，人们确实需要把"深度"作为了解事物其中的一个重要指标（且了解就是一个认知过程）。在这一部分中，我们会对深度感知进行介绍，并对各种与深度相关的问题进行回顾。

深度感知概述

能够看到三维对我们来说至关重要。如果没有关于深度的感知，你可能会径直撞向路灯灯柱，把东西都撞倒，甚至无法察觉到一辆超速驶来的汽车与自己的距离。想象一下这个场景，你坐在酒吧里，想要拿起一杯啤酒。如果没有深度感知，你根本没有办法准确地判断酒杯的位置，你只能伸手去尝试性地乱抓，并很有可能打翻它。

人们通过深度感知来计算某个事物与自己的距离，这被称为自我中心距离。例如，当你在登录 Facebook 或者是在写一篇研究报告的时候，你明确地知道你的笔记本电脑就在你面前几十厘米的地方。另外还有一种距离也是我们会使用深度感知来计算的，就是事物之间的距离，这通常被称为物体相对距离。

深度感知也有助于我们对某个对象进行识别。例如，请看图 5-1，你可以在笼子的金属栅栏后面看到一只漂亮的南美洲栗鼠，这个时候深度感知能让你就动物的灰色皮毛和金属笼子进行分辨。

图 5-1　你能看到栗鼠的形状外沿和笼子的边缘吗

目不转睛：单眼线索

深度的暗示信号多种多样。有一个非常常见的谬误是，深度感知是两只眼睛共同作用的结果。但是从图 5-2 所示的深度感知的众多线索中，你可以看出只有两个线索是基于双眼视觉产生。这就告诉我们一个事实，在进行深度感知时，仅凭一只眼睛就可以确定许多关于深度的线索了。研究者们通常将这些单眼线索称作图像深度线索，这种线索可以从一个简单的二维图像中获得。所以，当你注视着一个图像时，在深度感知上一只眼睛的作用和两只眼睛的作用没有差异。

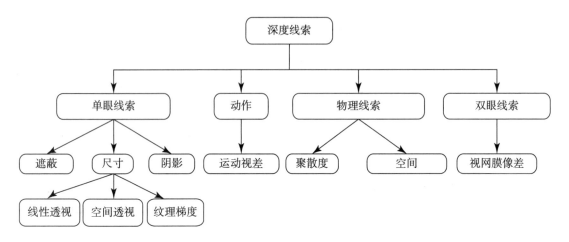

图 5–2　深度感知的众多线索

调整目标物大小

最简单的深度线索就是尺寸。通常而言，离你越近的物体，你就会觉得它越大。这个道理听起来简单，但实际上又没那么简单。想象一个周围什么都没有的立方体，如果没有其他的参照物，我们其实很难去判断它的大小。这里面的一个主要原因是，因为立方体的尺寸可以是任意的，所以你需要一些参照物来做比较。

　只有对模糊或者不熟悉的目标物进行判断时，你才需要参照点。例如，如果一只兔子在你的视野里只有大概 2 厘米高，你就会判断它实际上离你很远，因为兔子肯定要比这个高度大得多。这个例子就告诉我们，关于尺寸的线索需要对目标物的熟悉度或者某个参照点来使之发生作用。

线性透视也与尺寸线索相关联。想象一下自己晚上沿着一条笔直的路行走，当你向前方看的时候，路似乎越来越窄，且灯柱与灯柱的距离也会变得越来越近。虽然你看到了这一情况，你却觉得前方的路离你越来越远（我们在第 4 章有对此不一致情况的详尽阐述）。

图 5–3 是以提出者意大利心理学家马里奥·蓬佐（Mario Ponzo）的名字命名的蓬佐

错觉的变形图。你会看到图 5–3 上方的水平条比下方的水平条长，但实际上它们的长度是完全相同的。线性透视告诉你，两边逐渐汇聚的线条实际上是平行的。在判断时，因为上方的水平条看上去几乎碰到了感觉上像是平行的线条，而下方的水平条没有，所以上方的水平条看起来必然更长。

图 5–3 蓬佐错觉图的一个变形

图 5–4 展示的是缪勒 – 莱尔错觉，提出者是德国社会学家缪勒 – 莱尔（Müller-Lyer）。这种错觉与蓬佐错觉类似，且可能包含了深度感知。带有向外指向箭头的线条看起来似乎比带有向内指向箭头的线条要短，但实际上这些线条的长度是相同的。关于该错觉解释的假设之一是，人们太习惯于在房间内的角落处看到向外指向的箭头，以及在建筑物的外部角落处看到向内指向的箭头，所以会产生这种判断上的错误。有一部分研究者就该结果进行了比较研究，有证据表明，西方人比石器时代以前居住在森林中的人更容易产生这种错觉。

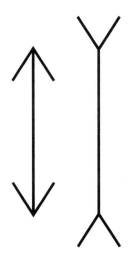

图 5–4 缪勒 – 莱尔错觉

在现实世界中，你可以很简单地通过看着月亮来感受尺寸深度的错觉（称为月亮错觉）。当月亮在高空中时，会比它接近地平线时看起来更小。

另一个与线性透视类似的概念是纹理梯度。如果你在一个有很多鹅卵石的海滩上朝远处眺望，你会感觉处于你脚边的鹅卵石看起来更大，而那些离你脚比较远的鹅卵石则看起来更小。与之前相同，这是你当下的感觉，也是你所看到的，但大脑在同一时间提醒你，所有的鹅卵石都一样大：那些看起来小的鹅卵石只是比较远而已。

空间透视同样也是一个不可或缺的线索：目标物在远处会逐渐模糊并褪色。如果你眺望乡村，远处的山峦在你的视线里就会略显模糊，这种情况下，你便可以判断越模糊的物体可能距离你越远。

物体的局部遮蔽

遮蔽（也称为插值）是另一个关于深度的线索。人们天生就觉得自己所看到的物体基本都会是完整的。

专栏 5-1   给佛罗多腾空间

将所有大小线索连在一起，就会形成一种非常强烈的错觉，这就是艾姆斯小屋（Ames room）错觉。如果想看艾姆斯小屋错觉的实际效果，可以看看电影《指环王》，并注意佛罗多和甘道夫交谈时的画面。电影里的佛罗多（伊利亚·伍德饰）与甘道夫（伊恩·麦克凯伦饰）相比显得非常矮小，在现实中，伊利亚·伍德虽然不是个大块头，却也没那么矮。事实上，在拍摄时伍德距离摄像机的位置比麦克凯伦要远得多，加之房间的形状对视觉的影响，就会使得观众觉得他看起来更小。拍摄时房间的线条其实不是直的，虽然你看到的明显就是直的。

再来看一下图 5-5。图 5-5（a）展示了一个位于三个圆圈上的错觉条。但你看到的不会是三个不完整的圆圈，而是三个完整圆圈上方的一个竖条。其实，你的大脑对错觉条的反应和对真实条的反应是一样的。这些形状类似于图 5–5（b）中的图形，其中一个正方形似乎位于四个圆圈的上方。

内克尔立方体（图 5–6）是瑞士博物学家内克尔（Necker）在 1832 年设计的。图 5–6（a）是对遮蔽最清晰的展示。当面前出现了有额外线条的六面体时，人们更倾向于对立方体进行感知。这个结果让我们意识到了三维的重要性，它甚至会从二维图像中直接凸显出来。然而，基本的内克尔立方体是模棱两可的：较远处左边的直角是立方体的前面还是后面呢？只有当一些侧面被遮蔽住的时候，如图 5–6（b）和图 5–6（c）所示，你才能清楚地计算出深度。

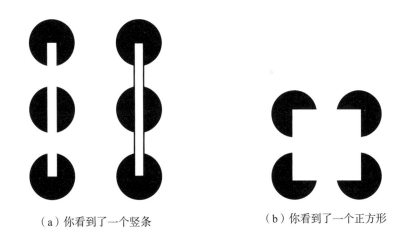

（a）你看到了一个竖条　　　　　　（b）你看到了一个正方形

图 5–5　圆圈是否完整

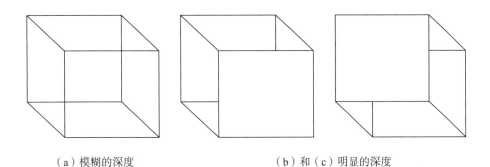

（a）模糊的深度　　　　　　（b）和（c）明显的深度

图 5–6　内克尔立方体

透明度是遮蔽现象中的一个特殊情况，即当某一物体覆盖于另一个物体之上时，你依旧可以透过它看到被覆盖的物体。

遮蔽是体现深度的一个非常有用的线索。如果你能操纵一个图像得到不一致的深度线索，那遮蔽肯定是人们最倾向于遵循的一类线索了。遮蔽甚至可以通过大脑中的一个特殊部位进行处理，这也就解释了为什么有些人看不到遮蔽，但依旧可以通过其他手段来对深度进行分辨。

大脑只需要 100~200 毫秒（即十分之一到五分之一秒）来处理遮蔽。换句话说，当看到图 5-5 中的部分圆时，你的大脑就会在 100 毫秒内将条形图像显示出来。但是，在这之前，你的大脑会首先将图像形状判定为单一的物体。

遮蔽世界

人们都知道光线的路径是自上而下的，所以当他们看到一个影子时，就会认为它处于某物下方。请看图 5-7 中所示的点和坑，上面有光斑的看起来像是点，底部有光边的看起来像是坑。

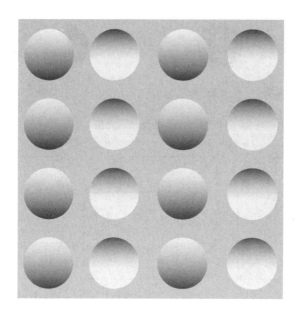

图 5-7　阴影提供了深度的信息

把这本书颠倒过来看看，点和坑的位置互换了。现在再把书转回它原来的方向，点和坑就会自然而然地相互来回倒换。如果你需要的话，也可以倒立来确定。不管你怎么看它，你都知道光线来自上方，也就给了你另一个关于深度的提示。

眼部肌肉收缩：生理学线索

你的每只眼睛都有六块肌肉来控制其运动方式，还有两块肌肉控制着眼睛里晶状体的形状。这些肌肉的张力变化取决于目标物的距离。眼部肌肉的运动会产生微小的电脉冲，大脑会记录这种电脉冲并用以建立深度感知。

当控制晶状体的肌肉通过拉伸附着在晶状体（用于聚焦进入的光线）上的肌肉，使其弯曲到足以使光线偏转到视网膜背面的时候，调节作用就产生了。当这些肌肉放松的时候，晶状体是平的，这时目标物距离这个点大约 3 米远。为了能够聚焦在一个更近的目标物上，肌肉必须收缩，拉伸韧带，并使得晶状体形成其自然弯曲的形状。这些肌肉可以使得晶状体足够弯曲，使其得以聚焦在 20 厘米远处的目标物上，但这个距离就是极限了。因此，调节过程只会针对距离你 20 厘米到 3 米之间的物体有效。

将你的手指直接放在你的面前，并缓慢地靠近你的鼻子，在这个过程里，试着一直看着手指。为了使图像始终保持在你的中央凹处（每只眼睛中间部分具有最佳的分辨率），你的眼睛就会转动（称为收敛运动）。当你的手指距离鼻子大约 10 厘米远的时候，你可能会开始感觉到双眼视线开始交叉，大部分人这个时候会感受到眼部肌肉的紧张（切勿保持太久，否则真的会疼）。

大脑可以利用这种肌肉张力作为深度感知的度量。聚散运动可以提供精确的深度感知，最长可达 6 米。

- ✓ 汇集：发生于需要向内运动双眼才能看到附近物体的时候。
- ✓ 分离：发生于需要向外运动双眼才看得到遥远物体的时候。

双眼并用：双眼线索

该部分内容将涉及双眼关于深度的线索。你的两只眼睛处在稍微不同的位置上，所以它们看到的内容也是稍微不同的。

你可以在面前伸出一根手指，并通过注意你手指后方物体的方式来验证你的每个视网膜都会展现出不同的图像这一点（有点像双重视野）。闭上一只眼睛，你的手指似乎变换了位置；换成另一只眼睛闭上，手指便似乎再次变换了位置，这种效应称为视网膜视差。人们通过双眼趋向于中间或分开向外移动，使得场景中相应的点落在两个中央凹上。

✓ 双眼单视界：指没有视网膜视差的区域所出现的单一视觉体验。比双眼单视界更远或更近的点会落在视网膜不对应的部分，从而产生视差。这种差异随着在物体前面或者后面距离变得越远而相应变得越大。

✓ 交叉差异：比双眼单视界离你更近的图像。

✓ 非交叉差异：比双眼单视界离你更远的图像。

　　通常情况下，你的大脑能够将两个视差图像合成为一个图像（称为融合）。但是，如果你患有复视或者喝得很醉（当然，这个我们无法亲眼确认），你就会很容易出现双重视野的情况。

人脑可以计算每个视网膜图像之间的视差，这种能力称作立体观测，它给予了人们关于深度的度量：越是交叉的视差，目标物就越近；越不交叉的视差，目标物就越远。

　　人类的视觉皮层中存在着会对某些形式的视网膜差异出现时产生反应的细胞，但依旧有 5%~10% 的人群（包括本书的一位作者）缺乏这种能力。这类人群属于立体视盲（无法基于视网膜视差检测深度）且需要利用所有其他线索来精确感知深度。这种情况通常是斜视、斜眼症或者弱视个体在年幼时期阻碍了差异细胞生成所带来的影响。

你可以使用由神经学家兼心理学家贝拉·朱尔兹（Béla Julesz）于 1971 年创造的随机点立体图来诱导深度感知。随机点立体图是由黑点和白点组成的图案，其中一个点呈现给左眼，另一个点呈现给右眼。除了其中一个颜色的点的一部分会向着一个方向移动以外，这些图案都是一致的。这样的设置创造了视差，且会被认为是比立体图的其他部分更近或者更远。

专栏 5–2 3D 电影和视网膜视差

　　许多 3D 电影都是通过两个叠加了不同滤镜的相机来拍摄的，这也是对视网膜视差的一种应用。这两个相机分别被置于略有不同的位置上：一个来自左眼的位置，另一个来自右眼的位置。在 20 世纪 50 年代，3D 电影技术刚开始发展之时，左边的相机会被套上一个绿色的滤镜，右边的相机会被套上一个红色的滤镜。当你带着能够抵消这两种滤镜的特殊眼镜时，深度感知就会建立，观众会将这两个相机角度产生的图像融合为一个内在心理图像。

　　可惜的是，3D 技术不适用于立体视盲人群，它充其量只会让他们觉得恶心。

当你没有其他线索可以利用的时候，你便需要用两只眼睛进行关于深度的感知。作为示范例子，你可以站在一堵白墙面前并闭上一只眼睛，随后伸出双手，使你的两只食指相互指着，然后试着让两只食指相互接触。大部分人会发现这有点困难，睁开双眼做这件事会容易得多。

移动：运动线索

　　运动视差是基于某种视网膜视差之上的另一种形式的深度感知（参考上一节内容）。运动视差就是基于运动产生的视差。

伸出你的一只手，同时伸出两根手指：其中一根在另一根手指的后面。然后你径直盯着手指看，你会发现后面那根手指不见了。但是，如果你把脑袋移到侧面，你就能很轻易地看到后面那根手指。由于视网膜视差，更靠近你的那根手指会比远一点的那根手指移动得更快。

同理，如果你在一辆火车上看着窗外，并盯着固定一段距离的地方，你会发现离你较近的物体似乎在与你运行方向相反的方向上快速移动，而超过固定点较远的物体似乎和你一样在缓慢地移动。

人脑可以计算运动的相对速度，并利用这些信息计算出某物与我们的距离。这种深度感知形式极其强大，在狩猎中有着广泛的应用。

专栏 5-3　大小恒常性

如果你从很远的地方看一棵大橡树，同时近距离观察一株小盆景树，这两个物体会在你的视网膜中呈现相同的大小：说明这类图像的大小呈现可能与大小或者距离有关。所以，当有人朝你走过来时，呈现在你视网膜上的图像就会变大，你的大脑需要针对这个人是变大了还是变近了做出诠释。

大脑运用了埃默特定律（Emmert's Law），即图像的大小感知与其距离感知直接相关来计算大小和距离。对于视网膜上的特定图像大小而言，关于该物体的大小感知与距离成正比。也就是说，你认为某物多大取决于你觉得它有多远。基于你对物体大小的了解，以及背景环境等因素，你的判断其实非常容易被干扰。像是我们说过的缪勒－莱尔错觉和艾姆斯小屋等几个错觉实验都突出了关于大小恒常性的潜在干扰因素。

面对一个熟悉的对象时，人们能够出于大小恒常性计算出它有多远。但是，对于不熟悉对象的大小却无法用同样的方式进行判断，大小恒常性的缩放效果此时就失效了。

深度线索结合

得知了这么多种不同的深度线索，你可能会好奇，人们如何运用它们来形成对某物离他们确切有多远的准确判断。心理学家还没有确定这种情况是如何得以实现的，但可以明确的是，当我们掌握的深度感知线索越多，对深度的判断就越精确。

有证据表明，一部分深度线索是在大脑中的特定区域中进行处理的。有些脑部受伤的患者便无法通过特定的线索来计算深度，但是可以利用诸如遮蔽和视网膜视差等其他线索来进行判断。

另一种用于观察深度线索相互作用的方法是，看看当不同的深度线索给予的信息发生冲突时会发生什么。例如，一只大老鼠的一部分被一只小象挡住了。通常而言，这种情况下对于深度感知的估算非常不理想。大脑会首先判断哪一个线索更可靠（而它如何做到这一点取决于个体的大脑），随后会摒弃其他线索，只运用这一条被认为更可靠的线索做出估算。

生活在色彩世界里

色彩感知的准确度有时候会带来生与死的差别。想象一下，如果你没办法对色彩进行分辨，但想要在树上摘果实的情况。动物（包括人类）也会用颜色来传达心理状态：某些青蛙通过变成亮黄色或红色来传达危险信号，以警告捕食者；人类会通过面色涨红来传达愤怒或尴尬；有些猴子会通过改变颜色来表达交配的意愿。如果没有颜色，动画片《好奇的乔治》(*Curious George*) 中的可怜小猴乔治可能要错过很多东西。

色彩感知对其他类型的感知也有着巨大的影响，比如人类的味觉。测试表明，人们不喜欢黄色草莓奶昔，即使它和粉色草莓奶昔之间唯一的区别是颜色（也就是人们闭着眼睛的时候无法区分它们两个）。这也就是为什么食品制造商会在很多食物里添加色素的原因，比如豌豆泥如果不添加食物色素就会是黄色的。

在本节中，我们将就颜色进行阐述，不仅如此，本节还将探究我们超出人眼本身的三色识别设计，可以额外看到无数种颜色的原因。我们还就三原色理论和拮抗理论（又称四原色学说）这两种人们如何看到光谱范围内颜色的理论进行探讨。颜色感知并不如就大脑检测到的东西进行识别一般容易，颜色感知还受到知识的影响。

定义颜色

诚然，颜色让这个世界看起来更美丽，但它是什么？其实，颜色也就是大脑对于不同波长的光的反应。光是电磁辐射的一种形式，其中还包括伽马射线、X 射线、紫外线、红外线、微波和无线电波。自然界中可感知到其他波长的动物很多，但人类能看到的那一部分仅介于紫外线和红外线之间，通常称为光谱可见区。

可见光的波长范围在 400~740 纳米。400~500 纳米的光波是紫色光；580~740 纳米的光波是红色光；彩虹色里其他的颜色波长皆介于这两者之间。

光波不包含颜色，只有波长和强度（或光度）。颜色是人类大脑和生理的一种反应（参见第 4 章）。

细数颜色：三原色理论

你可以试试 1 分钟内最多可以说出多少种颜色，或者让你的朋友试试，答案很可能是 11 种。由人类学家布伦特·柏林（Brent Berlin）和语言学家保罗·凯（Paul Kay）于 1961 年确定的 11 种基本颜色，其中包括了红色、绿色、蓝色、黄色、灰色、棕色和粉色。如果你是一位艺术家，你可能也会罗列出如海军蓝、靛蓝色和紫色等颜色；如果你是一位计算机科学家，你可能会提及青色和洋红色；如果你在一家油漆公司上班，你可能会想出无数种其他颜色的名字（比如苹果木绿或者暖阳黄）。

3 是个神奇的数字

在你得知人们眼睛里实际上只有三种颜色受体（视锥细胞）之后，可能会感到惊讶。

想想你在光线昏暗的情况下能看到多少种颜色。在黑暗里，所有的颜色看起来都差不多。人们在黑暗条件下没有彩色视觉，因为视锥细胞负责探测颜色，且他们需要更多光线才能做出反应（详见第 4 章）。

三种不同类型的视锥细胞（S 视锥细胞、M 视锥细胞、L 视锥细胞）分别用于对不同波长的光（短波长、中波长、长波长）做出反应。细胞显微分光光度术（在每个感光细胞上照射一束小光针并测量其电反应的方式）展示了每类视锥细胞能够响应的最大波长。各灵敏度峰值（引起最大反应的波长）如下。

　　✓ S 视锥细胞（420 纳米）：大约为蓝紫色。

　　✓ M 视锥细胞（530 纳米）：大约为黄绿色。

　　✓ L 视锥细胞（560 纳米）：红色。

　　换言之，当波长为 500 纳米的光照射在眼睛上时，三种视锥细胞都会对其做出反应。然而，M 视锥细胞的响应会比 S 视锥细胞和 L 视锥细胞的反应都更为强烈。所以，你就会看到这个颜色呈现为绿色。借由这三种视锥细胞的组合反应，你便可以看到所有的色彩。

　　关于色彩视觉，除了三原色理论的这种直接的生理证据之外，还存在许多的行为证据。人们可以通过混合这三种颜色得到任意颜色。这一理论通常被称为杨 – 赫姆霍兹理论（Young–Helmholtz theory），以提出这一理论的两位核心研究者托马斯·杨（Thomas Young）和赫尔曼·冯·赫姆霍兹之名命名。

一切源于基因

　　最新的研究显示了视锥细胞准确的 DNA 排列。控制视锥细胞的基因位于 X 染色体上，而其他研究则明确了某类色盲的成因。患有色盲的人（更确切地说就是有色彩障碍的人）通常有缺失或者异常的视锥细胞。一般情况下，他们只会缺失一种视锥细胞。表 5–1 展示了专家所发现的色彩障碍类型。

表 5–1　　　　　　　　　　　　　　　　色彩障碍类型

名字	成因	类型
二元色（只有两种有功能的颜色感受器）		
红色盲	缺失 L 色素	混淆 520~700 纳米的光波（绿色到红色）
绿色盲	缺失 M 色素	混淆 530~700 纳米的光波（黄色到红色）
蓝色盲	缺失 S 色素	混淆 445~480 纳米的光波（蓝色）
三原色异常（与常规颜色匹配不同）		
红色弱	L 视锥细胞异常	匹配异常；鉴别能力弱
绿色弱	M 视锥细胞异常	匹配异常：鉴别能力弱

不同类型的视锥细胞在视网膜中的分布并不是均匀的，这意味着人比其他生物更容易检测到一些特定的颜色。尤其是在中央凹处（眼睛中央部分）没有 S 视锥细胞，

所以人的中央凹处是缺乏特定颜色的（但由于中央凹太小了以至于你不会注意到）。此外，M 视锥细胞和 L 视锥细胞存在的数量远多于 S 视锥细胞。事实上，S 视锥细胞只占了总体视锥细胞的 10%，其余的则由 30% 的 M 视锥细胞和 60% 的 L 视锥细胞组成。

颜色的对立：为色轮增添更多色彩

虽然存在三种反应不同特定波长光线的视锥细胞（见前一小节），但很显然人们所能看到的色彩远不止这些，这又是如何做到的呢？就该问题，目前专家们还无法给出准确的答案。有一种观点认为，某些颜色是通过某种形式反向处理的，我们会列出一些论据来支撑这个观点。

1878 年，一位德国生理学家埃瓦尔德·赫林（Ewald Hering）观察到了四种（而不是三种）只能在对立成对情况下感知到的原色（拮抗理论）。他认为，蓝色和黄色相对互斥，红色和绿色相对互斥，这种互斥与黑色和白色相对互斥是一样的，即它们是某种色轮或者色域空间中的对立端。

赫林尤其注意到，在描述颜色的时候，人们从来不会使用"蓝黄色"这个词，而是会说"黄绿色"（如网球的颜色）。同理，人们也从来不会说"红绿色"。

感受后效

色彩后效是拮抗理论的一个有力证据。在你继续阅读之前，请首先盯着一个中心带有黑点的绿色桃心 30 秒，然后再注视白墙，这个时候大部分人给出的反馈是依旧可以看到粉红色桃心，而非一片素白色。

通常情况下，长时间注视着某些颜色时，你会开始逐渐适应它们（类似于我们在第 4 章中描述过的适应实验）。当你注视着一个空白屏幕，你会看到原本颜色的对立色：当你适应了红色的时候，后效图像就会呈现绿色；当你盯着黄色一段时间后，后效图像就会呈现为蓝色；当你盯着黑色一段时间后，后效图像就会呈现为白色。因此，颜色会经过后效处理呈现出相反的颜色。

你可以自己通过适应一些刺激后看着一堵白墙来证实这一效应并非某种计算机技巧：适应刺激后，你会再一次看到后效图像。事实是，不管你注视着什么，你都会在后效中看到它。后效图像仅仅会持续几秒钟（你一眨眼它就没了），而且一般情况下会比你注视着的原图像要模糊一些。

 事实上，对色彩后效的解释与针对所有其他后效的解释大同小异：针对一种特定的颜色持续处理一段时间，会使得负责对该特定颜色进行响应的细胞变得疲劳，与此同时，负责其他颜色的细胞并没有受到影响。因此，当你看着一个纯白色图像的时候，"相反"的颜色就会相对而言比实际颜色更加活跃。

对立的联结

当了解了这一知识背景后，接下来的问题就是这些相反的颜色如何结合起来，形成人们所看到的大量的颜色呢？图 5–8 展示了基于拮抗理论的编程系统。简单而言，该系统能够计算出 S 视锥细胞相对于其他类型视锥细胞的激活比例。实线表示视锥细胞最大反应时对应的颜色；虚线表示视锥细胞最小反应时对应的颜色。

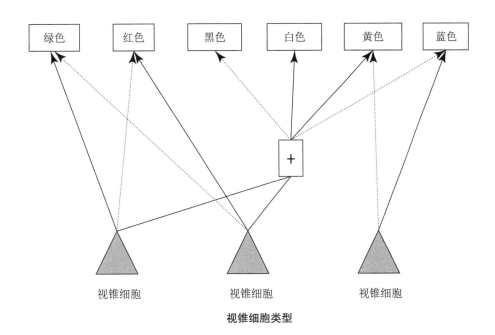

图 5–8 颜色的拮抗理论

以下为该系统在实践当中的工作原理，该系统中存在红绿、蓝黄和黑白三种频道：

✓ 亮度是通过结合来自 M 视锥细胞和 L 视锥细胞发出的信号来实现的；

✓ 红色和绿色是通过针对 M 视锥细胞和 L 视锥细胞相对激活了的细胞进行比对，并忽略其他所有的信号来传达的；

✓ 蓝色和黄色是通过计算 M 视锥细胞和 L 视锥细胞的总数与 S 视锥细胞的比例来传达的。

表 5–2 描述了原色是如何通过这个系统传达信号的。

表 5–2　　　　　　　　　　　各类视锥细胞的输出

目标色	S 视锥细胞活跃度	M 视锥细胞活跃度	L 视锥细胞活跃度
黑色		零	零
白色		最大	最大
红色		最大	最小
绿色		最小	最大
蓝色	最大	最小	最小
黄色	最小	最大	最大

颜色处理

当你了解了视锥细胞是如何结合以形成能够转移到大脑的颜色信号之后，评估大脑是如何处理这些颜色信息就变得非常重要了。直到近期，研究人员才假定负责处理形状信息的皮层区域（V4）也负责处理颜色信息。因为通常情况下，全色盲患者（无法感知到任何颜色）的 V4 区域都有损伤。

同时，另外一部分研究人员也在一些患者身上发现了一些新情况，即他们仅有 V4 的皮层区域受损，但他们依旧可以感知到颜色。这一发现使得认为大脑其他区域可能也会参与颜色感知的研究进入正轨。

该项研究的重点在于一个名为 V8 的区域（它恰好位于 V4 旁边）。V8 似乎能够处理颜色信息，但是至今为止尚未有任何只有 V8 受损的患者报告。一项研究表明，当人们在适应实验中观察颜色时，V4 和 V8 都会被激活。然而，在后效图像发生期间（即只感知到虚幻的颜色的时候），只有 V8 区域处于激活状态。

这些不同的大脑区域似乎都在以不尽相同的方式处理着颜色信息，但是至今尚未有明确的解释。

色彩恒常性：颜色如何能够保持不变

进入到你眼睛里的光线并不一定与你所感知到的颜色相同，即使两者大部分时候看起来是相同的。在任意光照条件下，即使感官的信息输入不尽相同，颜色看起来也都是一样的。这种效应被称为色彩恒常性，由美国发明家爱德温·兰德（Edwin Land）于 1977 年提出。

 假设当你正准备去泡酒吧，你穿上了你最爱的紫色上装和黄色裤子（是的，假设你不太会打扮），然后在家里有人造灯光的房间里看着镜子里的你自己，各种颜色看起来都非常清晰。当你走到街上去，街道上橙色灯光照亮了你的衣服，你所穿的衣服看起来依旧是紫色和黄色。然后你去到了夜场，里面有蓝色的闪光灯在闪烁，此时你衣服的颜色依旧是紫色和黄色。

当你在街道上的时候，橙色灯光的存在意味着进入你眼睛里的一切都处于橙色的笼罩之下。但你的眼睛上似乎蒙着一层色彩滤镜，这个滤镜使得每种颜色的变化量都是相同。因此，你的大脑某种程度上便过滤掉了这层橙色灯光，并判断你所穿衣服的颜色并没有变化。

 至今尚未能够解释清楚你的大脑如何能够完成这项了不起的工作。以下为三种关于解释色彩恒常性的理论假设。

✓ 适应：当身处一个有特定颜色的环境当中时，人们便会适应这种颜色，而适应使得这种颜色从人们的感知中被移除了。

✓ 锚定（retinex 理论[①]）：人们会发现一些可能为白色的事物，然后基于此给所有事物的颜色贴上标签（就像创造一个基准线一样）。

✓ 计算：人们会识别一种颜色，然后调整每种颜色的边界，并以这种边界为基准对颜色进行判断。

---

① retinex 是 retina（视网膜）和 cortex（大脑皮层）的缩写，该理论是兰德提出的关于人类视觉系统如何调节感知到物体的颜色和亮度的模型。——译者注

大脑是如何表示色彩恒常性的呢？首先，高层次的视觉区域比低层次的视觉区域对于情景背景的响应更为强烈。因此，基于大脑中存在能够对特定颜色进行响应的皮层细胞（例如，当 S 视锥细胞处于激活状态的时候，一个负责响应蓝色的细胞便会高速运作），当所有灯光都是蓝色的时候，S 视锥细胞皆处于激活状态，即便此时目标物常常可能是黄色的。大脑的初级视觉皮层区域给出的反应似乎更倾向于感知到的颜色就是感官输入的颜色（即不存在色彩恒常性的迹象），但 V4 区域给出的反应似乎更倾向于在太阳底下的时候该有的颜色（遵循色彩恒常性原则）。该表达逻辑是学术界统一认可的清晰结果。

分类感知：保证色彩分类

 分类感知会在两个项目不应该混合为一体时出现，因为人们脑中会建立类别，即某一事物的感知属于一个类别，且不能同时属于另一个类别。

前文"颜色的对立：为色轮增添更多色彩"中，我们描述了色彩感知的拮抗理论，其中提出存在三种类型的界限：第一种存在于红色和绿色之间；第二种存在于蓝色和黄色之间；第三种存在于黑色和白色之间。举个例子，蓝色和黄色为互斥色，即黄色永远不会和蓝色混淆。但这又与真实情况有出入。

如果你要求被试说出一系列色彩刺激因素，你很容易会听到许多不是那么容易被混淆的类型。当向被试展示一系列变得越来越绿的黄色时，他们通常会将这些颜色描述为黄色；随后，当突然到达了一定程度的绿时（即到达了特定的光波数值时），他们便会改口称之为绿色。

 请在脑海中构想一个网球。它会是什么颜色的？大部分人会说黄色或者绿色。（很显然，你们其中说黄色的那部分人是对的。）仅仅有极少部分人会下意识地说是黄绿色。也就是说，在认为什么是黄色以及什么是绿色之间存在一个明显的差别。

 如果你利用等量刺激因素（即处于同个亮度的刺激源）和整个颜色光谱，讲英文的人会将颜色描述为下列颜色之一 ——紫色、蓝色、绿色、黄色、橙色或者红色。这些便是有明确分类的焦点色。

　　利用这些刺激因素，研究人员向日常用语为英语的被试进行两种新颜色的展示（一个接一个地展示）。这两种颜色需要非常相近，且两者的波长仅仅存在几纳米的差别。如果他们越过了某个类别的界限，被试能够区分两者，这种现象称为跨类目识别。如果两种颜色皆属于同一个类目下，（人们也就会一直将两者描述为同一种颜色）被试便很难区分两者，这种现象称为同类目识别。

　　1987 年，认知学家史蒂文·哈纳德（Stevan Harnad）发现，分类感知的标志性特点是跨类目识别相对而言较为简单，而同类目识别相对而言会较为困难。在实验中，要求被试识别一个 550 纳米（黄色）的色斑和一个 555 纳米（黄色）的色斑之间的区别，要比要求他们发现一个 550 纳米（黄色）的色斑和 545 纳米（绿色）的色斑的区别更难，即便前后物理层面的差异是相同的。

第6章

识别目标物和人

通过对本章的学习，我们将：

▶ 掌握图形与背景如何相互剥离；

▶ 识别熟悉的物体；

▶ 通过人脸识别人。

拥有对物体进行区分的能力至关重要。事实上，视觉最重要的目的之一就是识别以及鉴别人和物。这种对目标物进行处理的能力出乎意料地难。这个世界由源源不断地进入你眼睛里的光线组成，你的大脑必须对如此大量的信息进行梳理，对边界和模式进行检验，并由此判断你所看到的是什么。

我们将从心理层面出发，探索关于识人和辨物的三个方面。

✓ 图形－背景剥离：为了能够确定事物的形态，你的大脑必须将其从背景中剥离出来。

✓ 识别：你是否知道你看着的是什么。或者说，你是否觉得它眼熟。

✓ 面部识别：一种特殊的目标物识别，因为人脸本身就是特别的存在。

从背景中分离图形

在第4章中，我们介绍了简单细胞、复杂细胞和超复杂细胞的概念：大脑充当了超级计算机的角色，计算出每一个细胞所表达的基于你眼前场景的信息，以及是否有物体存在。即使有数百万个超复杂细胞，大脑也能计算出这些细胞对应的每一个物体，这一事实简直深不可测。

烹饪所需的一系列步骤可以用来有效类比看到某种图形所需的一系列步骤：在烹饪了几个小时后，你获得了由许多不同的元素组成的美味饭菜，将生的原材料变成熟的饭菜的过程中包含了数百种不同的步骤。同理，为了能够看到目标物，大脑会将你所看到的各种不完整信息通过数百种步骤转化为目标物。

我们就两个关键理论进行了探索：空间频率（spatial frequency）和格式塔原则（Gestalt principles），这两个理论都与人们如何将基本构件分组，以便他们可以看到一个物体是什么、什么是不同的物体以及背景是什么。

空间频率运用

 空间频率基本上是衡量某物有多少细节的度量衡。空间频率通常通过光栅（指黑白相间的条，参见图 4–4 和图 6–1）来进行评估。间距较宽的光栅意味着较低的空间频率。因此，空间频率指的是特定空间里图像的变化率。

这个世界皆可以分解成为不同的空间频率信息。如果你看着一片美丽的草地，你实际看着的是较低的空间频率；当你看着草地中的青草时，你看着的就是较高的空间频率。如果你观察周遭的世界，发现一个区域有一个空间频率，另一个区域有着不同的空间频率，你就可以轻而易举地确定它们是不同的物体。因此，在图 6–1 中，你会将内圈与外圈视作不同的目标物，因为这两者的空间频率不同。

图 6–1　用于产生倾斜错觉的光栅

空间频率是用于探测目标物的有力工具。虽然人们可以看到的空间频率范围非常的广，但依旧存在一些过高或者过低的空间频率是人们无法检测到的。当空间频率过高时，你便不会看到黑白的线条，取而代之的会是一片均匀的灰色。

对高空间频率的感知能力会随着年龄的增长而衰退：随着年龄的增长，你能看到的高空间频率和细节会变少。与此同时，光线也扮演着重要的角色：你需要更多光线，才能看到更高的空间频率，这也就是为什么在黑暗环境下进行阅读会非常困难的原因。

在空间频率检测之前的经历也会影响检测结果。长时间地注视某物会导致对某种空间频率的适应（正如我们在第 4 章中所讨论的内容一样）。长时间地阅读会导致对高空间频率的适应，因此后续的阅读便会变得越来越艰难。这也就是为什么你应该时常休息一下的原因，在一段时间的学习之后到户外去走一走，缓解一下自己的后效（如第 4 章我们讨论过的一样）。

最后，背景会影响你观察空间频率的方式。同样在图 6–1 中，注意内圈光栅呈现出左倾的样子，而实际上它们是水平垂直的。这种效应被称为倾斜错觉——前后背景使得光栅看起来是倾斜的。

整合世界：格式塔学派

在 20 世纪初，由马克斯·韦特海默（Max Wertheimer）领导的一群德国心理学家提出了一个替代前一节中空间频率概念的方案，这一理论流派被称为格式塔学派（"格式塔"这个词已经进入了现代语言系统中，意指"整个"，所以又称完形主义学派）：一种将事物组合在一起的感知方法。

人们如何感知"整体"的一个明显标志来自分层刺激的运用，即由多个较小因素群组成的一个整体刺激。如纳冯（Navon）的字母任务——由多个较小的局部字母组成一整个大的整体字母（如图 6–2 所示）。总的来说，人们会觉得识别整体的大字母会比识别局部的小字母更容易（整体优先效应）。

```
        SSSSSSSS
      SSSSSSSSSS
    SSSSS      SSS
    SSSS        SS
    SSSS
    SSSS
    SSSS
    SSSS
    SSSS    SSSSSS
    SSSS    SSSSSS
    SSSS      SSSS
    SSSS      SSSS
    SSSS      SSSS
    SSSS      SSSS
    SSSS      SSSS
    SSSSS    SSSSS
      SSSSSSSSSS
```

图 6–2　本书作者之一在某个研究中使用过的纳冯字母任务

而有一部分人对分层刺激的看法与其他人不同。患有威廉姆斯综合征的人较难看到局部字母。当要求这类人群写出他们看到的字母时，他们仅仅会写出图 6–2 中的大"G"；患有孤独症的人则展现出了相反的模式，这类人群较难看到整体的大字母。当要求这一类人群写出他们看到的字母时，他们可能仅仅会写出多个随机排布的字母"S"。

整体优先效应（The global superiority effect）说明，人们会自然而然地将事物组合在一起。格式塔学派的支持者正在尝试找出什么样的特征能够决定哪些事物可以被组合在一起。他们提出了一套人们用以将事物组合起来的规律或规则。其主要规则是人类会遵循可能最简单的模式将各种特征组合在一起，这一规则称为简单定律（law of Prägnanz）。

图 6–3 展现了格式塔理论的核心原则。

✓ 接近原则：你会将相互靠近的事物进行组合。

✓ 相似原则：你会将相似的事物进行组合。

✓ 闭合原则：如果可行，你会将事物组合成为一个完整且闭合的物体。

✓ 连续原则：你会将事物聚集成为一种路径或者一种系列。

> ✓ 一致原则：你会将具有相同特征的事物联结起来（比如形状或者颜色）。
>
> ✓ 对称原则：你会将对称的物体组合成为一个物体模式。

另外一些原则解释了这种分组行为形成的是图形还是背景：边缘向外弯曲，且较小的、被包围着的或者对称的区域被感知为一个目标物，而其他事物则被认为是背景。

脑部成像研究表明，你的大脑会运用脑部特定的部分来履行格式塔理论的每一个板块。它会将这些特征组合在一起，但其中一致原则的使用频率会高于其他。

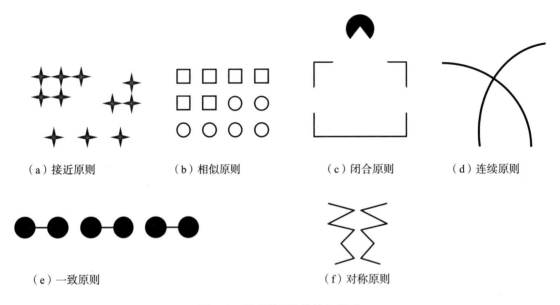

（a）接近原则　　（b）相似原则　　（c）闭合原则　　（d）连续原则

（e）一致原则　　　　　　（f）对称原则

图6–3　格式塔理论的核心原则

但是，大部分格式塔论者的研究工作中存在一个主要的问题，那就是他们使用了抽象图示，而非真实世界中的事物。所以，他们的工作缺乏生态效度，即它未必能够应用于真实世界中。

通过感知模式来识别目标物

视觉系统会将你所关注的内容分解成若干组成部分，然后再将它们组合起来（详见前一部分）。这个过程完成之后，你脑中更高层次的部分会对你所看到的东西是什么做出判断。在本部分中，我们将对目标物感知和识别的三种方式：形状、草图和视图分别予以阐述。

 识别和认出有微妙的不同之处：后者指的是在发现熟悉的目标物的基础上，能够说出它的名字。

通过组件进行识别

美国视觉科学家欧文·比德曼（Irving Biederman）认为，当人们看到一个目标物时，会尝试计算出它的构成成分。不过，这种方式与绘制构成某个形状的简单边缘的方式略有不同。他认为，人们在世界上看到的每一个物体都可以分解为几个关键的三维形式，这些形式称为基元。

 基元是构成所有目标物形状的基础，如立方体、球体、圆柱体、圆锥体和金字塔。一些艺术课程会教人们通过将看到的目标物分解成为这些简单形状来进行绘画。如果想要绘制一个杯子，你便需要一个圆柱体和连接在这个圆柱体上作为手柄的弯曲圆柱体。

世界上仅有 36 种基元，虽然数量较少，但已经足以构建所有的物体。个中理论是，当你看到了一个新的物体时，你会罗列出能够组成该目标物所需的基元，并将这些基元与你脑中存在的知识中关于用于构建目标物所需基元进行比对。

 这一理论解决了物体感知中的一个主要问题：即使不能看到整个目标物，也不能从不同的角度看到目标物，人们依旧能够轻松地对目标物进行识别。这种能力堪称非凡，因为所有物体从不同的角度去看的话都会有很大的不同。在比德曼的方法论中，人们可以轻松地从不同视角区分不同的基元，且能够在不同角度识别出一个由多种基元构成的目标物。

另外，有证据表明，人类大脑中存在一些只对这些简单基元做出响应的细胞。比如，猴子的颞下皮质（脑部中位于太阳穴正下方的部分）就包含一种细胞，其只对圆柱体进行响应，换作其他任何基元都不行。

比德曼还就构建基元所需要的信息进行了研究并提出了自己的观点。他的观点很显然是基于格式塔方法论提出的（即我们在前一部分中讨论过的内容）。他指出，基元的恒定性（不变性）可以将其区分为以下几个类别。

✓ 曲率：比如，圆柱体具有曲率。

✓ 平行：比如，立方体具有三组平行边缘。

✓ 对称：大部分基元都具有对称的形式。

✓ 共端性：大部分基元都有两条边终止于同一点。

✓ 共线性：数个交点同时存在于同一条线上。

虽然比德曼的理论有很强的影响力，但还是有很多人对这种每个物体都能够被分解为相同的基元的说法表示难以理解。举个例子，想想一个杯子和一个桶。它们由同样的基元组成，只是这些基元以不同的形式进行排列。理论上来说，这两者在判断的时候很容易被混淆，但实际上人们在判断时却并没有出现这样的问题。

描绘世界

英国神经科学家大卫·马尔（David Marr）提出，图像会经历不同的计算过程，从而产生一系列连续的表示。

✓ 大脑形成初始简图。这一二维线图提供了关于边缘、轮廓和块状组件的信息。

✓ 大脑创造一个 2½–D 的草图。这一图像包含了关于阴影、质地、动作和深度线索的信息。这一草图和初始简图会产生一个与某视点相关联的图像。

✓ 大脑建立一个 3D 模型。通过这个模型，人们便可以从任意角度识别出目标物。

这个模型似乎是来源于大脑在处理第一阶段所需使用的脑部视觉区域给出的生理信息。这种情况下，初级的视觉皮质（参考第 4 章）生产关于边缘的信息，用以形成初始简图。随后，大脑中的区域再生产关于颜色、纹理等的信息。更深层次的大脑中，颞下皮层则负责组合以上所有的信息。

视觉模式识别

视图基础模型和样例模型告诉我们，人们应该存储感知对象的多种表现形式。你每次看到一把椅子，脑中都会针对椅子的图像进行一次存储，三维视图便是由同一个目标物的多种视图组合起来的。

该识别过程相对来说比较简单。当你看到一个目标物的时候，大脑会产生一种特定的神经反应模式，即一系列特定的细胞被激活了，这种被激活的模式同时也会被大脑进行记忆和存储。如果你看到了某个熟悉的物体，就说明此时大脑激活了细胞的一系列相似模式。而你是否能够识别出这个物体便取决于这种相似度了。

该模式中一个非常关键的要点是，已存储目标物的激活模式和首次看到的目标物的激活模式不必完全匹配才能进行响应并识别。这一点非常重要，因为有的时候某些目标物的局部是隐藏起来的。

大多数目标物都有一个天然约定俗成的视角。比如，没人会觉得从正上方俯视一辆车是一个标准视角，但近距离的正面视角还是可以有的。如果你要求人们迅速说出某个目标物的名字，那么当他们从标准视角看到目标物时说出名字的速度会比从其他视角看到目标物时说出名字的速度要快很多。比起其他的视角，大脑能够更轻松地触达标准视角。

研究同时表明，当人们对某个目标物进行了解时，人们所了解的不仅仅是其外观，也包括了其移动方式。换句话说，人们会将运动附加于特定目标物的存储图像上。这意味着某些动物的标准视角中可能包含了运动的元素。在第 4 章中，我们就曾探讨过运动感知中的移动。

人脸识别

人脸是人类环境中最重要的视觉刺激：这是心理学中为数不多的不可否认的事实之一。在你的一生中，你可以识别出多达 10 000~20 000 张面孔。即使面对 40 年没再相见的人，你也能够轻易地区分出所有的不同（除了同卵双胞胎）并认出他们。这项能力非常惊人，因为所有的人脸都具备相同的面部模式：一双眼睛位于鼻子和嘴巴的上方。人们只能通过细微的信息去区分不同的人脸。

当你看着一张脸的时候，大量的信息便涌向你。一张人脸能够告诉你一个人的特征，其中包括了年龄、性别、种族、情绪状态、健康状态、名字和职业（如果你认识他们的话）、对方的意图以及对方正在看向哪里。有些人甚至可以通过对方的嘴唇运动来读取对方在说什么。

对于新生婴儿来说，人脸就是最重要的视觉刺激，也是第一个他们将长时间注视着的物体。在英国，标准的做法就是确保生母在婴儿出生后的几个小时内可以尽快回到孩子身边进行照顾，这样婴儿才能够看到母亲脸部的特写。

由于这项能力极其重要，便产生了大量关于人们人脸处理方式的研究。这些研究很大程度上证实了一个假设，即从某种程度上说我们对人脸进行识别的能力是"特殊的"。我们将把这一部分聚焦在对婴儿的研究、心理学研究和一些神经科学研究相关的内容上。我们也将对人脸识别的基本过程进行描述，并将其与前部分中关于目标物识别模型的内容"通过感知模式来识别目标物"进行联系。

测试人脸识别的特殊性

为了确定人脸识别是否"特殊"，我们首先需要对这个词条下个定义。特殊性，在心理层面上指的是针对人脸的处理过程是特殊的，区别于对物体的处理过程，且运用了大脑中特殊的部分。人脸处理也可能是一种先天性的能力。

我们在这一部分描述的研究强调了人脸识别确实是特殊的。人们对人脸识别的方式展现出了优先偏好，如人们较难识别倒置的人脸，大脑中的某些结构专门负责人脸处理，特定形式的乱序只会影响人脸处理过程，而不会影响其他过程。

这项研究并不足以解释为什么人脸识别过程与物体识别过程不同。一些心理学家认为，人脸识别是一种先天性的能力，但这一观点并没有确凿的证据来支持。最有力的证据表明，由于人们遇到的人脸实在太多，他们不得不学会如何区分它们。为了完成这项艰巨的任务，人们便熟能生巧地成了人脸识别的专家，人类大脑的一部分便专门致力于这项任务。所以，如果这一部分受损，人可能就会失去这种能力。

新生儿眼中的人脸

从本质上说，新生儿的能力非常有限（除了哭的能力），这也就使得他们很难正常参与实验（他们无法做到在认知心理学实验中按下按钮来做出反应）。因此，为了弄清楚新生儿能看到什么，研究者便需要针对新生儿设计出更加巧妙的实验。

美国发展心理学家罗伯特·范茨（Robert Fantz）进行了一系列非常细致的研究，其目的就是为了调查新生儿能看到什么。1958 年，他研发出了视觉偏好范式。他将新生儿被试置于一个观察室中，在一间除了两个图案以外空无一物的房间里，新生儿被试坐在图案面前，研究者会简单地记录下新生儿被试看哪个图案的次数更多。如果新生儿被试看两个图案的次数比较平均，研究者便假定新生儿无法区分面前的两种模式。

罗伯特·范茨做了许多这样的实验，并发现新生儿被试更喜欢看着图案，而非常规的屏幕。他们偏好带有曲线的图案、高对比度（尤其是在图案的上半部分）的图案、具有更多特征的图案和尺寸较大的图案。

有趣的是，相比其他的排布形式，新生儿被试偏好看着一些排布特征看起来像人脸的图案。这一研究发现是由美国儿科研究人员卡罗琳·戈伦（Carolyn Goren）跟进的，她针对大约刚出生九分钟的新生儿进行了测试。研究人员向新生儿展示了常规的人脸示意图，和带有人脸特征但随机或中间垂直排布的示意图。研究者慢慢地移动不同的示意图，并测量新生儿跟随不同示意图的程度。

尽管两种不同的示意图都是由相同的特征组成的，也就意味着它们具有相同的复杂程度，但比起其他类型的刺激，新生儿依旧会更多跟随常规人脸示意图。研究人员认为，该实验的结果告诉我们面部偏好是天生的，因为才九分钟大的新生儿被试小到不可能拥有任何面部识别经验。

但同时也存在其他的解释：新生儿在子宫里看过血管，使得他们能够看到垂直的条纹图案，并进行水平的眼球运动。以上两点都有助于他们识别人脸。

把人脸颠倒过来

行为证据表明，在成人眼中，人脸识别与物体识别明显不同。美国心理学家罗伯特·殷（Robert Yin）曾经进行过一项简单的实验研究，但该研究为人脸识别研究领域带来的改变却无人能及。他先向被试展示了一系列的人脸示意图让他们进行学习，然后对被试就这些人脸的识别效果进行了测试。他在实验中设置了一个关键操作，即这些人脸有些是正立的，有些则是上下颠倒的。

殷发现，人们很擅长识别正立的人脸，但不擅长识别上下颠倒的人脸。人们识别其他类型的物体（诸如房屋和飞机）的能力劣于人脸识别能力，但把这些物体颠倒过来并不会影响人们对它们的识别能力。因此，倒置会特异性地对人脸识别产生影响。这一种人脸倒置效应提供了确凿的证据，证明人们处理人脸的方式与物品不同。事实上，确实是以一种特殊的方式进行的。

但是，这种能力的存在也可能是因为人们看过的人脸比他们看过的其他物体要多得多，而非任何先天或独特的大脑过程。为了验证这一观点，研究人员测试了儿童是否具有人脸倒置效应，但正如许多研究中报告的一样，人脸倒置效应在儿童身上也同样存在。虽然目前在这一点上尚存在许多争议，但能够明确的是，儿童表现出的人脸倒置效应比成人要小，这从一个侧面说明了这种能力是后天经验累积的结果。

另一种用于确认人脸倒置效应是源于经验还是源于一种特殊的先天性机制的方式，是观察当人们看着常见和熟悉的物体倒置时是什么反应。无奈的是，对大多数人而言，世界上并不存在这样的刺激源：你能想出哪个物体是你看的次数比脸还多的吗？如果你想得出的话，请向我们致信，我们很乐于对此展开研究。

但有部分人确实看其他类型的物体几乎和看人脸一样多。美国心理学家苏珊·凯里（Susan Carey）向一位担任狗狗表演比赛评委超过 10 年的人展示了倒置的狗的照片，得到了恰如人们对人脸产生的人脸倒置效应类似的结果。

总而言之，证据表明，人们以一种特殊的方式处理人脸，但这种能力的存在似乎很大程度上源于人们多年处理正立人脸时所进行的经验累积。

处理人脸时的大脑

另一种探究人脸识别方式是否特殊的办法，是观察人们看着人脸和物体时的脑部情况并进行比对。1996 年，美国神经科学家南希·坎维舍（Nancy Kanwisher）发现，大脑中存在一个名为梭状回的小区域，75% 的被试的这个区域在看着人脸的时候比他们看着花的时候更为活跃。坎维舍和他的同事通过后续研究表明，梭状回在面对正立人脸时比在面对倒置人脸时更为活跃，这也进一步证实了这个大脑区域有选择性地被用于人脸处理。

然而，就像所有心理层面的研究一样，该研究也引起了一些争论。另一位美国神经科学家伊莎贝尔·戈捷（Isabel Gauthier）提出了一些有力证据，用来证实梭状回并不是人脸识别的专属，而是人们大脑中用于感知任意熟悉事物的部分。

伊莎贝尔·戈捷训练人们学习将名字贴在长有角和鼻子的油灰色的奇怪图形上，她把这个图形称为 Greebles。伊莎贝尔·戈捷发现，被训练过的人群大脑中的梭状回在处理 Greebles 时是激活状态，但在没有被训练过的人群大脑中则是未激活状态。

如果孩子看到人脸时，梭状回被激活，便能够说明大脑中的这部分区域从人们出生就开始处理人脸；如果梭状回不呈现激活状态，则说明这种能力可能是随着经验的积累而发展的。聪明的心理学家已经研究了针对这项能力的假设，并发现儿童的梭状回直到九岁之前都不负责人脸识别处理。

脑电图（EEG，参考第 1 章）显示了一组类似的发现。当人们看到人脸时，大脑中的一种特定的电活动峰值（称作事件相关电位或 ERP）便会出现。它被称为 N170（因为它是负电位，且发生于人们看到人脸后的第 170 毫秒）。这说明人类大脑能够在五分之一秒的时间里识别出一张人脸，以及这张脸的特殊之处。而当人们看到倒置的人脸时，这种脑部反应就会产生延迟。

但是，英国神经学家马丁·艾默（Martin Eimer）和加拿大神经科学家罗克珊·伊蒂埃（Roxanne Itier）指出，N170 大脑反应源于眼睛的存在。没有眼睛的人脸图像会导致 N170 反应的延迟。此外，擅长识别其他类型物体的人（如汽车专家等）似乎对这些目标物也会产生 N170 反应。这项研究似乎再次表明，大脑以一种特殊的方式在处理人脸，但这种能力基于针对人脸进行识别过程中的大量经验积累。

出错：无法辨别的人脸

认知心理学所使用的其中一种研究方式，是观察一些在某种特定能力上有缺陷的人

（正如我们在第 1 章中所描述的）。如果人脸识别是一种特殊的过程，那么就存在一些无法做到这件事的人群，而这样的人群也确实存在。

患有名为脸盲症的临床疾病的人们就无法对人脸进行识别，但是可以很好地识别所有其他目标物。由于脑部损伤，这种情况经常会发生。在患有脸盲症的患者中，大多数皆枕叶受损，尤其是梭状回部位。当他们面对熟人的时候是无法认出对方的，他们也记不住新认识的人的脸，甚至还存在患有脸盲症的农民认不出自家的牛，但却能正确地认出人脸的案例。

患有这种疾病的人时常会经历在医院醒来时，身边明明有一位至亲陪伴，但是却认不出至亲的情况。尽管目前尚未有治疗脸盲症的办法，但可以通过设计一些补偿策略来帮助患者辨别他人。例如，我们认识的一位脸盲症患者时常会问别人穿什么衣服，然后通过这种方式来认人。

患有卡普格拉妄想症（Capgras delusion）的人在人脸的识别上不存在问题，但他们会觉得自己认出的并不是自己看到的。比如，你看着你母亲的时候，会觉得她是机器人伪装的。

著名的英国心理学家哈丁·埃利斯（Hadyn Ellis）与他的同事将卡普格拉妄想症和脸盲症进行了比对。他们发现，当人们看到人脸且有意识地认出对方时，他们皮肤的电传导率会上升（电视节目里测谎仪中所运用的皮肤电反应其实在现实生活中并不奏效）。研究者认为，当你看到一个熟人时，你的大脑会给你一种熟悉的感觉，并告诉你他们的身份。

当脸盲症患者看到一张脸的时候，他们不会想起关于这张脸有意识的回忆，却依旧存在皮肤电反应。当卡普格拉妄想症患者看到人脸的时候，他们不会产生皮肤电反应，但是会有意识地认出这张脸。此时他们的大脑会产生各种冲突的信息：第一个是"我不认识这个人"，第二个则是"他们看起来像某某"。所以对于他们而言，唯一符合逻辑的解释就是这个人是冒名伪装出来的。

这一发现非常重要，因为有许多的卡普格拉妄想症患者曾被错误地诊断为精神分裂症。而事实上，他们的错觉是有原因的（大脑给出了不一致的信息）。

模拟人脸识别

前面的部分表明，人脸识别似乎与物体识别略有不同，因此心理学家们便需要一套新的模型来诠释它。他们不能够直接使用我们在前一节"通过感知模式来识别目标物"中讨论过的物体识别模型。

在此，我们将研究人脸处理中最具影响力的三种理论：面部空间、构型处理以及交互式激活与竞争模型。

面部空间

 留着可爱小胡子的英国心理学家蒂姆·瓦伦丁（Tim Valentine）设计出了面部空间。他认为，描述人们如何识别人脸最好的方式就是将其绘制在图表上。我们对此进行了尝试（见图 6-4）。从技术层面而言，这个图名为多维空间，但我们只画出了两个维度（轴）。

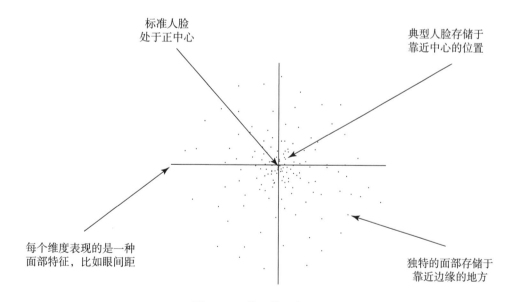

图 6-4　瓦伦丁的面部空间

 该空间中的每个维度都代表了人们用来进行人脸识别的面部特征。瓦伦丁没有具体说明在这个过程中运用了什么特征，但是眼球追踪证据说明了至少有一个维度运用的特征是眼睛。评估表明，有 14~100 个维度／特征被用于人脸识别。

平均而言，最具普遍性的人脸处在最中心的位置。其他每个人的人脸都将根据这一张普遍性人脸得到一个相对值并进行编码。一张有着巨大眼睛的人脸被存储于空间的一端，而一张有着极小眼睛的人脸被存储于空间的另一端。这两张脸都被判断为是特殊的，并存储于远离中心的位置。

识别的过程是将当前注视着的人脸与存储在面部空间里的人脸进行比对。如果这两张脸有足够多的共同特征，就能够被识别出来；如果这两张脸在面部空间中所处的位置非常接近，就可能会被混淆。这就是为什么人们不会将两张特殊的脸混淆的原因。

这个简洁又极具影响力的模型解释了很多来自人脸识别实验中的数据（以及专栏6–1"自我群体偏见的研究"中我们描述的关于所属种族偏见数据的内容）。比如：

✓ 比起特殊的人脸，大脑对普通人脸的归类速度会快得多，因为他们看起来更像是一张普通脸；

✓ 比起普通的人脸，大脑对特殊人脸的识别速度会快得多，因为在面部空间中没有相近的面部图像来混淆你的判断。

专栏 6–1　自我群体偏见的研究

比起其他种族，人们更擅于识别自己种族的人脸，这就是"我觉得他们看起来长得都一样"的来源。心理学证据可以强调这种情况：所有种族都表现出他们所属的自我种族偏见。

我们可以解开这个说法的谜题：同一个种族中的其他人脸跟你自己的人脸不会有很大区别。其原因是，使得一个民族内部产生差异化的特征可能与另一个民族不同。比如，白人的眼珠会有许多不同的颜色，但是在东亚或者黑人群体之中，眼睛的颜色便少得多。在白人群体中，鼻子的大小和形状的多样性则远小于东亚或者黑人。所有民族内都有相当水平的差异化，不同的只是发生变化的特征。

你可能觉得自己所属的群体偏见来源于种族歧视，但是在种族歧视和偏见之间并没有被证实有强关联存在。针对自我种族偏见，以下给出两种回答。

✓ 社会认知方式：人们会立刻试图针对看到的人脸是属于自己群体还是其他群体进行分类。如果遇到了一张属于自己群体的人脸，他们就会付出更多努力去记住这张脸，如果是一张来自其他群体的人脸，他们的努力就会少得多（甚至没有）。

✓ 感知能力方式：脑部会主要处理人们较频繁遇到的人脸。看着某人的面部特征有助于你区分它和其他人的脸，通过经验你学习到了这些特征是什么。事实上，英国白人被试表现出更多看着眼睛的倾向，而日本被试则倾向于看鼻子。因此，人们大脑中存储的关于其他种族人脸的特征信息对于区分他们的帮助不大。这一方式对于在身份检查点（如护照检查点）工作的人们而言非常重要。比起核验其他民族的信息，他们更擅长于核验自己种族的人的信息。

研究尚未发现任何能够减少自我群体偏见的方式。同时，也存在其他的自我群体偏见，如年龄、性别和性取向。

面部不分解：构型处理

物体识别模型之一表明，人们为了识别物体，会将周遭世界分解为各种不同的特征（详情查看前面"通过组件进行识别"那部分内容）。如果这一模型应用于人脸识别，该模型就应该给出类似于人脸是由一系列球体、圆锥体和圆柱体组合而成的解释。但证据明确显示，人们不会通过分解面部来处理人脸。在此，我们将针对心理学家的研究方式进行阐述。

在图 6–5 中，我们展示的是以第一张产生该效应的脸的名字命名的撒切尔错觉（Thatcher illusion），幸好我们没用撒切尔的脸做示范。在这个错觉里，有一张脸看起来很奇怪。如果你把书倒转过来，正着看这两张脸，你会立刻发现哪张脸是奇怪的（让你的朋友试试看）。

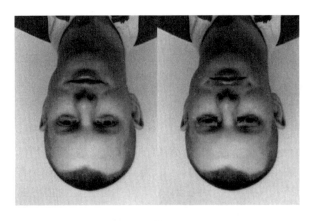

图 6–5　撒切尔错觉

当人脸处于倒置状态时，你会比较难发现奇怪之处，因为你脑中处理倒置人脸的方式是将它进行分解：因此没有任何一个组件是奇怪的。然而，当脸处于正立状态时，你的大脑并不会通过分解的方式来处理它，取而代之的是你会直接看到整张脸。

图 6–6 展示了另一个范例：局部和整体测试。在你试着记住置于上方人脸的名字后，如果要求你回答出哪个鼻子属于哪张脸（比如汤姆），在有整张脸作为背景的前提下会更容易回答出来。这再次证实了人们并不会单独记住人脸的局部组件。

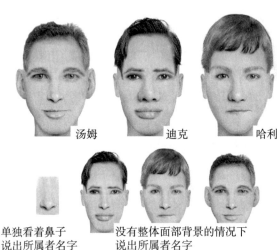

记住这几张脸　　　　　汤姆　　　　迪克　　　　哈利

这是谁的鼻子

单独看着鼻子　　　　　没有整体面部背景的情况下
说出所属者名字　　　　说出所属者名字

图 6–6　局部和整体测试

如果你依旧对我们说的将信将疑，可以试试图 6–7 中的范例。这个范例展示的是英国神经科学家安迪·杨（Andy Young）和他的团队于 1987 年提出的人脸合成效应。首先看看左边的这张脸，它是由两张脸合成的：上半部分和下半部分分别来自两张脸。你能认得出来吗？

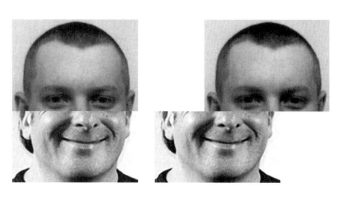

图 6–7　人脸合成效应

　　大部分人会觉得这项任务有很大的挑战性。但是，如果我们将这两张脸稍微分开，这项任务就变容易了一些（见图 6–7 右侧）。这种效应存在的原因是人们的大脑倾向于将人脸作为一个整体刺激源来进行处理，而非多个局部的总和。合在一起的话，脸部便融合成了一个新的样貌，而你的大脑会挣扎着将各个组件分开。

 这一现象称作构型（或者整体）处理。人类大脑似乎是将整张脸编码成一个块状物，而非参与特征处理，即对脸部进行分解的地方。而当面对一张倒置的人脸时，这一过程就会参与特征处理。

　　事实上，来自比利时的神经学家布鲁诺·罗西森（Bruno Rossion）提出，人脸处理是长期特征处理之后变得熟练的结果：当人们在人脸处理这件事上变得熟练起来之后，他们看着人脸的中心就能同时获取所有信息。但尚未熟练的人们却还是需要轮流看着各个特征进行信息获取的。因此，患有脸盲症的人和儿童（详见前面"出错：无法辨别的人脸"那部分内容）会平均地看每一个特征，就像正常成年人看着倒置人脸一样。

人脸处理组合：结构模型和交互式激活与竞争模型

　　目前为止，我们在这一部分中所讨论的两种人脸识别模型（面部空间和构型处理）都非常引人瞩目，但它们主要运用于人们感知面部的过程。但是，一张脸能够给予我们包括身份在内的大量信息。为了了解这些能力是如何相互作用的，我们来看看维基·布鲁斯

（Vicki Bruce）和安迪·杨的人脸处理模型——人脸识别的结构模型。

 这一模型认为，有八种独立的组件分别负责不同的事（见图6–8）。

✓ 结构编码：对于面部的一次简单描述。

✓ 表达分析：对于他人情绪的分析。

✓ 面部表达分析：读取唇语。

✓ 直接视觉处理：仅对面部信息进行编码。

✓ 面部识别单位：将所有信息与某个特定的人进行关联。

✓ 人物身份节点：联结已知个人的所有特定信息。

✓ 名字生成：分别存储名字。

✓ 认知系统：用于存储其他信息，比如某人的个人情况或其他。

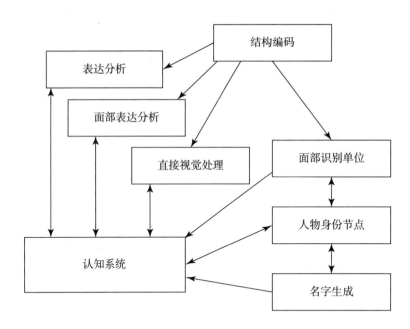

图6–8　面部识别的结构模型

 交互式激活与竞争模型已经取代了结构模型的一部分。它更准确地表达了在上述列表中的面部识别单位和语义信息之间的相互作用。这一模型表明，人们可能在情绪处理层面不完整，但却可以完整地进行人脸识别，已有相关发现证实了这一假设。

这个模型同时也表明，姓名信息可能会提前准备好已知人脸的脸部信息，即如果你说出一个熟人的名字，你会从照片里更快地认出那个人。

此外，这个模型着重解释了为什么你可以对一张人脸感到熟悉的时候却想不起姓名：你的面部识别单位已经被激活了，这意味着你认出了那个人，但是它没有激活人物身份节点。对于我们而言这种经历是绝对熟悉的，也可能会造成一些尴尬。

请注意，你从来不会在想不起任何其他语义信息的时候想起某人的姓名，因为姓名显然是更特别的信息。

第 7 章

注意！关注你的注意

通过对本章的学习，我们将：

▶ 懂得如何吸引他人的注意；

▶ 学会在集中注意之后如何控制它；

▶ 明悉都有哪些注意障碍。

在阅读此书的同时，关注一下你周围的环境，应该很难将其定义为是绝对安静的。你有极大可能会听到一些能分散你注意的干扰（如来自电视的声音、音乐或者某人在使用吸尘器）。然而，抛开这些干扰，你（大概率）可以专注在你的阅读上。人们会持续不断地收到许多感官输入信息，如果不屏蔽掉其中的一部分，这些信息便足以淹没我们。这种过滤并聚焦的能力是一种心理机制，称作注意。

注意就像是一个聚光灯、一个聚焦装置，能够带给大脑某种特定的刺激。它同时也像是一个过滤器，用于阻挡干扰。

在本章中，我们将对什么能吸引注意、什么不能吸引注意，以及注意如何帮助你寻找事物等几个关键点进行描述；同时，也会对如何控制注意、非自愿性注意的机制和一些跟注意相关的临床疾病进行讨论。

抓住注意

要知道，生活中的方方面面都少不了注意的参与，甚至有一群人一直利用它谋生，他们被称为魔术师。

2008 年，包括名噪一时的美国佩恩与特勒魔术组合（Penn and Teller）在内的一些魔术师在著名杂志《自然综述：神经科学》（*Nature Reviews Neuroscience*）上发表了一篇文章，其中揭示了他们如何利用人类的认知方式来施展他们的魔术，以及这类知识是如何帮助认知心理学家理解大脑的运作方式的。其中一个非常常见的技巧是误导，即把观众的注意力从真正的魔术上引开。误导这个技巧涉及了我们在本章中定义和讨论的关于注意的几个方面。

✓ 启动：看到第一个目标物或者单词（即线索），会加快第二个目标物或者单词的处理速度。

✓ 非注意盲视：即人们视觉层面上不会聚焦或者注意的地方。

✓ 视觉检索：即人们需要在视觉环境里检索某个特定目标物。

在消失的球的错觉中，魔术师会多次将一个球扔向空中再抓住它。在最后一抛时，球好像就在半空中消失了。事实上，魔术师将球藏于掌中，但是由于非注意盲视，观众便不会注意到这一举止，魔术师误导了他们。首先，魔术师通过多次将球扔向空中以提前启动观众的注意（如此，观众才会预期再次发生同样的事情）；随后，在最后一抛时，他用同样的手势和自己凝视着一个假想球的位置作为线索，来引导观众看着本该有一个球在的位置；如此一来，便引导了观众的注意聚焦于他看着的地方，因为人们会下意识地随着某人凝视的目光看过去。

启动开关

对启动最简单的解释就是，某个事物（某个目标物或者词语）的表达能够使得大脑之后更易于激活对于该事物（目标物或词语）已存储的表达。所以，如果你先听到"正方形"这个词语，你看到它的时候对它做出响应的速度就会更快。

预期也可以用于启动。美国心理学家迈克尔·波斯纳（Michael Posner）开发了一种名为波斯纳线索化任务（Posner cueing task）的测试，它能测量注意对不同线索做出响应的速度。

被试会看着显示屏正中心一个交叉固定点（一个"+"号），随后一个线索出现，将他们的注意引导向十字的一侧或者另一侧。当一个目标出现的时候，被试需要对该目标做出响应（比如说出这一目标物是什么形状）。在目标前出现的线索可能是有效的也可能是无效的。在线索有效的测试中，线索能够预测目标的位置；在线索无效的测试中，线索无法预测目标的位置；同时，迈克尔·波斯纳也进行了没有给出任何线索的中性测试。

线索有效测试和中性测试的总分通常会大于无效测试。因此，被试一般会预期线索能够预测出位置。结果表明，有效线索加速了对目标的识别，而无效线索减缓了对目标的识别。

人们的欲望也可以启动他们的注意。例如，酒鬼会比常人更快地在视野中发现与酒精相关的目标物。

没有注意到明显的事实

非注意盲视是一种人们未能在视界中发现或者注意到某事物的现象。1998 年，心理学家阿里恩·麦克（Arien Mack）和欧文·洛克（Irvin Rock）进行的研究表明，当人们的注意被分散时，可能就会错过本就在他们眼前的一些东西。

在这项测试中，被试会看着一个十字形状，并需要分辨出十字形状在水平方向上是否长于垂直方向。这些十字形状只会在显示屏上出现 200 毫秒，被试会看着十字的交叉点，而非直接看着十字形状。该项测试中，被试给出的答案准确率非常高。但是当研究人员用一个形状（如三角形、矩形或者十字）放在交叉点附近的时候，86% 的被试都无法给出正确的答案。

变化盲视是一种非注意盲视相关现象，且更为耐人寻味。人们常常会忽视掉图像中的一些变化，而当这些变化被指出时，他们似乎又觉得这些变化是显而易见的。通常，当某个事物在他们面前发生移动或者改变的时候，这种变化就会吸引他们的注意，因为它会改变他们的视网膜，产生瞬变现象，即细胞对某个新事物产生响应。

为了使变化盲视产生，心理学家便需要对这些瞬变现象做一些掩饰，一般他们会通过如下几种方式来实现。

✓ 眨眼：如果图像是在眨眼的刹那发生改变的，这种变化就不会引起人们的注意。

✓ 闪烁：整个显示屏在一小段时间内变成空白，以隐藏图像中发生变化的位置。

✓ 泥溅：在发生变化的时候，一些形状在屏幕上闪烁，以分散被试的注意。

✓ 缓慢变化：如果某物的变化发生得足够慢（比如墙面的颜色），便不会吸引到人们的注意。

变化盲视和非注意盲视时常在观看电影期间出现，人们会忽视掉一些连续性错误或穿帮的镜头。针对连续性错误的科学研究表明，90% 的人都注意不到这些错误，即使他们会预期自己肯定能发现些什么。变化盲视也可能造成某种驾驶事故，在这种事故中，司机会因为"看了，但没看见"的原因，将车开到另一辆车的车道上。

专栏 7-1 他在门后面

美国心理学家丹尼尔·J. 西蒙斯（Daniel J. Simons）和迈克·安姆宾德（Mike Ambinder）的研究向我们展示了非注意盲视人士的粗心程度，以及他们的注意有多么地不集中。他们进行的一项研究中，一位研究人员会走到一名路人（被试）面前问路，在这两个人对话期间，有一些扛着门的建筑工打断了他们的对话。门会挡住研究人员，然后他会与其中一位建筑工互换位置。在 50% 的案例中，路人会继续与这位"研究人员"进行对话，不会发现对方的外表发生了改变。

这项实验同样也在另一个场景被复证过。当学生把工作文件交给秘书时，一位秘书躲进柜台后面，而另一位秘书站了起来，两人互换了一下。即便是了解这种效应的心理系学生有时候也注意不到发生了变化！

丹尼尔·J. 西蒙斯就变化盲视提出了如下几种解释：

✓ 你的大脑会将第二个图像覆盖于第一个之上；

✓ 当你的大脑存储了第一个图像后，便忽略了第二个图像；

✓ 你无法长时间记住这两个图像来进行比对；

✓ 尽管你的大脑存储了这几种图像，但你并不会有意识地进行比对；

✓ 你不预期会有变化产生，所以你的大脑便将两者组合成了一个。

 还有一种基于返回抑制的解释，即你不会再回头看你最近观察过的部分。返回抑制可以防止你陷入对图像中某一部分的不正常观察中。

 变化盲视通常只发生在视野的非中心地带，也只发生在你不预期会发生改变的地方（比如，你的交流对象的脸）。所以，注意系统中一部分所扮演的角色，会让你觉得你对可能会发生的变化已做好准备。但事实是，它也许无法向你展示世界的真实模样。

视觉检索：大海捞针

畅销书《威利在哪里》（*Where's Wally*）中有一个剧情，即主人翁需要在一个混乱的场景中找到一个穿着奇装异服的同名角色。这个任务很难，因为在这个场景中有许许多多其他的人和物体，且其中大部分身上都有着和目标角色类似的特征。认知心理学家利用视觉搜索范式（即上述任务更为专业的版本）来了解注意在视觉中所扮演的角色。

 视觉搜索任务会向被试展示一个充满着各种不同形状的图像，然后要求他们说出一个特定的形状（目标）是否存在，研究人员会对被试在说出答案之前所花的时间做记录。在继续往下阅读之前，请你先在图 7-1（a）中找到 B，在图 7-1（b）中找到 O。

在图 7-1（a）的两个图像中，B 与干扰源 P 具有同样的特征（都有竖直和弯曲的线条），因此它在其中并不显眼。你需要依次检查每一个字母，寻找特定的联结特征，因此你就会花更长的时间才能在上方图像中找到目标，因为该图像中有更多的干扰物。在图 7-1（b）中，O 是唯一一个包含曲线的形状，所以它非常显眼，干扰物的数量对寻找速度的影响也就不大。

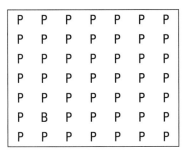

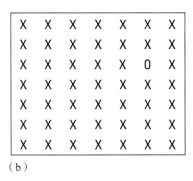

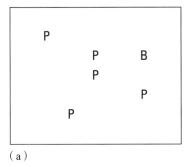

（b）

（a）

图 7–1　在（a）中找到 B，在（b）中找到 O

 通过改变其他目标（即干扰物）的数量，或改变目标和干扰物之间的相似性，心理
学家发现了一些关于视觉搜索和注意的有趣事实。

✓ 如果目标物在某个单一且简单的特征上（如颜色或者形状）与其他所有的干扰物都
不同，正如图 7–1（b）一样，它往往就会十分显眼，此时如果研究人员增加干扰物
的数量，寻找目标所花的时间并不会发生改变。但如果要求被试说出特定目标物是
否存在，那所需的时间就会随着干扰物数量的增加而增加。

✓ 在联结搜索中（即寻找与干扰物有同样特征的目标），目标没有单一、简单的特征，
而是多个特征形成的独特组合。此时，找到目标所需的时间就会随着干扰物数量的
增加而增加，且判断目标不存在所需要的时间也将会是之前的大约两倍。图 7–2 显
示了两种搜索（一种是有效测试，另一种是无效测试）结果的模式，以及干扰物的
不同数量。

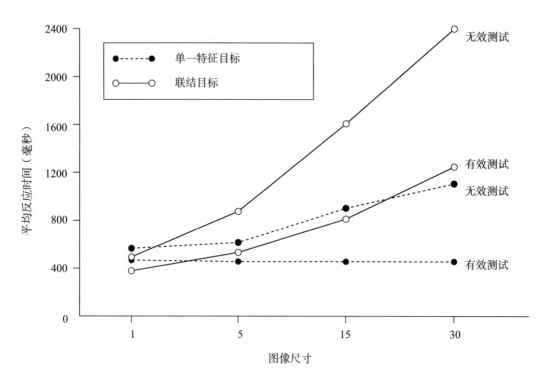

图 7-2　在视觉搜索实验中，不同类型的搜索和不同数量干扰物情况下所需的平均时间

根据心理学家安妮·特雷斯曼（Anne Treisman）的特征整合理论，注意是视觉搜索中将各种特征结合在一起的"胶水"。在前注意搜索中，你的视觉系统会将各种特征（如颜色、形状、大小和运动）挑选出来。在这个阶段中，如果目标物是唯一一个具有某个特征的项目，它就会变得十分显眼。但是，如果目标是多个特征的结合，那么也不会因为该搜索模式就脱颖而出，你还是需要逐个确认来寻找它。当你的注意集中于一个目标物的时候，你就能够将不同的特征"粘合"在一起。

前注意搜索虽然只能帮你处理简单的特征，但其速度非常快，这使得每个人都能同时对所有特征进行处理（平行搜索）。如果要用到注意，你需要逐个检查每个目标物（串行搜索），这种搜索会更慢，因为你需要轮流注意每一个项目。一般而言，人们需要逐个检查一个显示屏中差不多超过半数的项目才能找到目标。但如果需要他们判断目标是不存在的，他们就需要彻底地检索每一个项目，这也就是为什么当目标物不存在时，人们需要花更多的时间来响应。

专栏 7-2　冥想背后的心理学

冥想是一门历史悠久的艺术，但是直到最近，心理学家们才开始了解它背后的运作方式以及它带来的效果。冥想主要有两种类型。

✓ 专注式冥想：即你专注于一件特定的事情，且尽量避免分心。
✓ 开放式冥想：你只关注当下自己的意识状态，不关注任何明确的目标。

一项研究表明，那些练习开放式冥想的人在实验任务中不会被无关干扰源分散注意。另一项研究中，研究者将经验丰富的藏传佛教冥想者和新手进行了比较，结果显示，他们大脑中的电波存在差异——无论是在位置上还是在电波类型上。即使在他们没有进行冥想的时候，这种差异也是存在的，这表明他们在心理活动的组织过程中会受到某种长期影响。

控制注意

"注意"的定义中绝对包含这样的一个观点，你可以控制你的意识过程。注意像聚光灯一样照射在刺激（或刺激源）上，它提高了你对正在处理对象中最关键部分的意识，且降低了对其他部分的意识。它决定了你能意识到什么。

举个例子，想象一下你正在为一场认知心理学考试而复习（比如读这本书并做笔记），外面的电视机正开着，而你在等某人给你发短信。此时，注意便负责帮你消除干扰并集中于你的关键任务（复习）或者多个任务上（复习以及听手机消息的声音）。

在这一部分中，我们将阐述你可以如何选择（或回避）你要关注的内容。我们还将论述当你同时多线处理的时候会发生什么，以及它的困难程度。此外，我们也将探索哪些因素能够将你的注意力发挥到极致。

研究选择性注意

在学习的时候，你的大脑首先需要做的事情就是选择它要处理的相关事件。换句话说，大脑要决定它的注意聚光灯应该指向哪里或者单向麦克风应该从哪里收音。在此，我们首先看看大脑如何选择要处理的信息。

听觉注意的经典研究形式需要用到追随范式（一项实验中，被试必须只注意一只耳朵听到的声音，并忽略另一只耳朵听到的声音）。被试需要戴着耳机，任务是他们需要重复他们所听到的内容。你说简不简单？但是心理学家会向每只耳朵传达不一样的内容，这项任务便复杂了起来（称为双耳分听）。比如，一只耳朵听到的内容是"1、2、3"，另一只耳朵听到的内容是"4、5、6"。当被试被要求重复他们听到的内容时，他们的反馈应该是"1、2、3、4、5、6"。

在其他的双耳分听任务中，被试需要注意一只耳朵，并忽视另一只。之后，他们被要求对需要着重注意的一只耳朵（即这只耳朵所听到的信息被追随）和不需要注意的另一只耳朵（即应该忽视的耳朵）所听到的内容进行回忆。被试几乎完美地记住了需要着重注意的耳朵所听到的内容，但是很少能记住不需要注意的耳朵听到的内容。事实上，即便是同一个单词已经重复了几十次，被试都没有发觉不需要注意的耳朵中使用的语言是否从英文变成了德文！

然而，当不需要注意的那只耳朵中听到的声音性别发生了改变，被试确实能发现。此外，大多数被试都没有注意到在被忽视的那只耳朵中传达过中止任务的指令，除非这条指令之前喊了他们的名字。英国认知心理学家科林·谢里（Colin Cherry）将这种倾向称作鸡尾酒会效应，也就是即使你的注意放在别的事情上，你有时候也能听到别人在叫你的名字。

研究人员丹尼尔·J. 西蒙斯和克里斯托弗·查布里斯（Christopher Chabris）提出了视觉领域中的类似效应。他们向被试展示了一段视频，两支球队（其中一支球队穿着白色球服，另一支穿着黑色球服）在相互传球。被试被要求说出白色球队将球传给对方的次数。在视频进行中时，一个穿着大猩猩服装的男人走到了屏幕中间，猛捶自己的胸口然后又走开了。但只有不到一半的被试注意到了大猩猩。

20 世纪 50 年代，英国心理学家唐纳德·布劳德本特为了解释为什么在视野（或声音）清晰的情况下人们也会注意不到某物，提出了一种注意的过滤理论。他提出的早期选择理论认为，注意在感官检测到刺激后不久就会充当一个过滤器。随后，低水平刺激特征（如体积或者音调）就被大脑用来决定能够通过过滤器的内容。基本上，所有不必要的感官刺激都会被过滤掉。

一些研究人员用鸡尾酒会效应来抨击早期选择理论。具体而言，有一项用于抨击早期选择理论的研究，其方式是每次在不需要注意的那只耳朵中出现一个特定单词的时候，都会对被试进行轻微的电击。这便使得一个单词和一次触电感形成了一个经典的条件反射配对。当要求被试回忆他们听到的单词时，他们回想不起伴随着触电感出现的单词；但是当向他们展示这些单词的时候，他们会有更强烈的皮肤电反应（他们的手心微微冒汗），说明他们有点害怕这个单词。这一现象说明他们已经注意并记住了这个单词，但是他们并没有这个意识。

对此，安妮·特雷斯曼提出了一个衰减模型，在这个模型中，注意只是简单地减少了可以通过过滤器的信息量。原本的过滤器依旧会过滤掉不必要的刺激，但允许具备特定物理特征的信息通过。英裔美国人戴安娜·多伊奇（Diana Deutsch）进一步提出，所有信息都经过了处理，注意只会过滤掉无关紧要的信息及其语义（即含义）层面（称作晚期选择）的内容。图 7–3 为我们呈现了这些理论。

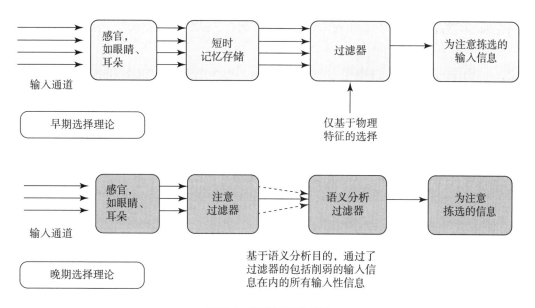

图 7–3　注意过滤器模型

因此，哪个模型更准确呢，是早期选择还是晚期选择？研究表明，在较为困难的任务中，人们会尽早过滤掉不需要的信息。例如，当你在开车途中与他人交谈时，到达了一个车流密集的路口，你与他人的谈话就会停止：注意过滤器可以防止注意被分散，从而完成一项比较难的任务。然而，在较为简单的任务中，你可以轻松地使用晚期选择。

集中你的注意

你绝对尝试过多任务处理（同时从容地处理两个任务），也许是在洗脸的时候与某人进行对话。你可以多么自如地完成这些任务呢？或者，当你正在写论文的时候你的舍友问你要吃什么晚餐，你又能如何完成这些任务呢？你怎样在第一项任务与第二项任务之间做切换？许多人会选择先写完他们正在写的句子，再去回答问题。多任务处理和任务切换都是分配性注意的例子。

在一项多任务处理的实验中，被试需要追随一只耳朵所听到的内容中的第一列单词，且需要忽视听到或看到的第二列单词。第一列和第二列单词的实验条件分别为：听到单词/听到单词；听到单词/看到单词。研究人员测试了被试对两个列表的反馈，发现第二组情况即听到单词/看到单词的准确率会高于感官上前后匹配的列表组。这也就说明了，只要不同任务之间的差异足够大，你就可以把注意分散在不同的任务上。

1976年，艾伦·巴德利（Alan Baddeley）和格雷厄姆·希契（Graham Hitch）提出了一个关于在什么情况下任务之间可能会相互干扰的工作记忆模型。该模型由负责视觉和语言的组件构成，这两个组件各自都可以单独处理信息。中央执行系统（工作记忆的控制部分）负责控制两个组件中的处理过程。只有当两项任务都使用相同的工作记忆组件，或者当它们难度太高的时候，它们才会相互干扰。

将事物发展到极限

虽然人们能够一定程度上做到多任务处理（详见前一部分），但依旧存在上限。如果你待在一个人声鼎沸的房间里，人们来来去去地走动着，一边还讨论昨晚电视上看到了什么，这个时候你就很难做到思考规划一篇认知心理学的文章。这个时候你面对的就是过多的信息，以至于你无法进行筛选过滤。

 在针对有限容量系统的解释中，最有力的一种是执行控制（一系列能够进行任务切换和集中注意的过程，详见第 8 章）。在此，工作记忆和中央执行系统或者情景缓冲器（工作记忆中的另一个组件，负责联结短时记忆和长时记忆）会致力于规划人们完成任务的策略（更多关于工作记忆的内容详见第 8 章）。

研究表明，执行控制会将注意资源从一项任务转移分配到另一项任务上，并抑制自动响应。认知心理学家发现，执行控制与抑制高度相关；同时，执行控制和智力也息息相关，更聪明的人能够比不太聪明的人更恰当地分配他们的注意。

专栏 7–3 任务切换

在任务切换过程中，研究人员假设你的第二项任务需要等到你完成了第一项任务之后才能开始。但在一项同时向被试呈现了两项任务的实验中，结果说明了以上说法并不完全正确。其中，第一项任务是判断某个音调的高低，并通过说出"高"或者"低"作为反馈；第二项任务是识别正方形的空间位置（在左还是在右），通过按电脑键盘的相应按键作为反馈。如果你必须完成了第一项任务之后才能开始第二项任务，那么完成两项任务的总时长应该等于单独完成第一项任务的时间和单独完成第二项任务的时间相加。然而研究结果表明，同时完成这两项任务的总时长实际上少于相加值。尽管如此，如果第二项任务紧跟着第一项任务出现，对第二项任务所需的反应时间就会长于单独呈现第二项任务的时候。针对这种效应提出的解释是反应选择瓶颈模型（如图 7–4 所示）。

这一理论非常简单：在完成对前一项任务的响应之前，你无法对如何响应某项特定任务进行思考。这一模型同时解释了其他几种效应。比如，你可以改变第一项任务开始和第二项任务开始之间的时长 [称为刺激开始异步性（stimulus onset asynchrony, SOA）]，且只要 SOA 的时长足够完成第一项任务的处理和思考，它便不会影响反应的总时长（称为心理不应期效应）。这一理论的逻辑是，在对第二项任务执行决策过程之前，必须开始对第一项任务的响应。

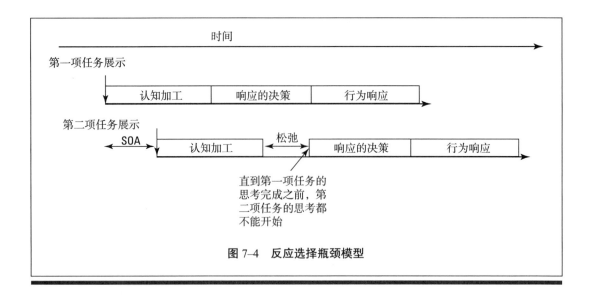

图 7-4　反应选择瓶颈模型

在自动驾驶模式下运行

有时候，你的注意可以被自发性地控制。比如，你决定要无视响起的电话铃声，继续看你最喜欢的电视节目的时候。但你的注意也会进行自动选择，每个人都经历过被一声巨响或者抢眼的画面吸引了注意的时候。有时候，人们会选择依赖于自动驾驶模式。比如，我们当中的某人（不说名字就没人会怪他）某天早晨不小心忘记了要去面试，而是跑去了学校，因为去学校是他早晨的日常习惯，且当时他太困了，以至于无法防止这一无意识行为。

 在较为严重的案例中，几名飞行员操作降落的飞机显然"忘记了"展开起落架，导致飞机坠毁。在种情况下，大多数飞行员的注意只是在自动驾驶模式下浏览着陆清单，而没有真正地注意。

心理学家已经使用了许多工具来研究这种现象的成因。这一部分中，我们将罗列会干扰和分散注意的因素。同时，我们也会考察练习对于注意的重要影响。

干扰注意

 自动化处理有时候会对你的注意产生不利的影响。请问在下方句子中，字母 f 出现了几次？

Finished files are the result of years of scientific study combined with the experience of many years.

最常见的回答是三个，但正确答案是六个。许多人似乎会忽略掉藏在词语 of 中的 f。

 诸如 "of" "the" 和 "to" 等单词在英语中充当了功能性角色，会在绝大多数文本中出现。它们出现的频率往往比实意词高得多，因此，人们会更习惯于它们的存在，对它们的阅读越多，也就意味着人们越容易忽视它们。正如所有经过大量练习的事情一样，阅读功能性词语便逐渐趋向自动化。

 斯特鲁普效应被誉为自动化处理的 "黄金标准"，以发现这一效应的美国心理学家约翰·斯特鲁普（John Stroop）之名命名。这一效应非常简单：向被试呈现一系列关于颜色的单词。以 "红色" 为例，这个词的印刷颜色可以和词义表达的颜色保持一致（全等状态），比如，印刷词语 "红色" 的墨水颜色为红色；也可以用与词义不同的颜色进行印刷（不协调状态），比如，用绿色墨水印刷词语 "红色"。被试必须说出印刷这些词语所用的墨水的颜色。

被试发现，要说出不协调状态下的颜色会比全等状态下更难，也会花更长的时间：阅读已经成为高度自动化的行为，以至于心理学家认为词义本身会干扰人们识别颜色的能力。

 西蒙效应是关于自动化处理的另一个相似案例。在实验中，被试将看着左侧或者右侧带有某个符号的屏幕。当他们看到某个特定线索（比如一个 @）的时候需要按下左边的按键，看到另一个特定线索（比如一个 #）的时候需要按下右边的按键。如果 @ 出现在了左边，就是全等实验，如果它出现在了右边，就是不协调实验；反之，# 的情况亦然。被试在不协调实验中答出呈现符号所需的时间长于全等实验，这证明对于空间位置的了解会干扰注意。

熟能生巧

 注意的性质会随着经验和练习的变化而变化：专家不仅能关注任务的不同方面，而且可以更好地专注多项任务。

驾驶就是一个很明显的例子。比起娴熟的司机，新手司机更倾向于注意他们前方的车辆及其位置。但娴熟的司机更倾向于关注两侧的车辆，或在道路岔口更为小心（即在一些可能会有意料之外的情况出现的地方，比如突然有车辆倒车）。

对于上述情况，存在一种解释是练习能够让任务越来越趋向自动化，因此它需要较少的注意资源。为了抑制自动化处理，或者是当自动化处理不可用时，便需要进行执行控制。所以，当一种行为经过了高度练习后，它就成了一种习惯，最后你便不再需要针对采取的行动进行思考。

 想想弹吉他的时候：当你正在学习一个新的和弦时，你必须看着你的手指，并把每根手指逐个放在正确的位置上。但当你的练习足够多了之后，你不需要看着手指的位置就能够找到这个和弦。

 此外，关于练习会如何削弱你对精确行为的意识的另一个相关内容就是通过分块的方式（关于该概念更多信息详见第 8 章）。分块能够将你所了解的项目进行分组，让你更易于记住它们。

当你正在学习吉他的 C 和弦时，你需要完成四个步骤：首先，你需要将你的食指放在 B 弦上；再将你的中指放在 D 弦；无名指放在 A 弦；最后，避开 E 弦进行扫弦。然而，英国吉他大师埃里克·克莱普顿（Eric Clapton）可以将所有的这些小的部分组合、分块，成为一个指令——弹奏 C 和弦。由此，用于做出四种反应的认知资源便简化成了一个反应。

比利时心理学家布鲁诺·罗西森认为，专业人员的注意能够聚焦的范围比新手更为广泛，他们一眼就能看到更多的刺激源。

出错：注意紊乱

注意对于人类的生存而言至关重要。然而，神经心理学层面的环境存在使得注意参与事件的能力严重受影响。在这一部分中，我们将着眼于两种注意障碍：空间忽视和注意缺陷多动障碍（attention-deficit hyperactivity disorder，ADHD）。

忽视左边：空间忽视

空间忽视是一种相对常见的注意障碍，通常是由右顶叶受损引起的（大脑中朝向头部侧面和背面的一小部分）。患有空间忽视的患者表现为看不到或者注意不到视野中的一半（通常是视野的左半部分——受损部位的对面）。也就是说，他们只能看到目标物的右侧。

空间忽视测试包括如下内容（如图 7–5 所示）。

✓ 任务撤销：要求患者划掉所有的项目，但是他们倾向于只划掉图 7–5（a）一侧的项目。

✓ 平分线条：要求患者标记出线条的中位，但是他们倾向于标出了图 7–5（b）某一侧。

✓ 临摹：要求患者临摹一个图像，但是他们倾向于只临摹出图 7–5（c）的某一半。

在所有案例中，患者都无法探测到被忽视的一侧有什么。这种情况可以严重到患者甚至只会刮一边的脸，或者只吃他们盘中食物的一半。患有空间忽视的患者无法看到、想象到甚至是描述出空间中被忽视的那一半。在一项研究中，一位患者被要求对米兰一个著名的广场进行想象和描述，这个人描述了广场右半边的特征。当要求这位患者描述另一半广场的时候，这位患者再一次描述了广场右侧的模样。很显然，患有空间忽视的人没有任何感知层面的问题，只有注意层面的问题。

虽然患有空间忽视的患者无法注意到另一侧，但他们能够不自觉地意识到存在被忽视的一侧。英国神经心理学家约翰·马歇尔（John Marshall）和彼得·哈利根（Peter Halligan）进行了一项研究。其中，他们给了被试两张照片：如图 7–5（c）所示的房子 A（左侧）是一副正常的线条画；房子 B（右侧）与 A 是一样的，唯一不同的地方是在被试看不到的一侧，上方的窗户冒出了烟火。研究人员随后会询问被试喜欢哪套房子。在 17

次实验中，被试 15 次都选择了没有烟火的房子，但是这种偏向暂时还无法解释。

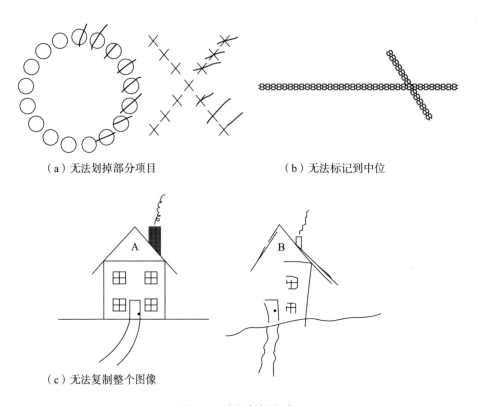

（a）无法划掉部分项目　　　　　　　　（b）无法标记到中位

（c）无法复制整个图像

图 7–5　空间忽视实验

　患有空间忽视的患者也可以识别出被忽视的一侧的对称性。这些发现说明，他们确实对被忽视的一侧有着无意识的认知。换句话说，有些事物不需要注意或者意识就可以进入人们的大脑。

难以集中注意：多动症

　　注意缺陷多动障碍是一种常见的儿童心理障碍。西方儿童群体中，3%~5% 的儿童都存在这种情况，其特点是无法长时间专注或者注意集中，导致他们的心神不定和潜在的攻击性。患有多动症的儿童通常会打断他人对话，且没有耐心。

　对于多动症儿童的认知实验通常包含了警戒设计，即被试在许许多多刺激（比如多个三角形）之中看到某个特定刺激（比如一个正方形）的时候必须做出响应。刺激是一个接一个出现的,(关键的）目标刺激出现的频率很低。患有多动症的儿童在这种类型的任务中表现不佳。然而, 他们可以轻松地说出每个正方形和三角形的名字, 说明这种无序排列是维持注意的一种方式。

在另一项实验中, 被试需要在看到 X 的时候按下一个按钮, 在看到 O 时按下另一个按钮。多动症儿童在这个简单的任务中表现良好。如果在他们看到 X 或者 O 的同时, 向他们播放一个停止任务的指令（停止信号范式）, 那么比起其他儿童, 多动症儿童较难以停止实验, 说明多动症儿童在反应抑制上出现了问题。

多动症的一种治疗方式是使用利他灵（一种中枢兴奋剂）, 它能够使大脑反应更为灵敏。其核心理论是, 多动症儿童的大脑需要更多的刺激, 才能够显示出与正常儿童一样的激活状态。利他灵使得多动症儿童在停止信号实验中表现更好, 让他们的自我抑制能力更强。

专栏 7-4　注意大脑

前额叶皮层是大脑前方中的一部分, 对于注意而言至关重要, 它从大脑中与视觉、听觉和感觉相关的部分接收信息。多动症儿童的前额叶皮层中血流相对而言较少。此外, 前额叶皮层受损的人在许多需要注意的任务中都举步维艰。如果要求他们匹配两种声音, 在注意分散的情况下他们的表现比前额叶皮层正常的人要差得多。

前额叶皮层也与抑制反应有关。大脑的这一部分受损会导致人们很难停止对某事的响应。比如, 在多动症患者看到不寻常的事物时, 即使别人已经告知了他们不要指出来, 他们依旧会指出这一点。前额叶皮层也与执行功能有关。

顶叶（靠近大脑背面朝向一侧的部分）也与注意相关。在需要注意的任务执行期间, 它显示出了更高的活跃度, 同时指导注意预先指令大脑的一些部分接收特定信息。比如, 如果你需要寻找你的钥匙, 注意就可以提高大脑视觉区域的活跃度。

part 3

第三部分

注意你的记忆

本部分目标

✓ 铭记记忆是认知心理学的核心。

✓ 掌握长时记忆和短时记忆的经典及最新模型。

✓ 熟知认知心理学家目前对大脑存储记忆和知识的观点。

✓ 了解关于遗忘的过程，不管是属于典型情况还是更严重的遗忘症病例。

第 8 章

短时记忆：我的钥匙放哪儿了

通过对本章的学习，我们将：

▶ 区分记忆的不同类型；

▶ 对工作记忆有深度了解；

▶ 对执行功能有所掌控。

假设有天晚上你外出，偶遇了一个长得很漂亮的人，你当然也很有魅力，你们相互搭讪并交换了电话号码。在手机和它的即时存储功能诞生之前，你需要先记住这个号码，才能把它写下来。为此，大多数人会快速地多次复述这个号码。

这一技巧就是一个利用了短时记忆的典型例子——对最近发生的事情的记忆。心理学家通常将其与长时记忆（第 9 章的主题）区分开。虽然一些记忆模型并没有就这两者进行区分，而是认为不同记忆的区分取决于信息与信息之间联系的紧密程度，但实际上这些模型很复杂，且并不那么常见。

在本章中，我们将通过描述记忆的多存储模型来对那些支持短时记忆和长时记忆是两个独立存在的证据进行探讨。我们还将就短时记忆的运作模式，以及它如何在你的工作记忆中被使用进行研究，这与执行功能和做出重要决策（甚至执行）有关。别担心，本章中我们会对这些术语进行解释，以帮助你记住它们——短期内记住和永远记住。

拆解记忆

在 20 世纪早期，许多心理学家坚信只有一种类型的记忆存在。他们认为记忆与学习相关联，在学会联想（大脑中不同内容的联结）后，它们便能够形成记忆的永久部分。这些心理学家提出的理论中存在唯一差异的地方就是，相比学习初期，学习后期的记忆痕迹会强得多。

但是，美国哲学家、心理学家威廉·詹姆斯（William James）认为，应该有两种不同类型的记忆存在，并提出了以下区别。

✓ 初级记忆：关于意识的内容，即你现在在想什么。如果我们要求你当下想象世界上最美丽的人，在脑海中所出现的形象就属于初级记忆的范畴。

✓ 次级记忆：在你所有的存储信息中，大部分是你当下不会想到的内容，如除了世界上最美丽的人以外，世界上的所有其他人长什么样。

威廉·詹姆斯对两种记忆类型的区分很大程度上并没有得到学术界重视，直到美国心理学家理查德·阿特金森（Richard Atkinson）和理查德·谢弗林（Richard Shiffrin）对其进行了重新审视。他们创造了记忆的多存储模型，即我们将在本部分中讨论的内容，尤其要着重讨论它是如何诠释短时记忆的。

了解记忆的多存储模型

多存储模型背后的逻辑是，大脑会对所有轰炸你的感官信息（环境输入）进行快速编码，并让其进入感觉登记器。五种感官的信息都分别存在一个对应的感觉登记器中。

✓ 视觉记忆：景象。

✓ 听觉记忆：声音。

✓ 触觉记忆：触碰。

✓ 嗅觉记忆：气味。

✓ 味觉记忆：味道。

感觉登记器中包含对环境输入的即时性副本。登记器上留存的时间非常短（不到几秒的时间），虽然不同的感官有不一样的留存时间。这些登记器的容量基本上是无限的：它们能够在很短的一段时间内对环境进行极其精准的快照，你甚至都不会意识到产生了这些内容。

当你注意着环境中的某个事物时，它会从感觉登记器上转移到短时记忆存储器里。此时注意会过滤掉环境中无关紧要的信息，并专注于值得进行处理的相关事物（更多细节详见第 7 章）。

图 8–1 展示了记忆的多存储模型以及该模型如何对感觉登记、短时记忆和长时记忆进行区分。同时，该图详细说明了在这些不同的登记器之间的信息传输过程。

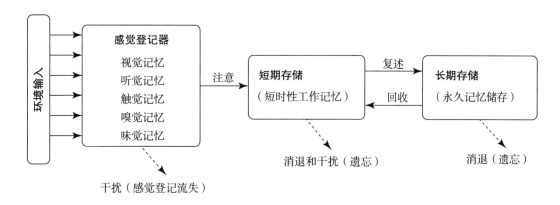

图 8–1　记忆的多存储模型

多存储模型是从关于首因效应和近因效应的研究中发展起来的。

✓ 首因效应：若给被试一个需要记住的列表，他们倾向于记住列表开头部分的所有项目。

✓ 近因效应：同时，被试也倾向于记住列表末尾部分的所有项目。

以上两者结合起来的模式便称为系列位置曲线。心理学家认为，这种倾向存在的原因是列表末尾的项目留存在短时记忆中（且易于回忆），且列表开头的项目已经转移到了长时记忆中。但是列表中间部分的项目既没有被转移到长时记忆中，也没有留存在短时记忆中，所以它们就被遗忘了。

多存储模型非常流行，以至于它常被称为记忆的模态（典型或常规形态）模型。

短时记忆的特征

你可以很轻易地区分短时记忆和感觉存储，因为你的意识察觉得到它。不管你现在在想什么，它都存在于你的短时记忆里（希望你的短时记忆存储了前两句话，否则你就是在神游）。短时记忆是一个在不断变化和更新的信息流，说明基于容量和可持续时间之上它具有一些关键特征。

填充短时记忆

短时记忆是记忆中活跃的部分，且它容量有限：你无法一次性在短时记忆中存储太多的信息。这一情况很明显：你能同时思考几件事？一件，还是两件？

 为了回答上述问题，我们将求助于认知心理学的开创者之一的乔治·米勒。1956年，他发表了有史以来最具影响力的研究之一。在一项你也可以在你朋友身上试试的实验中，他向被试展示了一系列不同长度单词的列表，要求他们在看完最后一个单词的时候立刻回忆这些单词。他发现，几乎所有的被试都能回忆起 5~9 个单词，这使他得出了一个结论：短时记忆的容量是"魔法数字 7 加或减两个项目"。

乔治·米勒的实验非常容易，且他会帮助被试进行记忆。因此，魔法数字 7 也许是一个高估了的结果。研究同时表明，如果展示给被试的单词列表中都是长单词，被试倾向于只能回忆起列表中的最后四个单词（除了前四个之外）。实验者从列表中最后看到的项目似乎取代了短时记忆中较早的项目。换句话说，短时记忆中的项目会被取代。加之近年更新的研究证据，说明短时记忆的实际容量约为四个项目。

 我们在此说的"项目"是什么意思呢？你可能觉得项目指的是一个数字或者单个环境，但事实如此吗？请尝试记忆以下列表的内容，并在 30 秒后尽可能多地写出你能记住的字母：

NBCNASABBCAPAUKSTMLOLUSA

如果乔治·米勒的魔法数字 7 加或减 2 理论是正确的，理论上你应该记住与之对应的项目。现在请再试一次，但这次使用图 8–2 中的同样列表。这一次，你很有可能可以记住整个列表。

原列表：　　　　　NBCNASABBCAPAUKSTMLOLUSA

分块列表：

NBC	NASA	BBC	APA	UK	STM	LOL	USA

图 8-2　信息分块有助于进行记忆

 这一改善的原因是我们将多个项目分块组成了几个有意义的组。由此，你的短时记忆容量就可以以块的数量为单位，而非以独立项目的数量为单位。

等待短时记忆

关于短时记忆的另一个关键部分就是它的持续时间。你可以将项目存储在脑海中多久呢？当你喜欢的人给了你她的电话号码，在你开始遗忘掉这些数字之前，你可以记住多久呢？心理学家利用词语列表对这一问题进行了测试（是的，又是词语列表）。

 研究人员向被试呈现了一系列单词，并要求被试在即时情况或者延时情况下对这些单词进行回忆。结果显示被试的回忆结果在即时情况下更好。18 ~ 30 秒之后，他们对于这些单词的记忆便几乎消失了，说明这大概是短时记忆的持续时间：短时记忆中存储的记忆大约会在 30 秒之后消失。

 通过复述，你可以提高记忆的持续时间。通过一次又一次地重复你脑中的项目，你的大脑会进行保持性复述，使得信息在短时记忆中的留存时间更长。如果你进行精细复述（详见第 9 章），信息就会从短时记忆传输到长时记忆。这一趋势也与我们在前一部分"了解记忆的多存储模型"中讨论过的首因效应和近因效应相关联。

延迟情况下的回忆消除了近因效应，因为短时记忆中的项目只会留存很短的一段时间。同时，它也允许其他项目（干扰）在进入短时记忆之后取代原有项目。要求被试在阅读单词列表的时候进行倒数（发音抑制的一个例子，即在学习的同时说话会削弱记忆）会阻止他们的大脑进行信息复述，从而消除首因效应。

使你的记忆发挥作用

大多数认知心理学家认为，你的短时记忆不仅仅是一个简单的短期信息存储处。他们认为短时记忆一直在起作用——不断地做一些事情。两位英国认知心理学家艾伦·巴德利和格雷厄姆·希契设计了目前接受度最为广泛的短时记忆模型之一 ——工作记忆模型（见图 8-3）。

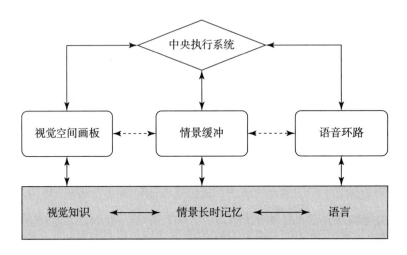

图 8-3　工作记忆模型

工作记忆模型包含一个关于注意控制的中央执行系统和三个存储组件：视觉空间画板、情景缓冲和语音环路。我们将就三个组件逐个展开阐述，包括它是如何运作的、它存在的证据，以及心理学家如何测量一个人的工作记忆容量。

存储和重复声音：语音环路

　语音环路常被称作大脑的耳朵：它就是人们得以存储和处理声音的原因。它就好比是你内心的声音，也就是你在洗澡的时候唱歌听起来不错的那种声音。

语音环路基本要素

语音环路包括两个组成部分。

✓ 一个语音存储器：一个容量非常有限的声音存储器（通常与语言有关）。

✓ 一个分节复述机制：一个你会口头但无声地重复你听到的词语的过程。

 存储在语音环路中的信息只能留存几秒钟，然后会衰退或者消失。已存储的信息可以被新的信息所取代。因此，你的短时记忆中能够存储的信息量就是有限的。

运作中的语音环路

 有两个主要的证据来源可以证明语音环路的存在。

✓ 语音相似效应：听起来有一些拗口，但从本质上而言，这意味着被试对听起来一样的词语（如 man、cat、cap、can）的记忆准确程度远低于一系列听起来完全不一样的词语（如 pit、day、cow、pen、sup）。不管单词以视觉形式还是以口头形式呈现，这一效应都存在，说明单词必须经过默读（在你脑中安静地进行重复）才能触达记忆：你需要顺着呼吸读出单词，你才能记住它。如果你被要求进行发音抑制（比如，倒数），语音相似效应就会消失。这一结果说明，口头说出的单词能够直接进入到语音存储处，但你需要大声说出视觉看到的单词，才能使它进入到语音存储处。

✓ 词长效应：被试对一系列短词汇记忆的准确度，要远远高于对一系列长词汇的记忆准确度（即便两个列表词汇的数量均等），因为后者太长，会占用语音环路的过多容量。

专栏 8-1　测量工作记忆

　　心理学家设计了许多项目来测量工作记忆及其构成，通常情况下包括向被试展示单词列表并测试他们对单词的记忆。然而，这种方法只局限于测试语言记忆。因此，他们设计了更多的实验。

　　✓ 测量语音环路：数字持续任务的内容包括让被试听到一系列的数字后对数字进行回忆。而后，增加呈现给被试的数字的数量，直到被试无法胜任这项任务。

✓ 测量视觉空间画板：在柯希块设计实验中，会呈现给被试一系列以特定顺序排列的色块或者有图案的块。被试被要求按顺序说出出现的块。

✓ 测量情景缓冲：研究人员使用许多不同的视觉实验，其中包括将单个或者多个特征结合为待被试发现的刺激。

✓ 测量中央执行系统：在操作广度实验中，被试必须记住数量为两个到八个之间的一系列数字，随后，被试需要解一道数学题。因此，他们需要同时完成两项任务，随后，研究人员会测量他们对单词或者字母的记忆。

长时记忆和存储知识对于语音环路而言有着很大的影响。当向被试呈现一系列需要他们记住的内容时，相比起非字词或者以其他语言呈现的词语，被试能记住更多的常规字词。熟悉的声音似乎更容易存储在语音环路中，因此它必须联结到长时记忆存储（详见图8–1）。

语音环路对于学习一门新语言（站在孩子或者第二语言学习者的角度而言）而言至关重要。在你的母语系统中，你对它的语音和单词有了足够多的经验，所以不需要付出很多努力就能够存储听到的内容。然而，当你在学习新语言的时候，你对这门新语言的单词或者语音尚未熟悉，所以你需要在你的语音环路中存储更多这一语言的声音。语音复述系统意味着当你听到一个新单词的时候，你会尝试顺着你的呼吸说出来。这种复述能够使单词转移到你的长时记忆中。

一些证据表明，语音存储处位于大脑中左耳后方的位置，这一部分名为左顶叶下皮层。左额叶下皮质（位于大脑中左耳的前方）已确认为与发音复述相关的区域。

速写和想象：视觉空间画板

视觉空间画板与前一部分中的语音环路类似，但是针对视觉层面的刺激。

视觉空间画板基本组成

 这个组成部分结合了两个词（即视觉和空间），因为它同时充当了视觉图像和空间信息的存储处和处理单元，但是会分别处理这两项的记忆。

> ✓ 空间记忆：了解世界上事物的位置。例如，能够记住你卧室里的各种物件在哪里。这种空间信息可以从视觉层面获得，也可以从其他的感官获得，包括触觉和声音，这使得工作记忆的这一部分组件变得多模态（潜在性地囊括了多种感官）。
> ✓ 视觉记忆：在脑中存有关于事物的图像，比如你认识的人的脸。

 视觉空间画板中包括了想象的成分：当你想象着你最好的朋友的人脸，这个图像就被带到了你的视觉空间画板里。

运作中的视觉空间画板

视觉和空间的区别基于一个事实，即大脑对空间信息的处理方式与仅处理图像信息时的方式不同（详见第 4 章）。空间和视觉信息的结合使得你能够记住学习运动技能时的动作序列。例如，学着操作一款新的电脑游戏《超级马里奥》时，其过程包括了学习正确地单击特定排列下的按钮。你需要同时在你的工作记忆中做到控制空间位置（即库巴相对于马里奥的位置）和时间序列（即当马里奥准备在库巴转身之时跳到他头上的时候）以及图像（即整个平台），这是一个极其复杂的过程！

 关于视觉空间画板的数据证据表明，同时完成两个视觉任务是非常困难的。比如，如果让被试看着屏幕中的一个球移动的同时想象出一个环游大学的路径，他们的表现会比只看着屏幕中的球移动差很多。

大量证据说明，视觉空间画板可以从语音环路中分离。发音抑制（详见前一部分"等待短时记忆"）对视觉任务的影响比对口头任务的影响要小得多。同时，一些患者在数字广度实验中表现出语音环路完整，但是他们的视觉空间画板受损，如柯希块设计任务实验的结果（详见专栏 8–1 "测量工作记忆"）。一些患者则有反向模式（表现出双重解离；详见第 1 章）。

视觉空间画板中的两个组成部分可以与前一部分中的语音环路进行类比。

✓ 视觉缓存：一个被动的信息缓存处，好比一个屏幕对你在思考的内容进行捕捉。当你在心里想象某个事物的时候，已被存储的图像就位于视觉缓存中，就像画家的画布一样。

✓ 内部抄写：视觉空间画板的活跃部分，在你准备发生动作的时候，这一部分就会运作。它主要参与了空间信息的存储和行动的排列。内部抄写很容易被空间运动所干扰，它是将图像绘制到视觉缓存中。内部抄写就好比一个画家。

将长时记忆带进脑海中：情景缓冲

 情景缓冲会将工作记忆和长时记忆联结起来，且它是将记忆中的信息带入到自我意识中的途径。同时，它也是一个长时记忆中信息输出后的暂时存储处，以便于后续信息使用。

情景缓冲的基本组成

 情景缓冲能够将信息与工作记忆的其他组成部分联结起来，以便它们能够更高质量地处理信息。比起没有将长时记忆中的语言知识与语音环路联结，有联结能够使你更快地针对人们在说什么进行诠释。

运作中的情景缓冲

 情景缓冲可以将信息嵌入或者联结到离散事件中。结合过程基本上是自动的，且不需要大量的中央执行系统处理。它有以下两种运作形式。

✓ 静态结合：联结两个大多数情况下同时发生的感官元素，如橙色橘子（也就是橙色和水果）。多次看到这两个特征结合在一起意味着它们能够结合成为一个概念。

✓ 动态结合：它比静态结合更令人瞩目，因为它具有非常独特的特征，且它可以成为想象力的基础。因此，动态结合可以结合任何你想要的事物，即便是一个带有蓝色波点的粉红色橙子飞过一片绿色的天空，天空上挂着一颗紫色的太阳（你随意想象）。

鉴于情景缓冲联结了工作记忆的所有其他组成部分，它也处理着所有不同的感官（多感模式）。同时，它的存储容量也是有限的，且可以跨感官或者就在感官内部对信息进行结合或者绑定，并将新的信息绑定到已存储在长时记忆中的信息上。

最高管理层：中央执行系统

中央执行系统是工作记忆的中央处理器，它是指导工作记忆每一个其他组成部分的控制单元，因此常被称作注意的驱动力（更多关于注意的内容详见第 7 章）。就像计算机的中央处理器一样，它的内存是有限的：它可以将资源分配给工作记忆的每个子组件，但前提是它有空闲的资源。它的名字（中央执行系统）说明了它的重要性，我们普遍将它的功能称为执行功能。

中央执行系统的基本组成

我们一般认为，中央执行系统有三个核心功能。

✓ 将注意集中于某项特定任务上：中央执行系统能够确保注意集中在复杂任务上的同时忽视干扰。例如，在读一本关于认知心理学的有趣图书时，你会无视电视里正在播放的真人秀节目。你的中央执行系统致力于投入到阅读中的同时屏蔽掉了环境中的其他方面（关于该内容的更多信息详见后文"集中你的注意"这部分内容）。

✓ 在不同任务之间转移注意：有时候你需要快速切换任务，比如当你在做饭的时候有一个孩子因为受伤而哭着跑了进来。你的中央执行系统同时会监视着已经被屏蔽掉了的信息，静候需要注意的事物（更多相关内容详见后文"切换注意"这部分内容）。

✓ 将注意分配给不同的任务：有时候你需要同时做两件事情，比如一边看电视一边做作业。你的中央执行系统会计算它的资源中有多少资源可以分别分配给这两个任务（更多细节详见后文"集中你的注意"这部分内容）。

研究中央执行系统的方式之一是使用双任务程序来进行实验。在实验中，被试需要在被另一项任务分心的同时，完成某一项任务。如果研究人员能找到一项能够选择性地干扰工作记忆中一个组成成分的任务，且该任务不会影响到其他组成部分，他们就能够找到组成部分可分离的证据。

在一项实验中，心理学家让被试下棋的同时处理三次次级任务，并测量了他们的表现：发音抑制（影响语音环路）和手指敲击（影响视觉空间画板）并没有对下棋产生很大的影响；但试图思考一些随机数字会产生很大的影响，因为这是一个执行过程（就像下棋一样）。

运作中的中央执行系统

考虑到中央执行系统功能的重要性，你可以认为它做了许多的事情。事实上，这些事情更多的是一个杂乱无章的过程。有人尝试将所有的处理过程整合成为一个关于执行功能的复杂模型（提前跟你说了哦），这个模型被称为注意监控系统（见图8-4）。

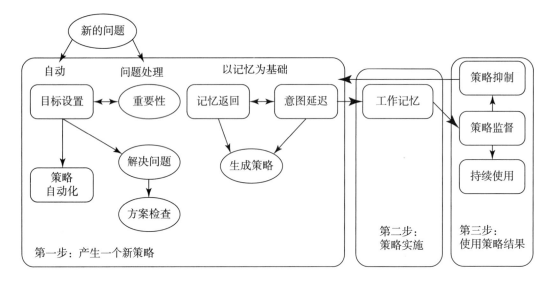

图8-4　注意监控系统的三个阶段

 这一注意监控系统是一种关于中央执行系统在面对一项需要完成的新任务时是如何运行的模型。基本上，注意监控系统处理日常任务，当面对更困难的事情时，执行系统就会接管任务。它包含了三个阶段，每个阶段都有不同的处理过程。

✓ 构建新的行为规则或者模式阶段：子过程会设置目标，并设计策略来解决。这个过程可能包括自动化处理、问题解决或者长时记忆的寻回。

✓ 实施策略阶段：工作记忆的核心过程。

✓ 检查和验证策略是否有效阶段：这个评估阶段可能导致原策略的持续使用，或者构建一个新的策略，期间会潜在性地运用到第一阶段的另一个子过程。换句话说，你可以运用一个自动化处理过程之后发现它没用，再根据来自长时记忆的信息生成一个新的策略。

证据完美地证实了中央执行系统的活动位置位于大脑中的背外侧前额叶皮层中（位于大脑额叶部分的底部，每只眼睛的一侧）。

计算你的工作记忆

短期工作记忆的作用至关重要，使你专注于要事，你与朋友交谈、开车、踢足球、学习等都依赖工作记忆。它在谈话中的参与说明，即便是社会心理学也依赖于它：你需要能够专注于和正确的人对话，记住对话中相关的信息，基于此发声并讨论，且与此同时抑制无关信息。

由此，工作记忆显然至关重要，这意味着每个人都有这样的能力。但事实上，不同的人在工作记忆容量和能力上有着显著的个体差异。心理学家使用了各种测量方式来计算工作记忆的广度—— 一种针对某人工作记忆容量的测量方式。它与智力密切相关。

与工作记忆广度密切相关的一类实验任务的例子就是反扫视任务。在这种实验任务中设置了一个会出现画面的显示屏，被试会根据指示看着屏幕或者不要看着屏幕。人们会本能地看向突然出现的目标物，阻止（即抑制）自己看着这个目标物是非常困难的。相比工作记忆容量较小的被试，有更大工作记忆容量的被试能够更好地胜任第二个情况。

工作记忆广度会随着年龄的变化而变化。工作记忆在童年时发展缓慢，在 25 岁左右达到一个稳定期，然后在这之后逐渐下降。重要的是，工作记忆广度能够对文本理解的能力进行预测，因此可以用于预测儿童的学习情况（即使是在期末考的五年前做预测）。它同时也和推理任务相关，甚至能够预测美国空军飞行员的表现。

 工作记忆可能非常重要，但是工作记忆广度到底是在测量什么？一个说法是，工作记忆依托于大脑中与工作记忆相关的神经元的处理速度和容量。研究表明，工作记忆广度较高的人在复杂任务中表现出的大脑反应似乎比较小，这说明他们的神经元的工作效率会高于工作记忆广度较低的人。

处理你的记忆：执行性

在工作记忆模型中，中央执行系统被认为会控制三项执行任务（详见本章"最高管理层：中央执行系统"这部分内容）。其他执行能力也可以与工作记忆相关联，但是其证据好坏参半。

在这一部分中，我们回顾了执行过程中的整个序列，并将它们与大脑中进化程度最高的部分——额叶相关联。

集中你的注意

注意执行包括将注意集中在一个或者多个特定的任务上。这对于解决冲突而言也是至关重要的（我们指的不是小孩之间吵架的那种冲突），在这种情况下的冲突解决指的是针对某个特定任务，存在两种矛盾的潜在反应。你的执行过程之一涉及了决定要采取哪一项潜在反应。

有一些例子能够帮你理解。翻到第 7 章，然后阅读关于斯特鲁普效应和西蒙效应的内容（别担心，我们会等到你读完那部分回来）。在这些任务中，注意系统必须专注于任务的相关特征。如果集中注意这一过程涉及推翻一个自动过程，那么它就需要大量的执行注意。

 想象一下，出于某些原因你没有走常规路线去学校或者上班。你的注意系统就需要推翻一个自动选择的去向目的地的路线，且使得你可以去你想去的地方（比如去你

的医生那里)。

为了实现这个目标，执行系统需要经过两个过程。

✓ 冲突监测器：识别你的目标和一个自动化处理过程之间的冲突（冲突监测器位于前扣带回皮层中，是大脑中靠前方的一部分，但离骨头大概一英寸 ① 左右)。

✓ 注意控制器：将注意资源分配到相关的任务特征上（注意控制器位于背侧前额叶皮层中，即大脑中靠近大脑额叶部分的底部及每只眼睛的一侧)。

执行注意对于目标物分类也至关重要，它联结着感知系统和记忆存储。因此，它是认知系统中负责意识的部分。

切换注意

将注意从某项重要任务转移到另一项上是一种重要的执行功能。认知心理学家通过任务转换这一实验，来测量人们的任务切换能力。向被试提供一个简单的任务，比如当显示屏上出现奇数的时候按下 X 键，出现偶数时按下 Y 键。有时候，数字会以红色呈现，且该情况出现频率较低。在红色数字出现的时候，被试需要按下与原本他们练习过的用键方式相反的键。在这种实验情况下，被试会花更长时间来做出反应。

这种转换成本的存在是因为当被试参与了前一项任务的时候，他们就发展了一套应用于任务的规则或者策略。如果需要改变规则，被试的执行系统就需要共同参与改变，这就需要花一些时间（大约 0.5 秒)。

接下来，我们思考一下转换成本是如何影响飞行员的。他们正在执行飞机降落任务的时候，警报突然响了，他们就不得不把注意从一项需要高度集中的任务上转移到另一项任务上，然后再转换回来，以确保他们的航行操作无误。在这种情况下，多花半秒钟的时间进行反应可能会危及生命。

---

① 1 英寸 =2.54 厘米。——译者注

忽略不重要的事物

 抑制是最重要的功能之一：不是抑制在海边露出你的腿的想法，而是一种能够无视无关信息的能力。反应抑制尤其是一种阻止已经做好准备且准备要发生的行为的能力。

反应－不反应联想任务测试是测量反应抑制的一个简单实验任务。在任务中，向被试展示许多的字母（如 X），且告诉他们，当看到字母 X 的时候需要做出反应；同时，告诉他们当看到字母 Y 的时候不要做反应。对该测试的正确反应中，X 的数量多于 Y。被试在这个任务中通常会因为无意中对 Y 做出了反应而犯错。

 抑制的缺乏与许多临床疾病相关，其中包括精神分裂症、注意缺陷多动障碍和强迫症。它还涉及儿童的行为，即在他们没有考虑过自己的行为的时候。人类的抑制能力成长非常缓慢，直到 20 岁出头才会完全成熟。

关于抑制是单一形式还是多种形式这个问题，存在着大量的争议。然而，数以百计的不同任务可以用于测量抑制，且这些任务相互独立，这也就说明了存在许多不同类型的抑制。

- ✓ 运动抑制：对于已经做好准备的运动反应的抑制。
- ✓ 眼动抑制：抑制眼球运动。
- ✓ 认知干扰：由于信息的认知源有冲突而发生的抑制。
- ✓ 长期注意：由于在某项任务上投入过多的注意而发生的抑制。

 反应抑制是注意集中的一种特殊形式，且它涉及了大脑其他参与过程的区域，包括位于背外侧前额叶皮层下方的眶额皮质。

规划和计划

 特定类型的规划是一种执行功能，同时它也可能是一种挑战。比如，当你想做一道星期日烤肉的时候，你必须确保土豆烤好的时机与烤牛肉、西兰花、馅料和约克郡布丁准备好的时候相同（请试着抑制自己流口水）。

从心理学层面而言，心理学家将这种时间规划称为排序，且你可以通过给被试一系列要记住的字母来考查这个过程。基于被试的记忆和你呈现给他们看的字母序列，对他们进行"是否记得某个字母的下一个字母"的测试。这个任务要求他们记住所有呈现给他们的字母顺序。被试会觉得这项任务比仅仅识别一个字母是否存在于他们看过的字母列表中更难。

人们执行处理过程中的代码顺序的方式是将信息与项目做绑定或标记。换句话说，当你看到一个字母的时候，你会对这个字母以及它出现的顺序进行编码。

监测你自己

为了确保你不会以一种特立独行的方式行事，你需要像所有人一样监测你自己的行为和言论。监测是一种比起其他执行功能更为复杂的功能：它包括自我了解、行为表现，以及表现应该是什么样的。此外，在监测过程发生的同时，也在发生着"正要被监测"的过程。

关于监测的测试实验是向被试提供六个目标物。在第一次实验中，他们指向其中一个目标物；在第二次实验中，他们必须指向另一个不同的目标物；接下来，他们需要再指向另一个，等等。这项任务需要他们记住（监测）他们刚刚指向了哪个。研究表明，额叶受损的人会觉得这项测试非常艰难。

监测的另一个原因是寻找自身的错误。每当你完成一项任务，比如写一本书的时候，你很可能会犯一些小错误，比如打错字或者拼错单词（我们在写这句话的时候只犯了两个错误）。监测系统会不断地检查你正在做什么，并通过停止当前任务和提出纠正措施来纠正错误（比如在键盘上找删除键）。

一些有意思的证据表明，大脑会在犯错之后立刻意识到错误。通过脑电图的测量发现，一种称为错误相关负电位的特殊反应会发生在犯错后的仅 100 毫秒内（即十分之一秒），表示了大脑检测到错误的速度之快。

发生位置：额叶

研究揭示了你的额叶（在你大脑中，而不是耳朵里）在我们本部分中描述的大多数执行过程中所扮演的角色。

你的额叶参与了注意和抑制的大脑结构网络中的一部分，这部分被称为顶叶－额叶网络，因为它涉及顶叶皮层和额叶。这些区域会相互作用，从而产生了整个范围的注意和抑制效应。

注意和抑制必须齐头并进：集中注意的过程中包括了抑制目标项目周围的无关干扰源，这突出了执行功能的网络范围之广。

众多的神经影像学资料表明，几乎所有需要运动执行过程的任务都会激活额叶；同时，这也和个人性格有关。

专栏 8-2　事态失控时：执行功能障碍

执行功能障碍仅限于人的额叶受损。通常情况下，额叶受损不会对记忆或者智力产生很大的影响，但它会对某人的精神功能产生巨大的影响。额叶受损人群通常不会做出我们在本章中描述的执行过程。

患有执行功能障碍的人无法集中注意。这种人非常容易分心，很难持续进行对话，因为这种人会说出任何在他们脑中跳出来的内容；执行功能障碍同时也会对任务切换产生负面影响；患者也无法进行抑制，意味着他们会以在旁人看来非常粗鲁的方式行事：他们无法停止说一些冒犯别人的话，也可能会捏造一些故事；对于患有这种障碍的人来说，他们也几乎没有规划和计划能力，如果给予他们大量的训练，他们才能够完成简单的规则和任务，但是无法完成任何复杂的计划。

此外，额叶受损会导致人们对自己的情况意识不充分：他们无法检测自己。因此，他们也不知道自己早上是怎么穿上衣服的，也不知道自己是怎么剃了胡子的（如果没有外在帮助，他们甚至可能不会做这些事情）。患有执行功能障碍的人也很难实施行为或者计划。

第 9 章

长时记忆：你不记得我们的结婚纪念日了

通过对本章的学习，我们将：

▶ 了解心理学家如何将长时记忆进行分类；

▶ 学习保存和寻回记忆的方法；

▶ 对长时记忆遗忘的情形有所了解。

你的记忆是非比寻常的。想想所有你记得的和了解的事情，即使去回想你知道的事物总数都是非常困难的。你在记忆里存储了技能、事件、事实、文字、人群等，涵盖了你一生经验的内容。大体上，本章将着眼于你的大脑如何存储和访问所有的信息。

想象一下，你正在参加一场考试，回答一个关于记忆的问题——你怎么会记得要写什么内容？虽然这个问题看似很简单，实则不然。首先，你需要访问你的记忆，找到（希望你找得到）一些已存储的记忆；其次，你需要利用你的记忆来写作，以及在记忆中搜寻用哪些词；最后，你把答案写下来。

记忆远比你以为的复杂得多。它不是一个简单的、被动的信息存储，而是一个主动的、持续变化的不同处理过程的集合。

在第 8 章中，我们讨论了存储器的多存储模型。该模型中的第一部分涉及了短时记忆，第二部分是长时记忆，也就是我们将要在本章中展开的内容。长时记忆是长时间存储在你的脑海中的内容。

认知心理学家识别了长时记忆中许多不同的认知加工类型、分类和过程。我们将研究不同类型的认知加工如何更好地存储记忆、长时记忆的不同类型，以及你如何保存和找回记忆。我们也会针对记忆无法运作的情况展开讨论，比如大脑受损导致人的长时记忆缺陷的情况。

深度挖掘：记忆加工水平

当学习长时记忆的时候，你需要知道记忆是如何到达长时记忆的，以及什么样的处理能够让你长时间记住信息。

为了帮助理解记忆的过程，英国认知心理学家费格斯·克雷克（Fergus Craik）和加拿大心理学家罗伯特·洛克哈特（Robert Lockhart）于 1972 年设计了一种新颖的实验。在此之前，大多数的研究都将记忆视为一系列的阶段或者组件来进行检查，而没有观察事物在不同阶段之间的位置状态。克雷克和洛克哈特特地观察了这种位置状态，并提出了关于记忆加工水平的框架。

 我们将其称为一个框架而非一种理论，因为这是一个描述性的模型，并没有针对什么是深度加工进行预测。尽管如此，这是一个非常简洁的模型，经受了时间的考验后，它可以用于帮你提高你的学习能力。

 随着加工框架中的水平变得更高，人们加工某个事物的深度就越深，也就越有可能记住它。深度加工也被称为精细水平，因为它涉及针对要记住的信息进行思考（与浅层、表层级别的加工相反）。

为了强调这种差异，克雷克和洛克哈特要求被试以三种不同的方式学习一系列的单词。

✓ 结构编码：陈述单词是否是斜体。
✓ 语音编码：思考词语是否与另一个词押韵。
✓ 语义编码：评估它是否适合放在一个语句中。

 随后，他们对被试进行了一个记忆测试，发现相比起结构层面和语音层面，人们在语义层面会更好地记住这些单词。结果表明，被试在语义层面处理单词的时候进行了精细复述，而当一个单词只是被简单地重复时，只是经过了保持性复述。

而后，研究人员发现，当你以带有个人意义的方式去处理事情的时候（即将事物与你自身相关联，比如记住课堂上的一个话题，因为这是你自己经历过的事情），比起仅仅在语义层面处理它们，你更有可能在这种情况下记住它们（详见图 9-1）。

我怎么记住我新同事Scott的名字

最深层次加工	• 与自身相关 　• 和我最喜欢的歌手名字一样
深层次加工	• 语义含义 　• 这个名字的意思是"一个来自苏格兰的人"
中层次加工	• 语音加工 　• 和"blot"押韵
浅层加工	• 结构加工 　• 只有一个元音

图 9-1　各种类型的深度加工

如果你想记住某件事，那就尽可能深入地加工它。比起简单地对它进行复述，应该让它拥有语义层面的意义，或者将其与自身相关联。这个技巧能够帮助你在需要的时候更好地回忆它。

证据表明，这些不同深度的加工分别由大脑的不同部位负责。浅层加工通常是高度感性的，且与大脑区域中关于视觉的区域（大脑中后方的枕叶）相关联；语音加工与听觉皮层的活动相关；深层的语义加工涉及更多的大脑区域，包括额叶皮层和颞叶；而当你做一件与自身相关的事情的时候，更多的大脑区域会变得活跃，比如位于基底神经节的双侧尾状核——大脑中间的一个区域。

对长时记忆进行分类

心理学家通常将长时记忆分为以下两种类型。

✓ 陈述性（或外显）记忆：即你可以陈述或者讨论的记忆。它是关于你自己、你的生活或者在你一生中了解到的事实的内容。陈述性（外显性）记忆是一种有意识的记忆。

✓ 非陈述性（或内隐）记忆：除了上一种记忆以外的其他所有形式的记忆。你难以形容它，比如你很难描述你是怎么踢球的。所以，非陈述性记忆被认为是无意识的。

陈述性记忆

当心理学家谈及记忆的时候，此时的记忆通常指的是陈述性记忆，它又被分为以下两种类型。

✓ 情景记忆：当有人问及你做过什么事情的问题时。

✓ 语义记忆：当有人问及你关于世界上发生的某件事时。

在这两种情况下，你都有关于你知道一些答案的意识，即使你会时不时忘记（详见第 11 章）。这一分类最初是由爱沙尼亚裔加拿大心理学家恩德尔·图尔文（Endel Tulving）提出的。

回忆生活事件：情景记忆

情景记忆涵盖了你所经历过事件的记忆。恩德尔·图尔文认为，情景记忆具有以下特点：

✓ 近期发生的（以进化的形式）；

✓ 在生命到了一定阶段时发展起来，也就是说，婴儿没有情景记忆；

✓ 最容易受到衰老的影响；

✓ 最容易受到脑部损伤的影响。

你可以将情景记忆与自传体记忆进行区分。自传体记忆中囊括了含有个人意义的事件和经历的详细信息。自传体记忆可以有非常长的时长，而情景记忆相比之下更为琐碎且时长较短。

关于情景记忆存在的关键证据之一来自对脑损伤患者的神经心理研究（详见第 1 章）。英国神经学家雨果·施皮尔斯（Hugo Spiers）及其同事一起回顾了 147 例关于遗忘症（丧失长时记忆）的案例，发现在所有情况下，情景记忆都受损，但是语义记忆受损的比率则较小。

缺失情景记忆的人不会记得他们白天做过的事情，比如他们看过的电视节目或者发生过的对话。但是如果他们有正常的语义记忆，他们依旧可以正常工作。比如，没有情景记忆的孩子依旧可以上学，并进行学习。

通常情况下，海马体受损才会导致间歇性的记忆丧失。海马体是大脑中与耳朵处在一条线上的海马状小型结构部分，包括海马体在内的大脑区域被称为内侧颞叶。

记住事实：语义记忆

语义记忆是你一生中所获得的所有信息的存储处。关于语义记忆的结构尚存在很多的争论和讨论，我们将在第 10 章来讨论它。在此，我们为你呈现了一些关于语义记忆的基本信息，并将其与情景记忆相关联。

语义记忆和情景记忆之间的一个关键区别就是语义记忆更具概念性：知识会被存储为概念，且不会与任何获得它们的经历相结合。例如，你可能知道圣索菲亚大教堂位于土耳其的伊斯坦布尔，但你昨天通过在电视节目上了解到了这一事实的过程是一种情景记忆；如果去年一月你和朋友一起参观了圣索菲亚大教堂而记住了它，这便是一种自传体记忆。

尽管有些患者缺乏情景记忆，但其语义记忆尚佳；而许多遗忘症患者在情景记忆和语义记忆层面都有问题。当脑部受损范围较大，包括海马体周围的脑部区域（鼻周皮质和内嗅皮质）时，语义记忆就会受损。

如果这两种类型的记忆确实不同，一些患者就应该表现出相反的行为模式——双分离（详见第 1 章），即情景记忆情况尚佳，而缺失语义记忆。他们确实如此：语义性痴呆患者无法回忆起语义信息，但通常有有效的情景记忆（相关的详细案例见第 21 章）。

语义记忆通常会比情景记忆更为强烈，因为你已经进行了多次回忆，而你不会很频繁地回忆起情景记忆。而一些你确实经过多次回忆的情景记忆与语义记忆更相似，且往往不会受到海马体受损的影响，比如当你告诉他人你的童年故事。

非陈述性记忆

非陈述性记忆是隐形的：你对它没有意识。你可以很好地记住你的第一堂游泳课（一次情景记忆：详见上一部分），但如果你试图描述你是如何游泳的，你就很难用语言详细描述确切的过程（比如准确地描述哪块肌肉何时运动）。

心理学家将非陈述性记忆分类为以下四种类型。

- ✓ 程序性记忆：关于如何做事的记忆。
- ✓ 启动性记忆：重复性信息和会影响你行为的近期事件。
- ✓ 关联学习：有条件的行为，即你学习将事件或者对象与自身相关联的方式。
- ✓ 非关联学习：习惯，即你通过经验去学习行为和知识的方式。

记得做过的事：程序性记忆

几乎在你的生活中的每一秒，你都在运用程序性记忆。换句话说，你几乎经常在做一些你已经学习到了的事情。程序性记忆存在于每一项你拥有的运动技能中，比如写作、语言学习、走路和进行体育运动。

研究程序性记忆最重要的方法之一就是研究新技能是如何习得的。心理学家经常通过教人们掌握一些没什么用处的新技能的方式来研究这些处理过程。相关例子包括镜像描摹，即看着镜子进行写作（你可以试试看，这项任务难度非常高）、镜像阅读和人工语法学习（详见第 14 章）。

在人们开始学习这些任务的最初几次尝试中，他们很可能依赖于情景记忆和语义记忆（即陈述性记忆）。例如，当你学习开车的时候，一开始每一项任务都是非常艰难的（检查后视镜、转动方向盘、控制手刹、使用指示灯和刹车，这些都只是为了

右转)。

但随着不断地练习，所有的这些能力都变成了一个单一的程序性任务——转向。这个过程类似于我们在第 8 章中描述的分块过程：你会将所有的这些任务合而为一。此时，你所做的事情就很难被描述出来，因为它已经成为一种程序性记忆。

来自脑损伤患者的神经心理学研究的证据表明，有情景记忆和语义记忆问题的患者表现出他们过去拥有的技能。也就是说，他们具有程序性记忆。

英国著名的指挥家和音乐家克莱夫·韦尔林（Clive Wearing）由于病毒感染了大脑而患有遗忘症。尽管他丢失了许多情景记忆和语义记忆，他却依然记得如何演奏和指挥。事实上，他依旧能够学习新的音乐和新的技能（比如对镜写作），尽管他没有任何学习这些技能过程中的记忆。他每次对镜写作时都很惊讶，因为他相信自己以前从来没有这样做过。

进一步的研究表明，即便是严重的遗忘症患者也可以学习现实生活中所需的技能，比如使用新的机器和驾驶。拥有关于学习经历的记忆是有帮助的（因为你知道你已经学会了它），但不是至关重要的。

心理学家认为程序性记忆是由纹状体控制的，这是位于海马体上方的一块大脑区域。然而，心理学家无法对拥有完整情景记忆和语义记忆但缺失程序性记忆的患者进行研究，因为这些患者什么都做不了，且可能是瘫痪的（即使身体上并没有物理损伤）。

启动性记忆

启动是一种无意识的高速学习形式。以下两种形式都意味着重复呈现某物会影响对它的二次处理。

- ✓ 知觉启动：如果你事先感知到了某物，当你再次看到它的时候，你就能对它更快地进行处理。
- ✓ 概念启动：与感知启动类似，唯一不同的地方在于这两件事需要在概念上相关联，而非只是看起来一样。

比如，看到"婴儿"一词使得人们能够更快地识别"婴儿"这个单词（感知启动）和"婴儿床"这个单词（概念启动）。

许多证据表明，遗忘症患者有完整的启动能力。事实上，著名的遗忘症患者 HM（详见第 21 章）的启动能力与正常人相同。语义性痴呆患者没有概念启动能力（详见第 21章），因为他们已经失去了语义记忆，取而代之是以概念的形式出现（详见前文"记住事实：语义记忆"部分）。但是在语义性痴呆患者中确实存在感知启动能力。

启动被认为激活了大脑中与被启动事物相关联的皮层区域。因此，启动"婴儿"这个单词会导致与婴儿相关的所有大脑区域在短时间内变得活跃。这种额外的活动部分使得额外的信息能够相对容易地完全激活这些区域。因此，花上几秒钟的时间检测这些东西就会变得简单点（称为知觉流畅性）。

条件记忆：关联学习

有些学习形式甚至以没有意识性记忆的状态存在。研究表明，即便是遗忘症患者也可以通过训练习惯于新的行为。

- ✓ 关联学习：即你将两个事物联结到一起的方式（比如橙子的颜色、形状和味道，或者在学习时候的图书馆）。这是所有简单学习的基础，即使是婴儿也可以通过这种方式进行学习。
- ✓ 条件学习：即你通过训练和行为纠正，或者将某个刺激与某个行为相关联来进行学习的方式。

缺失情景记忆的儿童可能会习惯于害怕一些事物，最著名的案例是 1 岁的小阿尔伯特。每当可怜的阿尔伯特和一只宠物老鼠一起玩耍的时候，美国心理学家约翰·华生（John Watson）就会在阿尔伯特身后发出巨大的声响来惊吓阿尔伯特。很快，阿尔伯特就对白老鼠产生了恐惧（或者任何毛茸茸的白色物体，包括圣诞老人的胡子）。在阿尔伯特长大后，他依旧留存有这种恐惧，但是却没有关于这个恐惧形成实验的任何情景记忆。

专栏 9-1　心理学即行为

1919 年，美国心理学家约翰·华生创造了一种名为行为主义的方法（详见第 1 章），它只着眼于可视化的行为和某个刺激源之间的联系。行为主义论者认为，学习有以下两种形式。

✓ 经典条件反射：苏联生理学家伊万·巴甫洛夫（Ivan Pavlov）发现，狗能够学会将两种刺激相关联，即能带来食物的手推车的声音和食物本身。狗原本只对食物垂涎三尺，但经过学习了这种配对之后，狗对手推车的声音也变得垂涎三尺。

✓ 操作性条件反射：为了提高某个行为再次发生的概率，会对特定的行为进行激励（如奖励食物）或者对特定行为进行惩罚，以降低行为再次发生的概率（如打一巴掌）。因此，行为可以用简单的刺激 – 强化 / 负强化 – 反应来解释。例如，教导孩子学会整理房间的方式是在他整理了之后奖励他一点，但奖励不要过于频繁，否则他可能会变得强迫性地整理房间。

这些学习形式被认为与大脑区域相关联，包括小脑（用于操作调节）和杏仁核（用于经典的恐惧调节）。

学习习惯：非关联学习

学习行为可以通过简单过程来发生，比如适应和敏化，这两者都是无意识的学习形式。

✓ 适应：当长时间接受某类特定刺激后，反应会削弱。比如，当你第一次穿上衣服的时候，你会觉得这些布料在摩擦你的肌肤，但是过了一会儿，你就意识不到这种感觉了。美国发展心理学家罗伯特·范茨针对儿童感知的有趣实验证明了这种适应现象。他把婴儿被试放进观察室后，向他们呈现某个刺激（比如国际象棋棋盘图案）。

最初，婴儿会看着图案，随后他们就会变得厌倦（适应了它）；在他换了另一个新的刺激给婴儿被试看的时候，他们会表现出新的兴趣，由此可以假定婴儿被试能够分辨出这两幅图案的区别。

✓ 敏化：类似于适应，但这种情况下反复接受某个事物的刺激可能会导致被试对其产生过度反应，这种情况会发生在尤其使人不快的事情上。例如，你的伴侣打鼾的声音让你非常恼火（尤其是在当你准备睡觉的时候）。这个声音会让你越来越恼火，而不会让你适应它，因为你对声音变得越来越敏感。

关于人们适应或者敏化某个刺激源的信息会存储在人们的记忆中。当人们受到这种刺激的时候，他们只会通过大脑的反射通路对其进行响应。

> ### 专栏 9-2　加工长时记忆
>
> 最近，瑞士心理学家凯瑟琳·亨克（Katharina Henke）提出了关于长时记忆的加工集成。她认为，不同类型的加工能够对不同类型的记忆进行区分，而不是将记忆划分为不同的系统。亨克的理论基础是，学习是通过形成联系（事物之间的联结）来完成的。这些联结可以是灵活（易于改变）的，也可以是固定（永久性结构）的。因此，记忆涉及了三个过程：由海马体进行灵活联结的快速加工；由纹状体进行固定联结的缓慢过程；以及由海马旁回进行针对熟悉事物或者提前启动事物的专门快速加工。

存储和回忆长时记忆

信息需要恰当地存储在你的长时记忆中。在前面的"深度挖掘：记忆加工水平"部分，我们提出不同类型的处理有助于记忆存储，但处理框架的层次并没有告诉心理学家记忆是如何存储的。

此外，在记忆存于脑海中之后，你需要能够使用这些记忆（否则存储它们就没有意义）。记忆可能像是一个装满了知识的仓库，但这些知识需要时不时地拿出来使用。这个过程称为提取。

在这一部分中，我们将研究参与信息存储并从你的记忆中提取信息的活动过程。当然，这些过程涉及对过去发生的事情的回忆，但还包括另一种类型的记忆——对未来的记忆。

巩固记忆

 大脑存储记忆的过程称为巩固。巩固过程会修改你的感知系统中已编码的信息，将其与你同时学习到的特征进行绑定和组合。换句话说，它能够将记忆牢牢固定住。

巩固需要大量的时间，这意味着成功存储记忆的过程可能被增强也可能被削弱。

✓ 增强巩固：
- 在学习之后服用刺激中枢神经系统的药物，能够增强学习能力，其他自然产生的兴奋剂也可以增强巩固，其中包括运动后会释放的内啡肽；
- 在学习之后小憩能够提高程序记忆的巩固程度，也会小幅度地提高语义记忆的巩固程度（关于这些记忆的更多信息详见前面"记住事实：语义记忆"部分）。

✓ 削弱巩固：
- 对大脑进行电击（学习后的 14 小时内）；
- 大脑缺氧（由窒息引起的缺氧）；
- 特定药物（如治疗创伤后应激障碍的药物普萘洛尔）。

 巩固有以下两个阶段。

✓ 大脑的记忆中心内的细胞稳定过程。这个过程可能需要几分钟或者几个小时才能完成。
✓ 对大脑中存储了你所有现存知识的区域进行重组。这个过程可能需要几天、几个月或者几年才能完成。

重组阶段发生在海马体，因此海马体是大脑中最重要的记忆结构之一，它通过同时激活记忆的所有特征再将它们结合在一起来对记忆进行重组。海马体可以通过同时激活新的记忆和记忆中的现存信息来将它们结合在一起。我们通过图 9–2 中阐述了这个过程。

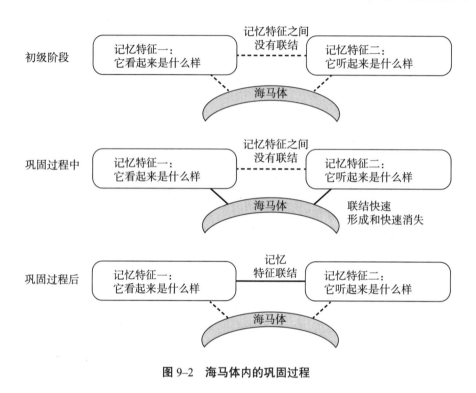

图 9–2　海马体内的巩固过程

提取记忆

如果你的记忆只能用来存储信息，它就用处不大。此时它就像一个没有访客的图书馆，安静而沉闷。当然不会就此而已，你还需要从你的记忆中提取信息。有趣的是，认知心理学中的这一个领域并没有像信息存储一般受到研究人员的大量关注。

下面，我们将讨论三种类型的记忆提取。

✓ 主动的 / 有意的提取：即当你试图有意识地想起某些信息的时候。

✓ 被动的 / 无意的提取：即当你无意间想起某些信息的时候。

✓ 再认：知道你曾遇到过某个事物。

认知心理学家经常使用略微不同的技巧来研究这三种类型。虽然以下我们给出的例子是关于单词的，但这些形式的记忆提取能够应用于所有类型的信息。

✓ 主动且自如地回忆，即有意的提取：被试被要求尽可能多地从给他们看的单词列表中回忆更多的单词。

✓ 在提示下回忆，以触达无意的提取：研究人员会给被试提示以帮助他们进行记忆。例如，向被试提供单词列表中的某一个单词，并要求被试回忆起下一个单词。

✓ 再认：向被试展示一系列单词，仅要求他们识别他们是否看到过某个特定的单词。

有意的提取

提取能够将记忆带回到活跃状态下，并恢复曾经这个记忆在活跃状态下的每一个方面。事实上，记忆提取会改变一段记忆，使得这段记忆经过巩固过程（详见前一部分），这意味着这段记忆可能会被破坏或者被影响，就像它是新学习的内容一样。

一些心理学家将这个过程称为再巩固，因为这个过程中你恢复了在巩固过程中学习信息时相关的大脑激活模式。这时大脑激活模式与之前的唯一区别是，它是从大脑皮层开始的（即存储记忆的地方），随后转移向海马体（即巩固记忆的地方），再转移向感觉皮层（即感知项目的地方），而在之前的编码过程中，这种模式的方向是相反的。

记忆提取不会产生与学习过程中看到的相同的大脑激活模式，因为学习需要涉及更多的处理过程，且有些信息并未被妥善存储。提取后出现在你脑海中的记忆也可能以改变过的模样出现。

有意识的提取主要依赖于大脑额叶的引导。这些区域控制着注意、思考和深思熟虑的行为。额叶受损的患者通常很难进行记忆提取。即使他们能够提取事实相关信息，他们也想不起他们是什么时候通过什么方式学到这个事实的（称为源失忆）。

无意的提取

有时候你会控制不住地记住一些事物，这种情况常发生在你焦虑或者担心某件事情的时候。此时你的思绪游离，且你会想起许多的事情。所有的事情都很烦人，甚至会使你夜不能寐。

这种使人恼火的倾向源于记忆的提取取决于线索：帮助指向记忆的提示或者线索。这些线索可以是外部的，也可以是内部的。

> ✓ 背景：当你身处于你曾经得到某段记忆时的老地方时，记忆就更容易被找回。
> ✓ 状态：当你处于你曾经得到某段记忆时同样的身体状态下时，记忆就更容易被找回。
> ✓ 记忆法：在学习过程中，如果你能将信息与你记忆中已存储的事物相关联，你日后就能更好地回忆它。

线索有助于记忆提取，因为当你在学习信息的时候，你不只是简单地对信息进行编码；相反，你是在将信息或事件的所有特征绑定在你的记忆中，你试图将正在学习的信息的各个方面之间形成联结。因此，当你把信息存储在大脑中时，它便根据信息、环境背景和你学习时的状态进行了存储。

为了能够顺利地进行记忆提取，你尝试触达现存的记忆，这个过程需要你找到通往记忆的路径：针对这段记忆的线索越多，记忆提取就更容易；你越能够恢复学习时的背景，你就越容易回想起相关信息（称为编码特异性原则，更多细节详见第 11 章）。

 因此，即使有时候你不想进行回忆，你也会发生回忆，这是因为这段记忆的线索变得活跃了。随后，这些线索就会激活附着在它们身上的记忆。当你焦虑的时候，所有和焦虑相关的记忆都会被激活，源源不断地涌入你的脑中。

再认

再认是指你看到了你曾经看过的东西且你知道你认识它的过程。例如，某天你步行上学或者上班途中遇到了某人，他向你说了声"你好"，你会礼貌地回应他，因为你知道你认识这个人，但你不记得他的名字。这就引发了一场尴尬的对话，其中你试图想起他是谁，但他不会知道你没想起他的名字。

再认是记忆的核心，因为它是确定你所见的是新事物还是熟悉的事物的无意识过程（且需要谨慎思考）。它不同于回想，回想是针对某个事物你有着清晰的情景记忆（我们在前面的"回忆生活事件：情景记忆"这部分内容中讨论过）。与回想不同，识别并不基于线索，而是基于对某个事物的了解。

认知心理学家可以使用记得 / 知道程序来测试情景记忆。被试会接受一个记忆测试，研究人员会要求被试学习一些单词，随后向他们展示更多的单词，并向他们提问是否见过这个单词。如果他们说见过，研究人员就会问他们是确实记得（此时有情景记忆附着），还是只是觉得眼熟（一个知道反应）。

再认在以下方面与回想不同。

✓ 再认的速度更快，且更少地受到上下文和状态的影响，因为记忆不需要这些线索。
✓ 无法再认某事物是因为该项目没有存在于记忆中，而无法记忆某事物则是因为缺少适当的记忆回想线索，或该项目并未存储在记忆中。

回到未来：前瞻性记忆

前瞻性记忆对你的生存而言至关重要，它能够记住未来的事物。前瞻性记忆涉及人们如何能够记得做事的方式，比如记住明天下午要去咖啡馆和帅哥约会。因此，它依旧涉及进行记忆，但在进行记忆的同时也会面临额外的问题。

专栏 9-3　我知道我记得你

当人们正在记忆某事的时候，多个大脑区域会比人们只是在识别某事的时候更活跃。

✓ 海马体：位于内侧颞叶，通常与记忆相关的大脑区域中的小结构。只有海马体受损的患者才会有记忆问题，而没有识别问题。
✓ 嗅周皮层：海马体周围与识别判断相关的大脑区域。这个部分区域受损的患者无法识别出他们本该熟悉的事物。

认知心理学家发现了两种前瞻记忆：

✓ 基于时间：记住在限定时间内做某事。
✓ 基于事项：记住在特定事项发生的时候做某事。

基于事项的前瞻性记忆比基于时间的前瞻性记忆更可靠，因为事项可以成为进行记忆的一个线索。

前瞻性记忆有五个阶段：

✓ 形成做某事的意图；
✓ 为得到事项相关线索（如另一个事项或者时间线索）而监测环境；
✓ 监测线索的存在并回想意图；
✓ 回忆起意图；
✓ 执行意图。

这些阶段包含了所有过去的记忆可能出错的机会，以及在形成做某事的意图和执行该意图之间加入的为了能够使这一过程长时间保留的组件。这种长时间的延迟可能会导致其意图从记忆中消失或者受到干扰（有关遗忘的所有信息详见第 11 章）。

前瞻性记忆和对过去的记忆之间还有一些不同之处。

✓ 通常是关于什么时候做某事，而非某事是什么。
✓ 它更依赖于内部线索而非外部线索，因此前瞻性记忆更为脆弱（对于记忆而言，前瞻性记忆通常是更有力的外援）。

许多飞机坠毁的悲剧案例都凸显了前瞻性记忆的脆弱。虽然这种情况非常少见，但是确实会出现失误，且成因通常就是飞行员的前瞻性记忆。当人们在规划了某个任务后被强制打断就更容易犯前瞻性错误。想想有多少次你开始工作的时候，你忘记了计划要去做的某件事，原因可能是你见到某人的时候分心了，且这种分心会干扰线索。

当记忆失控时

人们不会记得发生在他们身上的所有事情，他们总会忘记一些事，比如自己什么时候结的婚，或者自己几岁了（尽管后者在通常情况下很可能就是故意的）。我们将在第 11 章中阐述相对较小的干扰，但正如我们在这一部分中将要描述的更重要的，记忆丧失也存在。

与大脑受损相关的记忆丧失主要存在以下两种形式。

✓ 顺行性遗忘：人们无法形成新的记忆。
✓ 逆行性遗忘：人们丧失了曾经的记忆。

这些类型的记忆丧失可能源于头部损伤、严重的酒精中毒或者内侧颞叶部分受损。这些情况通常会破坏情景记忆（即你自己一生的记忆）。详情请查看前面"陈述性记忆"这部分内容。

在这一部分中，我们将详细介绍这两种类型的遗忘症及其相关例子，并展示了认知心理学家从它们之中发现了什么。

无法形成新的记忆

顺行性遗忘症患者的非陈述性记忆通常是完好的（详见"非陈述性记忆"部分内容），所以他们依旧可以学习新的技能。

想想在电影《记忆碎片》（*Memento*）中，盖·皮尔斯（Guy Pearce）饰演的角色失去了形成新记忆的能力。他的经历相当准确地描述了顺行性遗忘。他的生活就像是从上一个时间段突然到了下一个时间段，甚至有时候他都不知道自己是怎么去到某个地方的或者自己在做什么。

克莱夫·韦尔林的顺行性遗忘症的模式非常典型。据韦尔林（我们在前面"记得做过的事：程序性记忆"这部分内容中介绍过他）描述，他的生活处于一种持续不断的感觉状态里，仿佛他一直像是刚睡醒一样。他清醒的时候意识并不连贯，他唯一的意识存在于在某个特定的时刻的注意。一旦他分心了，带来的效果就是他像刚睡醒一样。他能够结识陌生人并跟他们成为新朋友，但是第二天起来他就记不得他们了。

已存记忆丧失

许多电影［比如《谍影重重》(*The Bourne Identity*)］和电视节目对逆行性遗忘症进行了描述，包括一些角色的头脑受到重击，并失去了关于自身的所有记忆。

 如果让你回忆你一生中骑自行车时发生的 10 件事，比较可能的情况就是你会记得贯穿你人生历程中的所有相关事项，你会强调近期发生的事情，但也会包括过去发生过的事情。但如果向逆行性遗忘症患者提出同样的问题，就会得到一个完全不同的模式。逆行性遗忘症患者会回想起他生活中更久远之前发生的事情，而不会回忆起近期发生的事情。这种时间梯度说明，比起近期的记忆，陈旧的记忆会被存储得更为牢固（这种理论有时称为里伯特定律）。

逆行性遗忘症患者能够在他们从小长大的地方来去自如，但如果要求在他们目前的居住地附近四处走走，他们就会很挣扎。

 针对这种模式，存在两种主要的解释。

✓ 关于强化记忆的记忆巩固和再巩固：每次一个记忆被重新激活的时候，它就会被强化，且会有更多的回忆线索，而且日后更不易于被破坏。
✓ 情景记忆语义化：比起近期记忆，久远记忆涉及的情绪和情景会更少。事实上，久远的记忆就类似于语义记忆（在遗忘症中，语义记忆没有受损）。这表明，久远的情景记忆已经变成了语义记忆（我们在前面"陈述性记忆"这部分内容定义了这些记忆类型）。

 逆行性遗忘症是由海马体和周围脑部结构受损引发的：这些区域的损伤范围越大，记忆丧失就越严重。逆行性遗忘症的另一个常见原因就是科萨科夫综合征（Korsakoff's syndrome），这种症状的成因是缺乏维生素 B_1，通常源于长期饮酒。

第 10 章

人类是如何学习知识的

通过对本章的学习，我们将：

▶ 掌握如何把知识概念化；

▶ 掌握把知识分组为结构；

▶ 掌握把事物归类。

我们希望你现在回想一下英国流行乐男子组合单向组合（One Direction），对于一些人而言可能很快乐，对另一些人来说可能很痛苦。不管你喜不喜欢这个组合，你可能都听过他们的歌曲，也知道一些成员的名字和他们的个人情况，也许你还能想象出他们的样貌。以上所有方面都称作为语义知识。

正如你所看到的一样，你的大脑可以以各种形式表达关于同一个项目的知识。

✓ 事实：你知道单向组合是从英国选秀节目《X 音素》（*The X Factor*）出道的男子组合。

✓ 视觉：你能够轻松地想象出你最喜欢的那位成员好看的外在特征。

✓ 声音：你可以想象出这个组合的音乐。

✓ 气味：你知道单向组合新发布的香水 Between us 的气味迷人。

✓ 触觉：你记得砂纸的材质摸起来非常粗糙。

✓ 味觉：你能够回想起祖母家晚餐烧烤的味道。

请注意，你可能并不了解单向组合成员的感觉或者他们的味道，除非你非常了解他们。

不管是关于单向组合或者任何其他事物，认知心理学家非常好奇你是如何存储和组织你获得的所有信息的。本章将着眼于思考某个知识获得期间最重要的两个问题：大脑是如何能够描述这广博的信息量，且它怎么知道该如何联结（或者绑定）这些信息的（详见第

8 章和第 9 章中关于长时记忆和短时记忆的内容）？

心理学家已经提出了许多关于知识如何存储的理论。在此，我们将讨论关于概念的思考，以及它们如何被组织成层级结构、轮辐、图式和脚本。我们也会着眼于一些关于呈现知识的理论，以及认知心理学家认为的大脑呈现出知识的方式。

将知识视为概念

大多数认知心理学家认为，知识是以概念的形式存储的，即以各种类型的抽象形象表示。为了运作这个系统，人们需要长期地持续使用这些概念，且有能力将这些概念与不同的人分享。这种能力对于沟通对话而言非常重要，如果人们对同一个词语有着不同的概念，沟通就会变得极其艰难。

关于任何一个词或任何层级的内容你都可以拥有概念。比如，你可以有关于人的概念、关于男生的概念、关于丈夫这个群体的概念，以及关于属于你自己的丈夫的概念。

介绍关于概念的理论

你可能会认为，这个概念就像是字典或者百科全书中的词条一样。这种对于概念的解释很有趣，但是过于简单化。当你在玩文字解谜游戏的时候，这个解释就能够适用，但其实人们很少会在生活中每一次都以完全相同的方式来使用概念。

通常，当你有比较困难的目标需要达成的时候，你就需要理解一个概念里包含的不同方面。其实，目标物的概念必须与它们的作用相结合。也就是说，在大脑中关于概念的大脑区域和关于行动的大脑区域之间存在联系。

认知心理学家对大脑存储概念和知识的形式非常感兴趣。一般来说，认知心理学家确定了四种主要的表示形式。

✓ 图像：大脑只能以源于世界的图像来存储知识（因此，就是以一种感觉形式、格式或者意义）。这些图像代表了时间线中的特定时刻和视野中的特定区域，就像一张照片一样。

✓ 特征记录：大脑根据一些特征组合的用处来存储知识。这些特征全部源于同一种感觉形式。其理论是，生物能够表达出一个特征组合的作用。比如，青蛙可以察觉到小而圆的目标物的运动，并将这两种有意义的特征与昆虫的表达相关联（结果就是一个美味的食物）。

✓ 符号：技术层面上称为非模态符号。这种类型的表达并不局限于一种形式；相反，它们含有关于项目如何相互作用的信息，其中包括属于一系列某一个类目里的所有属性。这些属性是高度抽象的。比如，对于青蛙而言，苍蝇有几个特征，其中包括苍蝇的味道、声音、运动模式和外观。

✓ 统计：从技术层面而言，统计就是神经网络中的计算模式。这种方法有非常强的计算性，且基于一个理论，即当某个概念处于激活状态的时候，一系列相关联和联结的特征也会被激活，这种模式就叫作概念化。概念是抽象的实体，它使用了不同感官获得的信息，且这些信息不与任何特定的感觉形式联系在一起。

关于你是否可以对于你说不出名字的事物拥有相关概念存在一些争论（详见第 16 章）。大多数知识模型无法表达这样的内容：它们会假定你必须先为某些事物创造一个词，才能用来表示它。

顺序概念：层级结构

在你明白知识是以抽象概念被存储（详见前一部分内容）之后，你需要确定这些信息是如何相互联结的。例如，某个人的概念怎么与你丈夫的概念联系在一起的？这个问题中包含了两个相关问题：不同层级的概念如何相联结，以及同一层级的概念之间如何相联结。因此，你就需要考虑关于表达的不同层级。

我们将着眼于大脑呈现知识的两种方式：一个是本部分的层级结构，另一个是下一部分中的轮辐模型。

在继续往下阅读之前，请看图 10–1。

图 10-1　你如何对这个目标物进行分类

当你需要识别某件事物（给它贴上标签）的时候，你倾向于使用不同的层级来识别，也就是心理学所说的层级结构。

✓ 一般层级：最高层级是概括性的、模糊的、抽象的，不会提供大量的具体信息。比如，你可以说图 10-1 表示了一个"动物"。

✓ 基础层级：这个中级层级蕴含的信息多于一般层级。人们更易于思考出对于基础层级的特征。比如，当看到图 10-1 的时候，许多人会进行到基础层级，并将该图描述为"猴子"，或者更准确地称为"猿"。

✓ 特定层级：基层或者从属级别层级是针对特定对象的，其中所蕴含的信息非常丰富。比如，如果你知道图 10-1 中生物的名字，你就会给它贴上"猩猩"的标签。如果你更为了解的话，你甚至会知道它的名字叫 Tuan。

这一种层级结构类似于科学家对自然世界中的生物进行分类的方式，由《帝国：动物世界》（*Kingdom: Animalia*）开始，再进行到物种层级（图 10-1 中的猩猩是婆罗洲猩猩）。

　　人们根据前后背景在每个层级使用各种概念，但通常会使用处于基础层级的名字。美国心理学家埃莉诺·罗施·海德（Eleanor Rosch Heider）和同事一起做了一个实验，其中他们展示了如图 10-1 的一系列图片，并要求他们在每个图片中写出该事物的名字。埃莉诺·罗施·海德发现，人们使用基础层级的名字的次数为 1595 次，使用特定层级的名字的次数是 14 次，而使用一般层级的名字只有 1 次。这表明了人们对于基础层级概念的偏好。

但有一种目标物，人们针对它会使用特定层级——人脸。当你看到一个你认识的人的脸时，你会说出这个人的名字，即使用了特定层级的名字，而不是说他是"人"。

专业知识似乎也会影响你所使用的层级。灵长类动物学家看到图 10-1 可能会运用特定层级，即称之为婆罗洲猩猩。请注意，比起专业知识，也许更恰当的形容是熟悉程度。如果你向人们展示一个他们熟悉的建筑物，那么他们使用特定层级的名称会比使用基础层级的名称更快。

说出目标物的名字往往运用了基础层级，但这个层级并不是将目标物进行分类的最快层级。为了速度更快，人们倾向于使用一般层级，这说明一般层级是第一个出现在脑海中的层级。

轮辐模型

当你思考某个概念（如"奶酪"）的时候，你可以想象它的样子，或者想象它的气味、味道或者它类似橡胶一样的质地。你会在每一种感官模式中想到一个概念，而不是通过层级方式针对性地思考。基于这个想法之上，英国神经学家卡拉琳·帕特森（Karalyn Patterson）和同事一起提出了轮辐模型，作为除了层级结构以外的另一种思路。

轮辐模型是以自行车轮为灵感的想法，它含有一个中心轮轴和向外辐射的辐条（详见图 10-2）。中心轮轴代表了概念的核心，而不具备任何的感觉。它与每一个辐条相连接，这些辐条就是特定感觉的代表。这些辐条与你如何感知和能够运用这些概念相关联。

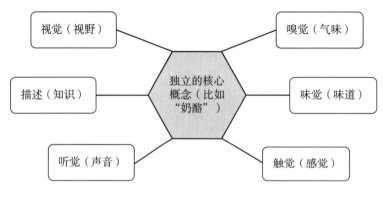

图 10-2　轮辐模型

在你脑海中组织知识

除了用概念来描述知识（详见上一部分）以外，你还可以思考知识是如何以另一种方式来表示的。你可以将概念分组或者意元集组在一起（类似我们在第 8 章中描述的意元集组）。

当信息被分组到一起之后，认知心理学家把这种表示知识的方式称为图式。如果这个概念指向了行为或者表现的某种方式，他们便称之为脚本。

我们在这一部分中将描述知识的这两种形式，以及阐述人们如何表示空间知识。

比如，有些人可能有使用驾车买快餐免下车的脚本。司机的图式包括了需要开车到快餐选购窗口、下单、支付，再开车到其他地方领取快餐。我们假定这个流程是正确的，我们不会开车，也没有使用过驾车买快餐免下车服务，我们通过看一部美国电影得到了这个图式。这个图式或者剧本是有帮助的，因为它能够让司机知道怎么做才能达到他的目的（购买汉堡）和预期。就处理方面而言是有好处的，因为司机可以在许多不一样的环境下（即任何的驾车买快餐免下车）使用相同的图式，而不需要每次都从头开始学起。

图式杂乱地存在于人们存储信息的方式中。如果没有图式，这个世界将变得非常混乱。例如，一些脑损伤患者没有关于脚本的问题，但是在概念上存在严重的问题（他们患有语义性痴呆）。还有一些大脑颞叶受损的患者，在概念上不存在问题，但却很难规划和组织自己的行为，说明他们脑中没有已经存储的脚本。

想办法去了解

图式是关于知识的大型结构，它将一组概念联结在一起，形成了关于事项或者事物的知识。当图式涉及一个事项的时候，认知心理学家便称之为脚本（详见下一部分内容）；当一个图式是关于一个事物的时候，他们便称之为框架。

 图式能够将你现有的知识进行整合，并会影响到日后信息的存储方式。因为图式是基于现存知识存在的，人们不易于回忆与他们图式不一致的信息。回忆图式性信息需要多付出一些努力，但是不在你的图式内的信息更难被记住，且需要花更多精力来处理。

例如，如果你看到一张房间的照片，这个房间里有一个稍微出乎你意料的目标物。随后对你进行一个记忆测试，你往往记不住那个稍微不寻常的目标物（事实上，你经常能"记住"房间里没有的物件，但与你拥有的关于什么应该在房间里的图式保持一致）。但如果这个目标物极其地不寻常，它就会吸引你的注意，反而更容易被记住。

英国心理学家弗雷德里克·巴特利特（Frederic Bartlett）进行了一项经典的关于图式的研究——幽灵之战研究。他让他剑桥大学的学生读了一个加拿大的传统鬼故事，他发现学生无法记忆与他们现存图式不一致的信息（即与他们的文化不一致）。

 刻板印象是一种特殊的图式，它结合了与特定人群相关的所有概念。刻板印象往往是消极的，且很少含有准确陈述。社会心理学家经常会做一些针对刻板印象的实验，但是专栏 10–1 "虚假的联系"则是认知心理学给出的一个关于刻板印象形成的解释：为什么刻板印象是不准确的，以及大脑懈怠带来的结果。

专栏 10-1　虚假的联系

美国心理学家大卫·汉密尔顿（David Hamilton）和理查德·吉福德（Richard Gifford）发现，刻板印象的成因可能是虚假相关性的结果。人们的大脑是懒惰的，并会根据最少量的信息形成联系。如果有一件事是不寻常的，人们倾向于认为它与其他不寻常的东西相关，而不会考虑它们是否真的相关。

汉密尔顿和吉福德向被试描述了两组人的行为，其中第一组的人数比第二组的多。他们描述的行为有好有坏，但研究人员描述更多的是好的行为。关键在于，这两组被试被描述好的行为和坏的行为的比例是相同的。然而，这项研究的被试将人数较少的组描述为坏行为的比例更高。这样的联系显然是错的，但是被试会觉得这是正确的。

许多人对于罕见群体保持了消极的态度，怀疑他们会做出更多不好的行为。事实上，人们高估了少数民族的犯罪率，因为犯罪行为非常罕见，犯罪也是特殊情况，且成为罕见群体也是非常特有的情况。几乎所有数据都表示，人群数量大的群体中的人比罕见群体中的人更容易犯罪。

将知识写成脚本

脚本是关于事项如何在时间上排序以及恰当条件下人们应该以什么特定方式表现的特殊图式。例如，走进教室后，你坐在了桌子的后面，拿出了你的纸和笔，然后（安静地）等待老师的到来（我们会不会期望太高了）。

美国心理学家约翰·布兰思福特（John Bransford）和玛西娅·约翰逊（Marcia Johnson）共同进行的一项研究表明了脚本如何帮助人们组织知识。他们会向被试提供以下的文本：如果这是关于一个活动的脚本，那么是哪个活动呢？

这是一项非常令人沮丧的任务，但幸运的是你不需要经常这样做，虽然经常做会更好。首先，你需要把它取出来；同时，你还需要所有其他的部件，因为不同的部件有不同的用途。当一切都准备好了，你就可以开始做了，但必须确保开始前没有任何能够阻碍你的物品了；如果有，你就需要将阻碍物移开，一开始就扫除障碍要比中途停下来更好。如果你不这样做，你就不得不中途停下，并重新开始。当你开始了之后，你必须遵循恰当的指导方针。这应该非常简单，连孩子都做得到。你需要彻底地执行它，确保你覆盖到了每一个区域。如果你不这样做，那么以后可能就会很糟糕。你可能需要在不同的时间更换部件，但这取决于你。当你做完了之后，你就需要把里面的东西拿出来，然后把它放好。

最初，被试很难理解或者记住文章中的要素，除非给他们看文章的标题。但当他们知道了标题之后，他们就能记住所有的要素，并轻易地理解全文。这个实验表明，知识是以概念分组进行记忆的，而不是单独存储的。

这个脚本指的是用吸尘器来打扫卫生。让你的朋友也用这篇文章测试一下，看看他们在知道和不知道文章标题的情况下分别能记住多少内容。

用路径找到思路

在考虑知识的时候，你经常会想到了解事实或者执行某事的方法。路径是结合了这两个方面的重要知识合集。为了能从家里走到学校或者去令人振奋的地方（比如图书馆），你需要知道路径和目标。

此时，人们需要两种类型的环境知识。

✓ 路径：从一个地方去到另一个地方的特定路线。
✓ 调查：类似于地图的环境知识（与环境中较丰富的经验有关）。

对于路径和调查的知识很大程度上取决于个体，因为它是以自我为中心的。如果你要求人们画出一张他们国家的地图，他们会夸大离他们比较近的地方的间距。

当人们思考自己的城市的时候，他们会着眼于以下五个要素，这些要素是根据他们在环境中的经验累积起来的。

✓ 路线：人们走的道路。

✓ 边界：城市边界，包括城墙。

✓ 区域：城市内的独立部分。

✓ 节点：环境中重要的部分，如公园。

✓ 地标：环境中不可使用的重要地点，比如历史遗迹。

在脑海中呈现事项

人们经常把知识看作一种固定的结构，好比图书馆里的书，了解人们如何将新知识吸收进大脑是非常重要的。但知识通常是在动态设置下使用的，我的意思是，你会经常将新知识与已存于脑中的知识进行比对。

在这一部分中，我们将着眼于一些认知心理学理论，并更细致地探讨这些理论。这种思考知识的方式主要设计了具体的目标物，即你能够触摸的实物（如混凝土）。

定义属性

简单的知识模型会运用规则或者定义。基于定义的模型通过查找特定对象的共有属性（特征）来工作，这些共同的属性形成规则。

如果你尝试列出一条鱼的属性，你可能会像大多数人一样列出一些相似的特征。

人们大脑中对每一种目标物都存有一系列的属性。当你看到了一些新事物的时候，你也会列出其所有的属性，随后将它们与你已经掌握的知识进行比对。

假设你认为鱼是由鳞片、鳍、会游泳、生活在水里这些属性构成的，现在你看到了一只蝾螈，它似乎有鳞片（但没有），会游泳（有时），生活在水里（有时）。如果你以前没有见过它，你就可能会觉得它是一条鱼，直到你获得了足够的知识能将鱼与蝾螈区分开。

类似于我们在第6章中描述的物体感知模型，这一理论是人们会将目标物分解为组成部分来识别它们。事实上，感知和知识研究人员已经提出了相似的模型（不消说，因为如果不知道事物的外观、声音、感觉等，你就无法拥有知识）。

联结所有鱼类的共同属性列表是人们用来将某物定义为鱼类的特征。这些公共属性必须适用于所有示例，才能使这一类别生效。

 适用于基础层级类别的共同属性比适用于一般层级类别的属性更加具体。特定层级的类别含有更加具体的特征，能够用来定义它们（更多关于类别的信息详见前面"顺序概念：层级结构"这部分内容）。这些特征使它们变得独特，并能够在基础层级类别里与其他目标物区分开。例如，金鱼具备了鱼类所有的共同属性，但它还有一个独有的特征，即它是金色的（或者橙色的）。

所创建定义的规则必须足够具体，才能区分目标物的类似类型，但是不能太过于具体。比如，假设你把猫定义为一种四条腿、毛茸茸、会发出咕噜咕噜声音的动物，然后你就发现了一只斯芬克斯猫。它没有毛，所以使用这些规则，你可能就不会觉得它是一只猫；但它的确是一只猫，而且可爱得像外星人。

 这些规则往往会在大脑的额叶区域进行处理。神经科学家已经证明，当使用规则对事物进行分类的时候，额叶运动区域会比大脑其他的区域更为活跃。

与平均水平相比较

 原型理论是用于思考人们如何在大脑中存储知识的另一种范式，我们在第 6 章讨论如何识别目标物的时候会考虑原型理论的一个版本。这个想法是大脑存储某样东西的平均样本。

当你想着一条普通的鱼的时候，你可能会在前文"定义属性"中描述出类似我们列出的描述（鳞片、鳍等）。你会把所有接近于那条鱼的图像快速归类为鱼。而当你看到的东西和那个图像不一样的时候，你就不会把它看作一条鱼。因此，当你看到一种不常见的鱼的品种，比如狮子鱼，一般情况下你很难会把它归为鱼类。当然，如果你熟悉这个名字，那么在特定层级上对它进行归类并得出它的名字就会更容易。

这一理论对于有原型的目标物非常有效，但是对于可能没有平均印象的更困难的概念而言，它就比较麻烦了。例如，什么是一般层级概念的"游戏"？这个答案很可能取决于你是否喜欢运动、喜欢棋盘游戏还是一个赌徒。你真的能找到一个准确结合了足球、大富翁和扑克牌的原型吗？要找到联结这三个事物的组合的特征是非常困难的。

检查范例中的理论

 呈现知识最简单的方法可能是存储每个单独的类别成员的记忆，它被称为范例。其逻辑是，每次看到特定类别的对象时，你都会存储关于它的一个新的表示。

例如，你看到了一只黑猫，然后你会把它加入你脑中关于猫的样本库中。然后你遇到了一只白猫，你也会把它加入你对猫的知识中。现在你就知道了，猫可以是黑色的，也可以是白色的。随着越来越多的样本存储在你的脑海里，你就有了关于一个类目的精准表示。

 有足够的证据证明，大脑会存储目标物的样本。不幸的是，对样本的记忆可能会阻碍人们对事物进行正确的分类。例如，许多人都看过非洲猎豹的模型；随后，将一只花豹进行分类就会变得比较困难，因为这两个物种存在相似之处。

当存储样本时，大脑的感觉区域使用率会高于大脑的记忆区域。

把知识放进大脑

研究大脑如何以及在哪里存储概念（在前面"将知识视为概念"这部分的内容中）的一个简单的方法是，在人们针对某个目标物进行思考的时候测量大脑的活动。我们现在来阐述两个这样的研究。

以模块进行存储

 一系列理论表明，大脑中的模块能够存储和处理特定的事物。正如我们在第 1 章中所陈述的内容，模块的理论是认知心理学的核心之一。如果这是真的，大脑的不同部分就负责存储不同类型的知识。在这种情况下，你应该能够观察到特异性障碍，即某人的脑部受损后，也就意味着他失去了对于某一类型概念的知识，而不是其他概念。

有些患者确实很难识别生物的图像，但是却保留了一定识别非生物图像的能力。这一现象的理论是，患者对生物有着针对这一特定类别的特异性障碍，但是对于诸如工具这种事物的知识却不受影响。也存在一些类似的情况，比如人们无法说出食物或者厨房用具的名字，但是这种情况比识别生物障碍的情况更少见。

 另一种关于特异性障碍的解释是，障碍取决于特定信息的用途。也就是说，类别特性知识实际上是具体细节知识水平的缺失。生物可能会比非生物拥有更加具体的细节，才导致了被观察到的模式。

传播知识

当人们思考概念的时候，大多数关于脑成像的研究都能看到非常大范围的激活情况。一些简单的结果表明，当人们思考一个物理目标物的时候，大脑中与视觉相关的区域是活跃的；但是当他们思考某个抽象的概念（比如"自由"）时，视觉的部分就不活跃了。

 当人们思考涉及行动的概念时，也会得到类似的结果，如果你想着一辆自行车，你的大脑很可能会激活与运动相关的区域。如果你想着一个静止的物体（比如椅子）时，大脑的运动区域就不活跃。事实上，如果大脑中处理运动的区域被暂时关闭（使用经颅磁刺激），人们就会很难思考运动。

 基于这些发现，轮辐模型就相当站得住脚了（详见前面"轮辐模型"这部分内容）。

 卡拉琳·帕特森认为，概念的核心（中枢）存储在前颞叶，该区域不包含任何感觉或者运动信息。与概念相关的感觉信息（即模型中的辐条）存储在大脑的各个感觉部分。这些中心整合了所有不同类型的知识。然而，研究人员认为，大脑中存在一个会聚区，是一个能够整合所有关于概念的感觉、概念信息和运动信息的部分，它可能位于颞上沟。

第 11 章

我们为什么会遗忘

通过对本章的学习，我们将：

▶ 了解遗忘的过程；

▶ 了解什么是意向性遗忘；

▶ 明白我们为什么会编造虚假信息。

在第 8 章、第 9 章和第 10 章中，我们讨论了你的大脑存储信息的惊人能力（虽然所有人都拥有这项同样惊人的能力）。然而，人们无法记住他们学过的所有东西，在本章中，我们将讨论记忆中不太好的部分——遗忘。是的，就像英国家喻户晓的电视连续剧《弗尔蒂旅馆》（*Fawlty Towers*）中的每一集一样，遗忘只会把事情搞砸。

我们描述了你遗忘的成因和背后的重要理论，包括意向性遗忘，以及研究人员如何破坏人们的记忆（当然，是以科学的名义）。

话到嘴边了就是想不起来

尽管人类的记忆力令人印象深刻，但有些东西阻碍了人们记住一些重要的事情。

 如果我们让你列出你祖父母、父母、姑姑、叔叔、兄弟姐妹的名字和生日，你可能会记得其中的一些人的（我们希望是所有人的），但不会是每一个都能记住。尽管你被告知过许多次，你依然会忘记。例如，我们其中的一位作者尽管非常关心他的祖母，但是每年祖母生日的当天都需要被提醒才想起来。

接下来，我们讨论一下人们导致健忘的一些原因：

✓ 没有注意信息（正如我们在第 7 章中讨论的一样）；

✓ 没有恰当地给信息编码（详见第 5 章和第 8 章的相关内容）；

✓ 丢失记忆中的信息（记忆衰减）；

✓ 干扰现存记忆；

✓ 在回想期间没有触达记忆。

不过，人们能记住如此多的事情已经非常惊人了。

注意不足

显然，如果你没有适当地关注信息，你就无法记住它。如果你没有看着某物，你无法记住它；如果你在学习期间分心了，你也无法记住它。

就像我们在第 7 章讨论的那样，注意就像一盏聚光灯：聚光灯下的东西得到了最多的处理。注意的作用是将大脑的资源集中在足以对重要的事物进行学习上。当分配给事物的注意资源不足以用于学习时（通过干扰来分散资源），轻松地学习就变得难以实现了。

这个观点说明，除非你给予它恰当的注意，否则你无法学到任何东西。另一方面，心理学家已经证明，人们可以隐形地进行学习，即没有自主意识或要学习的意图。

无法正确地进行编码

即使你正确地处理了信息（详见前一部分内容），你可能也无法将其完美地存储在你的记忆里。你需要通过重复的过程将信息从工作记忆转移到长时记忆。重复信息需要付出努力和时间，在问题中思考事项。

在第 9 章中，我们描述了在编码过程中对事物进行阐述能够将某事变得有意义且独特，从而更容易进行记忆。然而有时候，让事情变得有意义并不容易。当你在一间教室里，试着学习一些你没兴趣的内容（肯定不会是认知心理学），为了能够通过考试，你可以努力让它变得有意义，或者与自我相关联。

有一种能够帮助你进行学习的方法，显然会比其他的技巧都能够让你学到更多内容，即通过测试（恰如其分地称为"测试效应"）来促进学习，这就是为什么老师喜欢突然来点"有趣"的意外测试的原因。

这一理论的逻辑是，当你学到一些东西的时候，你经常会停下来对自己进行测试，以确保你真正地学会了。第一次你可能记不住什么，但是第二次或者第三次就相同的信息对自己进行测试后，效果会比仅仅将信息重读两三次更好。这种学习能够持续很长一段时间：通过多次的自我测试，几周后你的记忆会比重读要好 50%。

这一过程背后的科学原理与你每次获取信息时大脑在做什么有关。当你阅读一些内容的时候，你的大脑就会激活知识存储器，并在那里添加信息。通过阅读某些内容，然后再读一遍，知识也许就会在你的脑中更好地被存储（记忆轨迹更牢固）。但是记忆不仅仅只是存储信息，还包括提取信息。通过对于知识的自我测试，你也能够激活大脑的回想部分。这样一来，你就能够强化大脑的回想途径和记忆轨迹。

当你试图记住一些事物的时候，你可能在做的一件事情是创建与已存储知识（称作线索）的联结。重新测试能够使你对这些线索是否有效进行评估。如果它们不是优质线索，你就能搭建新的线索。这种新线索的搭建提供了更多记忆提取的途径。你会不断地反复测试，直到你找到了能够让你每次都正确回想的完美线索。此外，更多的回想线索意味着通往记忆的更多路径，以及触达信息的更多可能性。

这种测试的效应也存在，因为你必须努力地记住所有事情。你付出的努力越多，就越有可能记住。重新测试还能够帮你注意到其他的方面（比如前后环境背景和你正在学习的事物之间的其他关系），这些方面能够帮助你学习得更全面。

记忆衰减

即便当你集中了注意力，并恰当地进行了信息编码（正如前两部分所述），这些信息也可能不会永远保留在你的脑海中。虽然我们可以很轻松地记住曾经教过自己的老师的名字和长相，但毫无疑问，我们已经遗忘了很多他曾经教给我们的内容。导致我们从记忆中丢失信息的成因之一是记忆衰减。

德国心理学家赫尔曼·艾宾浩斯（Hermann Ebbinghaus）开创了记忆研究的先河。他设计出了一系列的研究，在这些研究中，他向被试展示一组无意义的三元语（即无法形成词语的三个字母）。他要求被试试着记住这些内容，并在不同的时长间隔后对他们的记忆进行测试。

艾宾浩斯的结果非常清楚：遗忘率先是很高，随之放缓。这条曲线被称为艾宾浩斯遗忘曲线，人们在学习后不久的遗忘率远高于多日后（如图 11-1 所示）。

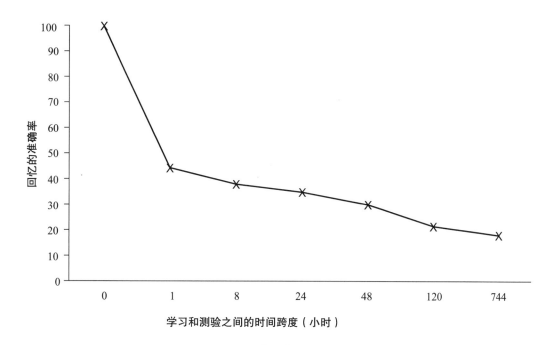

图 11-1　艾宾浩斯遗忘曲线

针对这种遗忘，最简单的解释之一就是，信息会简单地从记忆中消失或者衰减。人们可能会遗忘（尤其是更快地遗忘近期的事情），因为他们会不断地学习大量琐碎的信息。

想想看：你不需要详尽地记住你的早餐吃了什么，也不需要记住你去学校的路上遇到的路人长什么样。对你的大脑而言，无视这些信息更合乎常理（不去注意或者注意了随后遗忘）。

干扰已存储的记忆

即使你注意了某事，对其进行了恰当的编码，并将其存储得足够好以避免衰减，但记忆中的信息仍然会因为干扰而变得无效，这就是你拥有的其他信息会破坏已存储记忆的原因。

存在以下两种干扰效应。

> ✓ 前摄干扰：你现有的知识会影响你学习新信息的方式。
> ✓ 倒摄干扰：你学习的新信息会干扰你现有的知识。

过去的信息

旧的知识会干扰学习和存储新知识。

本书的一位作者的祖父母为我们做了一个经典的关于前摄干扰的演示。他们在一栋房子里居住了 50 年，其中 20 年里厨房的布局都没有发生过变化。当他们开始更换一些厨房电器后，他们（包括本书的作者）发现自己把食物放进了洗衣机里，因为现在洗衣机的位置曾是放冰箱的位置。

前摄干扰的成因是由正确信息和不正确信息之间关联的相同刺激引起的。如果该刺激和不正确信息之间的联系很强（因为你已经将食物在同一个地方放了 20 年了），而刺激和正确信息之间的联系很弱（因为你刚刚移动了冰箱），也就提高了干扰的可能性。

自动化处理或者习惯都需要被新的信息所覆盖。你可以通过在你的记忆中进行严密搜索来确保你做到这一点：当你在提取自己记忆的时候，你需要积极地关注特定的和近期的知识（最近几次你把食物放好的），以确保自己抵御过去知识的干扰。

已存储的知识

想想你母亲 10 年前的模样。你可能会发现这项任务做起来比听起来更难。你可以很轻松地想象出她现在的样子，但她现在的样子会干扰你思考她以前的样子。

如果你目前和你的母亲一起居住，或者你刚刚才搬出去住了，这种倒摄干扰会更强。如果你已经离开她很长一段时间了，你可能会发现要回忆她曾经的模样会更容易。

 倒摄干扰类似于前摄干扰，成因主要是难以回想正确的信息，但更主要是因为不正确的信息更易于回想。当两种学习事件非常类似的时候，这种情况时常会发生。因此，如果你正在研究两个相关的概念，建议你以不同的方式或者在不同的地方进行学习。

遗忘线索

人们无法成功回想起这些信息的时候，他们会暂时性地遗忘掉一些事物：当下他们无法触达这些信息。

恩德尔·图尔文（详见第 9 章）阐述了线索依赖的概念，即激活一段记忆需要特定的线索。你可能被问到"哪座城市在 2000 年举办了夏季奥运会"这样的问题，答案可能不会立刻在你脑海中浮现，但是如果我们给你一系列的提示（伦敦、巴黎、悉尼、亚特兰大、伊斯坦布尔），你可能就能识别出正确答案——悉尼。这是因为要回想起答案，你需要一条恰当的线索。当向你提供了这条线索，你就有了答案。

 对此，恩德尔·图尔文提出了编码特异性原则。这个术语有点拗口，但本质上它指的是：回想起的信息与你学习过的信息最接近的时候，你会记住更多的内容；换句话说，当你存储了新知识的时候，你也存储了关于你如何进行学习的信息（环境背景）。

因此，为了帮助记忆，你可以在相同的环境背景下进行回想。在这个情况下，环境背景指的就是你进行学习的地方，你当下的情绪状态、背景音乐以及其他的所有环境影响因素。

 关于线索依赖和编码特异性原则，最成功的演示之一是由英国认知心理学家大卫·戈登（David Godden）和艾伦·巴德利进行的。他们将被试分为两组：一组在水下穿着潜水服学习一组单词，另一组则在海滩上学习一组单词。要求每组中有一半被试在同样的环境背景下进行回忆，而每组的另一半被试则在相反的环境背景下进行回忆。当回忆和学习时的环境相匹配的情况下，记忆情况要好得多。

当被试面对识别测试时，若让他们看大量的单词，并要求他们识别他们看过的那些单词，则没有发生同样的效应。这很可能是因为识别列表提供了过多的线索来覆盖环境背景能够提供的线索。

线索能否对记忆有帮助的关键要点在于，线索与需要记住的内容之间重叠的信息有多少，以及它是否与其他部分的信息有重叠。线索必须要尽可能更独特，且只与一件需要记住的事情相关，它才能奏效。

 通常，你的脑海中会有活跃的线索，但依旧没能回想起需要记住的内容。这种情况将你置于一个恼人的、差点就能想起某事的处境中，这就是舌尖现象。这种情况发生的原因是记忆的激活程度足以让你想起你认得这个对象，但却还不足以让你回想起它。在你试图想起某事的时候它也可能会发生，因为你会激活许多潜在的相关信息，而非直接激活那段记忆。也就是说，你使用了错误的线索去回想。

意向性遗忘

大多数时候，遗忘是某事出错了的结果。但是在两种情况下可能是意向性的遗忘，不管是有意的（动机性遗忘）还是无意的（压抑记忆）。

有意遗忘

对于生存而言，每一件事都记得住并不切实际，也并没有多大帮助。如果你能记住你曾经吃过的每一顿饭，你就很难从所有的知识信息中做筛选，从而判断你是否喜欢眼前的食物。因此，只记住部分关键例子更合乎常理（比如你喜欢和不喜欢的一些食物）。

一种能确保你不会记得所有事情的方式就是不要注意每件事。然而，如果你确实给予了注意，你可能就需要有意地忘掉一些，这种形式称为动机性遗忘。

 有一种能够用于研究动机性遗忘的技巧被称为定向遗忘。在实验室里，研究人员可能会向你呈现一单词列表，并要求你记住其中一部分（也许是用同一颜色写的），并忘掉其他的单词（用另一种颜色写的）。随后会对你的记忆进行测试。显然，对于需要遗忘的单词的记忆情况会比需要记住的单词差很多。

 你不记得需要遗忘的单词的原因之一可能是你抑制了那些项目。抑制是你的大脑尝试了阻碍针对这些项目的激活过程。这种对于无关信息的抑制能够通过思考其他的事物（思维替代）和主动不思考这些信息来实现。

 研究表明，当你被告知不要记住某事之后，你的大脑会激活额叶部分（负责控制意图），而不会激活海马体（负责记忆）。

抑制记忆

西格蒙德·弗洛伊德（还记得他吗）是一位奥地利精神分析学家（尽管他的贡献非常重要，但我们不会称他为心理学家），以撰写了关于抑制的文章而闻名。他认为，人们的潜意识能够从有意识的记忆中屏蔽掉创伤性或者痛苦的记忆。

 虽然抑制痛苦的记忆似乎是一个站得住脚的想法，但目前尚未有很多科学证据来支撑它。人们声称，由于经过包括催眠在内的治疗（详见第 23 章），他们恢复了一些被压抑的记忆。但研究表明，这些"被恢复的记忆"中有 80% 实际上都是假的，也可能是治疗师意外植入的。当在治疗以外的时候记忆意外被恢复，才更有可能是真的。

关于抑制的机制尚未得到充分的解释，尤其是因为难以验证被恢复了的记忆。

专栏 11-1　阿尔茨海默病

阿尔茨海默病是一种随着年龄增长认知能力下降的相对常见的疾病。它的成因是脑组织受损以及脑细胞之间的联结被破坏。

阿尔茨海默病的早期症状是丧失短时记忆。患者无法记住最近的谈话，也可能会忘掉其他意想不到的事情（比如他们熟人的名字）。阿尔茨海默病往往不会像影响近期记忆一样影响到比较久远的记忆。然而，一些记忆缺陷可能会因为虚构而被隐藏起来，即患者会无意中用他们自己构想出来的东西代替他们记忆中缺失的信息。

随后，患者会出现语言问题（尤其是词汇问题），并发生人格变化。这种疾病的各个阶段都与正常的衰老相似，虽然阿尔茨海默病患者身上存在的问题会比尚未衰老的人更快地到来。

尽早诊断阿尔茨海默病至关重要，因为即便尚未有治愈方法，医务人员却可以采取一些技术来延缓疾病的恶化，比如进行大量的脑力锻炼（就像认知心理学家研发和使用的那些方法），以及在患者家里创建日常路径。

制造虚假记忆

记忆可能在几个方面出现问题。你可能会进行错误的联想，使得记忆被扭曲，并口头上掩盖了你的记忆。总的来说，这个部分主要是想告诉你，你的记忆并不完全可信，它可能会捉弄你。

错误地将事物联系起来

现存的图式（详见第 10 章）可能会导致人们的记忆错乱。如果你看到了一些不符合你的图式的内容，你可能会以另一种方式记住这些信息。

例如，1947 年进行的一项研究，向白人被试展示了一张在火车上一名拿着剃须刀的白人坐在一名黑人旁边的照片。随后，对被试进行关于这个任务的记忆测试。使人不解的是，许多白人"记得"是那名黑人拿着剃须刀。这个错误存在的原因是在他们的图式里白人不会随身带着剃须刀（但显而易见是错误的）。

更多关于图式会如何改变你的记忆的证据来自戴斯－罗迪格－麦克德莫特范式（the Deese-Roediger-McDermott paradigm，DRM）。该范式以首次使用这个范式的美国心理学家詹姆斯·戴斯（James Deese）、亨利·L. 罗迪格三世（Henry L. Roediger III）以及凯瑟琳·麦克德莫特（Kathleen McDermott）命名。

在这项研究中，研究人员向被试展示了同属于一个类目的单词列表（见图 11–2）。随后，研究人员测试了被试对这些单词的识别记忆。被试必须逐个说出是否见到过这些单词，其中一个诱导词的含义与呈现给他们的列表中的第一个词相关联（一个关键的诱导词）。

结果表明，被试经常会"记住"关键诱导词，这表明他们的记忆受到蒙骗，看到的是一个本没有向他们展示过的单词。

人们犯这种错误是因为他们不擅长记住所有的事情；相反，他们倾向于记住事物的要点。因此，当向他们展示一系列相关的单词时，他们会找出能够联结所有单词的环境背景，这可能是一种存储图式。当他们回忆这些单词时，他们只需要激活图式，然后基于此回忆这个图式内的所有词语，并由此犯了一个错误。

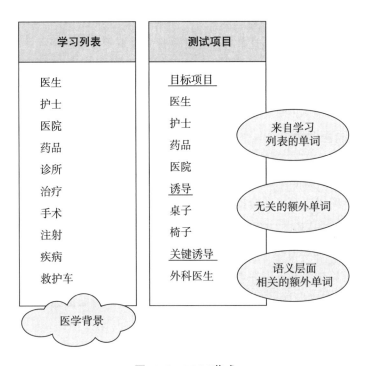

图 11–2　DRM 范式

扭曲记忆

本章和第 12 章中（关于目击记忆）的大部分材料都表明，人们能够非常轻易地通过后续叠加新的信息来改变对事项的记忆。

一个特别的例子来自以色列神经学家米卡·埃德尔森（Micah Edelson）和他的同事。他们让被试看一段视频，随后再进行回忆。然后他们告诉被试，其他人对视频的记忆与他们的记忆不同。在后续记忆测试中，被试对视频部分内容的回忆与第一次不同，其中包括了研究人员给予的额外信息。

 这种行为部分是因为当人们尝试记住某件事的时候，他们的记忆就会被重新激活（详见第 9 章中的再巩固理论）。然后，新的信息就会与原有的信息混合。人们误以为新的信息是现有记忆的一部分，而实际上它不是。随后，记忆就变成了新旧信息的组合。

 关于记忆扭曲的另一个例子来自隐藏记忆（无意识抄袭），这种扭曲源于无法记得自己记忆的来源。例如，英国著名歌手乔治·哈里森（George Harrison）最畅销的歌曲《我亲爱的上帝》（*My Sweet Lord*）被指抄袭—首名为《他太好了》（*He's So Fine*）的歌曲，他几年前听过这首歌，但是他却完全不记得自己听过了。人们更擅长记住信息，而非记住信息的来源。

把事情说清楚：语言遮蔽

虽然语言遮蔽效应并不严格符合传统定义中的遗忘，但它确实会引起记忆的错乱（且本书中，我们找不到比这里更适合提起这个要点的位置了）。

 语言遮蔽效应是当你被要求描述一个事项的时候，仅仅是对你提出要求的这个行为也能影响你回忆事项的准确性。通常情况下，口头表达（即口头描述一个事项）会让你在后续的回忆中准确度降低，尤其是对人脸进行回忆的时候。对于面部的回忆在经过描述后准确率会急剧降低。

这一问题对于警察审案程序而言尤其令人头疼。假设你目击了一桩犯罪，然后你去了警察局做笔录。他们要求你对肇事者进行口头描述。你会尽可能详细地描述这个人。除了语言遮蔽效应以外，一切都似乎没问题。事实是，仅仅是通过向你提出描述人脸的要求，警察也可能在你组织语言内容的时候使你的面部识别准确率降低。

之所以会产生这种效应，是因为人们很难描述出他们看待事物的方式。他们所说出来的描述远不如他们所见的那样多彩和生动。在描述中，他们便失去了信息。

有一部分原因在于，人们可能会针对某一个独有的特征进行着重描述，而非将整个面部看作一个整体来处理（正如我们在第 6 章中描述的那样，这是人们本该处理面部的方式）。因此，他们并没有对所有事情都进行处理。换句话说，他们对犯罪现场的描述应该进行约束，比如某人穿的衣服是什么颜色的。

第 12 章

在真实世界里进行记忆

通过对本章的学习，我们将：

▶ 记住关于自身的事情；

▶ 回忆特定的事件；

▶ 了解目击证人与记忆的关系。

第 8 章至第 11 章主要阐述了实验室中的记忆研究。这些实验理论上都是对的（如果我没记错的话，我们都以此为业了），但你总是需要质疑一下，这些研究能否充分代表现实世界中发生的事情。也就是说，这些研究结果是否可以被重复（复制），以及它们是否具有生态效果。

在本章中，我们将探讨现实世界中你需要记忆的三个重要方面：

✓ 记住你生活中发生的事情；

✓ 回忆特定事项（闪光灯记忆）；

✓ 目击记忆。

本书中，其他章节的"请记牢"图标的内容都没有本章的重要。

记住你自己和你的生活

如果你不记得自己的生活和历史，你就很难在生命历程上走得更远：事实上，如果缺失了对自己的记忆，你可能就不会成为自己，因为你的记忆会影响个性的发展方式，甚至影响你的自我认同。认知心理学家将这种现象称为自传体记忆。这种记忆和情景记忆不同（详见第 9 章），因为自传体记忆更具有个人意义，不仅是栩栩如生的，而且复杂和持久。

自传体记忆是几种最重要的记忆类型之一。人们利用这种记忆来进行自我识别，通常是通过向他人讲述自己故事的方式，构建社会联系。但是，当人们在谈论自传体记忆时，他们谈论的是其生活中的记忆吗？是否所有人都以同样的方式来谈论这些记忆呢？

接下来，我们将讨论这两个引人入胜的问题，并描述认知心理学家是如何测量自传体记忆的。

测量你的自传体记忆的准确性

你可能会觉得测量自传体记忆是件非常容易的事，但对于认知心理学家而言，则是一个很大的挑战。

尽可能多地回忆你 7 岁时的记忆，然后再尽可能多地回忆你 10 岁时的记忆。毫无疑问，你能一口气说出许许多多的故事，并把它们串起来。虽然很不错，但你只是在罗列数字。

认知心理学家感兴趣的不仅是你能回忆起多少记忆，他们还对这些回忆的准确性感兴趣。我们怎样才能知道你的记忆是否准确呢？我们可以把你的父母请到实验室来进行验证，但是这并不切实际，因为要考虑他们对年代久远事项的记忆准确度。那么，我们该怎么办呢？

于是，一些聪明的、值得尊敬的英国认知心理学家，如迈克尔·科佩尔曼（Michael Koppelman）、芭芭拉·威尔逊（Barbara Wilson）和艾伦·巴德利提出了一个方法，这种方法名为自传体记忆访谈。这项测验中包含了对被试的访谈，并要求他们提供三个他们人生不同阶段的记忆（童年时期、青年时期和近期）。这个测试被分为两个部分。

✓ 第一部分：对应一个相关的线索，提供一段特定的记忆。比如，提供发生在学校中的某件事的记忆。

✓ 第二部分：提供更多在过去发生的关于某事物的事实信息。比如，提供上过的学校的名字。

随后，两个人会查看采访记录，并对每一段记忆的生动程度和具体程度打分（比如是否给予了某事发生的确切日期和时间点）。这种评分能够对整个生命周期的记忆质量和性质进行可靠评估。准确的记忆可能会更加具体和生动。

想想你记得什么以及为什么记得

在此，我们将着眼于你在一生中对自传体记忆的回忆是否相同。

请你试着在两分钟内尽可能多地回忆，然后记录下这些记忆来源于你生命中的哪个阶段。你可以对一名 25 岁的年轻人和一名 75 岁的老人做同样的测验，看看你们三位能回忆起最多和最少的记忆分别来源于哪个阶段。

大多数人想不起三岁以前的任何事情，六岁以前的记忆也很少（这种现象被称为童年遗忘症）。他们确实能够回忆起 15 岁到 30 岁之间的更多记忆（怀旧性记忆上涨，这种现象不像它听起来这么难看）。这种模式几乎在所有人身上都会发生，不管他们多大（除非你不到 15 岁）。那么，为什么这种情况会发生呢？

童年遗忘症

关于为什么没有什么人能记得三岁以前的记忆，认知心理学家提出了一些理论来解释，但是尚未有明确的答案。

✓ 儿童直到三岁左右才会发展出关于自我的意识。也就是说，他们直到能够在镜子里认出自己的一段时间之后，才会开始形成对自己的记忆。

✓ 考虑到人们倾向于经常谈论自己，也许自传体记忆是用文字和语言存储的。孩子们直到三岁才能够发展出足够的语言，所以无法形成自传体记忆。语言的缺乏阻碍了他们形成足够的回想线索。

✓ 在我们看来，最使人信服的理论是神经发生，即以大脑中存在的证据为基础。大脑中关于成年记忆最重要的区域（海马体）在孩童时期尚未发育。比起大脑的其他部分，海马体发育缓慢，所以三岁以前，它无法存储记忆，直到六岁才能够开始完全地进行工作。

青少年 – 成人的超级记忆

最有可能的是，由于自我意识、语言和大脑在 15 岁已经完全发育，人们对 15 岁到 30 岁这个年龄区间的记忆比对其他人生阶段的记忆要多；此外，海马体中与年龄相关联的功能下降会在 30 岁之后开始。

关于"超级记忆"的另一个理论是基于生命脚本提出的。大多数人会经历共同的、意义重大的和社会文化定义下的事项。许多人会上学，然后第一次独自生活，开始自己的职业生涯，然后结婚（有些人还会结不止一次婚），然后生小孩。以上大多数事项会在 15 岁到 30 岁之间发生。社会相关脚本存在于这些事项中，所以这些事项更易于记住，因为这些事项在人们很小的时候就开始根植于他们的脑海中。事实上，当孩子们思考未来的时候，也会基于这样的生活脚本事项来思考。

探究是否所有自传体记忆都一样

当你想着自传体记忆的时候，你会立刻意识到它们并不完全相同。它们并不都以相同的细节呈现，也具有不同水平的生动程度。

情绪会影响自传体记忆。通常而言，人们会记住积极的生活脚本事项（我们在第 11 章中讨论过），比如结婚。英国神经学家蒂姆·达格利什（Tim Dalgleish）和同事表示，患有抑郁症的人会比常人更易于回忆起许多负面的生活脚本事项。

进行回忆的时间也会影响人们回忆的方式。你可能会认为人们回忆陈旧的记忆不如回忆近期记忆好。其实，19 世纪的研究发现，回忆一些年代久远的记忆的准确度甚至会比最近记忆的更高，即里伯特定律（详见第 9 章）。然而，针对这两种类型进行回忆的方式是非常不同的。

你回忆以前的事会比回忆近期的记忆要更多，你也会更多地跟旁人述说以前的事。因此，这些记忆也不太可能因为脑部受损而遗失（这就是为什么比起最近的事情，遗忘症患者能更好地回忆起以前的事情）。

事实上，你回忆和讨论过去的事情的方式会变成类似于语义记忆（即关于世界的事实）的回忆和陈述方式。因此，你会以一种比较不带感情和平淡的方式去描述它们，而你回想最近发生的事情的时候，你会带有更多的情绪和感觉（关于这类名为语义化的处理的更多内容详见第 9 章）。

时光倒流

有些事情会深深地留在脑海里挥之不去。我们知道这种表达很口语化且不够科学，但事实上它确实如此。

 当你听说美国纽约的世贸中心遭到袭击时（"9·11"事件）你在做什么？我们期待你能够有一个清晰的记忆。

许多人会清晰地记得这件事，当然，前提是他们当时已经超过六岁（其原因请查看前面"童年遗忘症"这部分内容）。这些所谓的闪光灯记忆总是非常生动、清晰和特别的。

 闪光灯记忆像是自传体记忆的特殊版本（详见本章前面"记住你自己和你的生活"这部分内容）。因为它们非常持久，且适用于外部事项。如果这个问题中的事项切实地发生在你的身上，你可能会因为这个事项的创伤性质而闪回该事项。

闪光灯记忆通常是你一生中发生的比较显眼的事项。经典的研究事项包括肯尼迪遇刺、登月、挑战者号航天飞机爆炸、戴安娜王妃之死和"9·11"事件。

 最初，认知心理学家认为闪光灯记忆经历了时间的洗礼，是极其准确和一致的。但广泛的研究表明，它们往往很容易被扭曲。例如，许多人报告说在电视上看到了第一架飞机撞向了世贸中心，然而这一事件的视频片段直到事件发生一段时间后才播出。此外，闪光灯记忆的一致性值得商榷。人们的记忆往往与电视上重复播报的内容保持一致，但是在其他方面，记忆可能会被扭曲。

 没有证据表明，闪光灯记忆与其他独特的自传体记忆有什么不同。

目击证人

　　需要记忆的最重要时刻之一就是目击者的证词。如果你曾不幸目睹了一桩犯罪事件，你很可能不得不回忆这个事件，也许还能够帮助找出犯罪嫌疑人。

 警方和法院经常要求目击者就他们所看到的情况佐证，因为比起指纹、测谎仪和笔迹分析证据，陪审团更信赖目击者。事实上，陪审团相信目击证人 70% 的证词，而这一数值并不取决于目击证人的陈词是否准确。即使在法庭上证实了目击证人的证词是错误的，陪审团依旧会给予目击证人 44% 的信任。

　　这一数据看起来令人不安，但实际情况其实更糟糕。每当对非法监禁进行审查时，会发现目击证人的错误都是主要成因。1976 年在英国出版的《德福林报告》(The Devlin Report) 就曾建议，法庭不应该依赖于目击者。然而，近期的统计数字表明，90% 的错误定罪都是源于仅仅基于目击者的证词。专栏 12–1 "停！谁去了那里" 则是针对这个问题进行的实验。

专栏 12–1　停！谁去了那里

　　实验性研究证实了目击者证词使人不安的不可靠性。澳大利亚心理学家罗伯特·巴克霍特 (Robert Buckhout) 在这方面进行了许多巧妙的研究。1975 年，他在一台电视节目中播放了一段犯罪录像，然后展示了一个队列。他请大家说出他们所认为罪犯的身份。只有 14.1% 的人说出了正确答案。

　　巴克霍特以一种更现实的方式继续这项研究。在他的一堂课开始时，他策划了一场 "抢劫"，且 "罪犯" 跑掉了。第二周，他向他的学生展示了一组含有嫌疑人的名单。随后他发现回答的准确率提高到了 40%。然而，40% 的人选择了在教室里的人，而不是嫌疑人，余下的 20% 则进行了随机选择。

鉴于这些统计数据相当糟糕，认知心理学家被要求找出目击者的证词如此不准确的原因，以及是否可以采取优化措施。他们发现了一些原因（详见图 12–1），我们接下来将讨论这些原因，以及一些减少目击者证词错误的技巧。

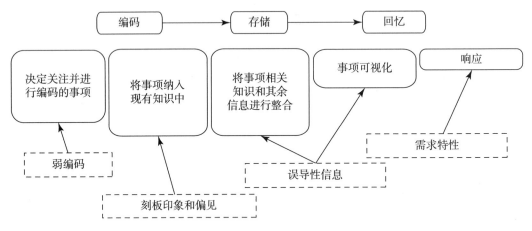

图 12–1　基于认知处理过程得出的证词错误的原因
（感知信息，将信息存储在记忆中，然后进行回忆）

使目击出错

在此，我们将回顾一些关于为什么这么多人在目击场景中都会犯错的主要理论。此外，基于你可能会觉得和目击错误有关，所以第 8 章到第 11 章描述了一些关于记忆的理论。

使用图式

在第 10 章中，我们描述了人们运用他们已存储记忆的方式（以图式的形式）来整合和理解事项。针对目击者的研究尤其是这样。当人们面对模棱两可的信息时，他们会在自己的图式范畴内去诠释它。

2003 年，澳大利亚心理学家米歇尔·塔克（Michelle Tucker）和尼尔·布鲁尔（Neil Brewer）向一组被试展示了一段抢劫银行的模拟视频。被试记住了与银行抢劫"脚本"（比如戴着头套的劫匪）相符的内容，比不相符的内容更为准确。此外，模棱两可的信息被整合到了图式中。比如，尽管劫匪的性别被模糊掉了，被试依然会认为劫匪是男性。

身份转移

澳大利亚心理学家唐纳德·汤普森（Donald Thompson）在 1988 年报告了一起极其恶劣的袭击妇女事件。该名女子非常笃定地认为汤普森就是袭击她的那个人。但在袭击发生时，汤普森正在参加与警察局长的电视直播辩论。他并不是袭击者。

受害者认定汤普森就是袭击者，因为很明显，袭击发生期间电视一直开着，她不自觉地将袭击者的身份转移到了其他人身上。

这种不自觉的转移过程可能是一种防御机制，使人们能够在被袭击期间将自身的意识和事件分离开，从而达到自我保护的目的。

误导目击证人

被试自己的知识可能会干扰他们对事项的记忆，但是信息呈现的方式也可能会进行同样的干扰。即使在提问过程中改变一个单词也能让人"记得"看到过一些本不存在的事物。这个观察结果非常重要，因为在目睹了一桩犯罪事件之后，人们会对这段记忆充满质疑。他们还会向一些人不断复述他们"看到了"什么，可能最后还会在电视上观看这些内容的相关报道。

美国心理学家伊丽莎白·洛夫特斯对这一错误信息效应进行了大量的研究：事件发生后，向证人提供的信息会改变他们的记忆。其中一项经典研究中包括了研究人员向被试展示一段车祸视频。伊丽莎白·洛夫特斯向两组被试以略微不同的表述方式提出了同一个问题。

✓ 问其中一组："两辆车相互猛烈撞击时它们的速度有多快？"

▌ ✓ 问另一组："两辆车相互碰撞时它们的速度有多快？"

被试报告的结果表明，被问两车"猛烈撞击"的那一组说出的速度比被问两车"碰撞"的那一组说出的时速要快 7 英里 [①]。

　　一周之后，还是那些被试被问到他们是否看到了碎玻璃（没有人在场）。听到"猛烈撞击"这个词的那一组被试中，有 32% 的人报告说看到了碎玻璃；而听到"碰撞"的那一组被试中，有 14% 的人报告说看到了碎玻璃；而有 12% 的被试（没有被问到以上问题的人）报告说看到了碎玻璃（可能是因为它符合他们脑中对于汽车相撞的图式）。

那么，为什么会产生这样的效应呢？正如我们在第 9 章和第 11 章中所描述的，每次触达记忆时你都会产生再整合的过程，这使得你对于这个项目的记忆变得更为灵活和多变。

处于焦虑状态

　　实验室研究中常常无法复制的事项就是目击者目睹了一桩真实犯罪时的焦虑。人们能体验到最焦虑的事情之一就是看到有人使用武器。

心理研究不断地表明，人们的眼睛和注意力都会被武器吸引。这种倾向被称为武器聚焦，会损害人们目击场景中关于其他的部分记忆。

当然，犯罪这件事本身也会使人产生不安。为了探索焦虑是如何让人们记住事物的，英国认知心理学家蒂姆·瓦伦丁和他的同事在伦敦地牢（the London Dungeon）进行了一项奇妙的研究，伦敦地牢是一座专门展示伦敦恐怖历史的博物馆。被试需要在博物馆里穿过恐怖迷宫，在那里他们会遇到穿着恐怖服装的人。在他们的行程结束时，研究人员测量了他们的压力水平以及他们对看到的那个人的识别程度。焦虑程度越高的被试对于那个人的识别准确度越低。

---

① 1 英里约等于 1.61 千米。——译者注

识别罪犯

一个目击者能做的最重要的事情之一就是尝试指认出犯罪嫌疑人。然而，人们并不擅长这件事。

 在对我们所描述的研究中，通过将证人的年龄和种族与嫌疑人的年龄和种族进行匹配，被试成功识别的概率会更高，而这在现实世界中并不会经常发生。研究表明，人们在识别其他年龄和种族的面孔方面的准确度要低得多。

将人脸与照片匹配

人们需要在身份检查站点（如护照检查站）将人脸与照片进行匹配。这个任务理论上应该能干净利落地完成，毕竟你有一张照片，还有一个人站在你面前。但事实上，这是一项艰巨的任务。人们并不善于发现站在他们面前的人与他们拿着的证件不匹配，尽管检察人员非常仔细与警惕。

英国心理学家格雷厄姆·派克（Graham Pike）、理查德·肯普（Richard Kemp）和尼基·托维尔（Nicky Towell）在一家大型超市里进行了一项研究。他们让扮成消费者的研究人员用印有照片的信用卡结算所购买的商品，收银员也被告知了这项研究，所以他们会比平时更加留意拿着信用卡的消费者。实验中使用了四种不同类型的信用卡。

- ✓ 第一类：与持有人身份信息一致并印有近期照片的卡。
- ✓ 第二类：与持有人身份信息一致并印有旧照片的卡。
- ✓ 第三类：与持有人身份信息不一致但印有相貌酷似持有人的照片的卡。
- ✓ 第四类：与持有人身份信息不一致且印有相貌与持有人不像的照片的卡。

 研究发现：第一类卡被拒收的概率为 7%，这可能跟收银员非常警惕有关；第二类卡被收银员拒收的概率为 14%，这意味着收银员有时无法将一张超过六个月以上的照片和站在面前的人进行匹配；对于倡导核查身份的人而言有点不利的是，收银员对相似人（第三类卡持有人）匹配错误的概率为 50%，对完全不一样的人（第四类卡持有人）匹配错误的概率为 34%。天呀，这效果也太差了。由此可见，无论收银员多么地小心谨慎，仍无法很好地认出站在他们面前的人与他们手上持有的证件并不匹配。

构建犯罪嫌疑人的拼像

尽管心理学研究一再说明，人们并不擅长构建拼像，目击证人依旧经常被要求构建嫌疑人的画像。

英国心理学家哈丁·埃利斯和同事要求被试使用完整的警察指南来构建拼像。然后，他们向其他人展示了构建出来的拼像，看看其他人是否能够识别照片。照片识别的准确性从4%（在埃利斯的研究中）到12.5%（在最近研究中）不等。当拼像源于熟悉的人，准确率会提升到25%。

较低的数据可能源于人们将人脸看作一个整体来识别，而非许多碎片化的特征（更多内容详见第6章）。不幸的是，警察用来生成面部组件的大多数系统（如Photofit或者E-fit）都需要用一组单独的特征来构建人脸。

优化目击者证词

从本质上讲，前面的内容说明了目击者的证词相当糟糕。所以，我们最好要对得起我们的工资，让目击者的证词得到优化和改善。不幸的是，这样做有点困难，因为认知心理学家还没有取得他们所希望的进展。

接下来，我们将介绍心理学家优化目击者记忆的两个方面：陈述排序和认知访谈。

选择更好的排序方式

在一次排序陈述中，警察向目击者展示了一组人的脸，并要求他们选出犯罪嫌疑人。警察会使用许多不一样的形式进行排序，他们可以通过面对面、视频排序或者浏览一本相册的方式进行选择。

✓ 同时呈现：这些人脸同时展示，证人在看完全部之后再做出判断。

✓ 按顺序呈现：人脸依次呈现，证人看完一个就要做出判断。

✓ 目标－在场：人脸中包括了嫌疑人的。

✓ 目标－缺席：人脸中不包括嫌疑人的。

按顺序呈现（英国警方使用的标准方案）一般比同时呈现要更好（尽管在媒体中更多的是同时呈现的情况），这主要是因为当排序呈现的人脸中不包含嫌疑人的脸，目击者错误选择某人的概率为 32%；而同时呈现人脸时，目击者错误选择某人的概率为 54%。因此，如果你的脸曾出现在被呈现的这些照片中，而你是无辜的，你肯定希望采取按顺序呈现！

然而，当嫌疑人出现在一组照片中，同时呈现这些人脸时，目击者选对的概率是 54%，而按顺序呈现时，目击者选对的概率是 44%。所以，如果你是犯罪嫌疑人，你就希望采取的是按顺序呈现（以提高你能逃脱的机会）。

总的来说，按顺序呈现会更好。因为虽然同时呈现能提高正确率（增加 8%），但这种情况下按顺序呈现的错误率会比同时呈现减少 22%。

关于排序的另一个关键方面就是给出的指令。研究表明，如果进行排序的人原本就知道嫌疑人是谁，目击者更有可能选择出这个犯罪嫌疑人。进行排序的人会无意识地暗示嫌疑人是哪一个。

在认知层面进行访谈

优化目击者证词的一种方式是尝试提炼最佳信息，比如使用强化认知访谈（ECI）。这需要访谈人员确保目击者遵循以下五条原则：

✓ 在脑海中想象犯罪发生时的现场环境；
✓ 鼓励目击者报告每一个小细节（即便是无关细节）；
✓ 用不同的顺序来描述事件；
✓ 以不同的角度来描述事件；
✓ 在访谈人员和目击者之间创造融洽的关系。

这种方法有助于回忆：与正常的提问相比，人们报告的信息更多。但研究人员也确实发现，与标准访谈相比，不正确信息的回忆内容略有增加。同时，强化认知访谈也无法抵御在提问过程中添加误导性信息的影响。

为了能够节省时间，警察倾向于使用前两条规则。事实上，只有强化认知访谈的第一条规则对于优化目击者的回忆而言至关重要。

　　强化认知访谈可能有助于目击者进行回忆，因为心理恢复能帮助目击者去思考事件的环境背景和所有与这段记忆相关的潜在线索。这基于我们在前面所描述的线索依赖回想和线索依赖的遗忘。这个内容还记得在哪里吗？是的，在第 11 章里。

part 4

第四部分

我们大脑对语言的思考

本部分目标

✓ 思考语言是不是人类独有的能力。

✓ 从最小到最大的部分来探究语言的结构。

✓ 想想你的大脑在解码各种微妙形式的语言时遇到的一些问题。

✓ 问问你自己，语言是否会影响你的思维方式，你所说的语言是否会改变你的感知。

第13章

语言的非凡本质

通过对本章的学习，我们将：

▶ 对语言的各种形式进行思考；

▶ 对人类的语言进行探讨；

▶ 探索人们如何学习语言。

语言是认知心理学家最早研究的领域之一，并且至今仍然是最重要的领域之一。原因如下。

　✓ 语言可以跨越研究的所有领域，包括聚焦感知和注意、长时记忆和短时记忆、思维和决策能力。

　✓ 语言是一个认知心理学可以证明自己，且与对手形成对抗的领域。行为主义者试图像解释任何其他行为一样，利用可观察事件之间的习得联系来解释语言。但是认知心理学家证明，语言比任何其他人类行为更重要，人们只能从使语言成为可能的心理机制的角度来理解语言。

　✓ 语言是一种极其复杂的机制。认知心理学家喜欢理解事物在人脑中是如何工作的，语言给了他们可以深入研究的可能。

一些认知心理学家认为，语言是人类独有的。在本章中，我们将就语言是否真的是人类区别于其他动物的地方进行讨论，其中涵盖了人类语言如此不同寻常的原因，以及人们在正常和极端情况下对语言进行学习的方法。

动物王国语言观察

人们通常把语言视为人类与众不同之处，大家会围坐在一起，盯着中间一只神奇的、会说话的猿猴！但我们似乎又在许多其他方面将自己与其他物种区分开来，如意识到自己的死亡和欣赏艺术中的美。因此，你可能会问，人类是因为有语言而特别，还是因为特别而有语言呢？

我们需要去考虑一个重要的问题，语言是人类特有的还是其他物种也有类似的能力。在本章中，我们将对不同动物的交流系统进行观察，不仅是为了理解各种形式的语言，也是为了更好地了解人类语言有什么特别之处。我们调查动物用来交流的语言，描述人们如何识别不熟悉的语言，并探索向其他物种教授语言是否可行。

研究动物如何交流

许多人认为，其他动物明显是能够相互交流的，所以语言其实没有什么特别的。

 认知心理学家并不质疑动物能够交流这个事实，但他们确实对不同形式的交流、所涉及的相对复杂性以及可以传递的信息种类进行了区分。

我们从动物王国各种各样的沟通交流系统中挑三个例子，并试图了解为什么它们不如人类的语言那么强大。我们发现，蜜蜂和长尾黑颚猴交流中产生的意义没有太多的变化，鸟类产生的意义也没有太多的变化，只有人类似乎以一种既多样又有意义的方式在进行交流。

 通过人类语言，人们可以交流任何不同的观点和想法。例如，有人可以把这本书翻译成任何人类语言（如意大利语、汉语或者美国手语）而不丢失任何主要思想。但是，据我们所知，它不能被翻译成任何已知的动物沟通系统，因为动物的这些系统并没有传播新概念的能力。

猴子的叫声

长尾黑颚猴有几种不同的叫声来警告群体中的其他成员有捕食者存在——它们会对不

同的捕食者使用不同的叫声。因此，当长尾黑颚猴看到一条蛇时，它们会发出特定的叫声，其他猴子听到了就会爬到树上。如果看到一只鹰，发出的叫声又会不同，其他猴子就会躲避起来避免受到空袭的伤害。

长尾黑颚猴所发出的叫声是最早被识别的非人类有声语言之一，并在科学界引起了不小的轰动，因为这是另一个物种使用一种看上去是语言的沟通模式的证据。但是，尽管对长尾黑颚猴进行了广泛的研究，也几乎找不到证据证明长尾黑颚猴的这种叫声除了报警功能之外还有其他什么作用。

鸟类的鸣叫

许多种类的鸟都可以发出无穷无尽的、各种各样的鸣叫，这些鸣叫似乎比长尾黑颚猴那种简单的叫声要丰富得多。

在乡村，你可以听到各种各样的鸟所发出的极具辨识度的叫声，这些叫声在复杂性上存在很大的不同。这里面有不少极端存在：一个极端是布谷鸟简单而重复的叫声，这种叫声简单到数百年前钟表匠可以用相当简单的机械装置对布谷鸟的声音进行模仿；另一个极端是黑鹂，它似乎能产生不断变化且有趣的短旋律，你很难在它的吟唱中找到任何重复或明显的模式，这旋律几乎就好像完全是原创的且极具创造性，事实很可能就是这样。

对认知心理学家来说，布谷鸟的叫声表明了一个简单的潜在认知过程，但黑鹂叫声的多样性则表明它的脑中正在发生着一些更有趣的事情。

尽管一些鸟鸣声有明显的多样性，但科学家们其实并不确定不同的鸟鸣声是否像长尾黑颚猴的叫声一样具有不同的含义。虽然鸟类的声音有着很多的变化，但它们似乎并没有传达很多不同的含义。科学家可能错了，据他们目前所知，鸟叫声只传达两个主要信息：一是我体格不错，不要惹我；二是我极具吸引力，和我一起生儿育女。也许复杂性和多样性增强了这些信息的力量，但它们似乎并不像人类语言那样传递不同的含义。

与蜜蜂共舞

针对蜜蜂的研究，发现了一种不太常见的交流方式，蜜蜂用这种方式向蜂巢中的其他成员传达食物来源的位置。鉴于奥地利动物学家卡尔·冯·弗里施（Karl von Frisch）所做的堪称绝妙的实验，蜜蜂的"语言"变得很容易理解。

蜜蜂会通过一种特殊的"舞蹈"进行交流，它们在蜂巢的垂直面上表演。蜜蜂会重复一系列"8"字形动作，并以不同的速度摆动腹部。这种舞蹈的角度、速度和摆动传达了食物来源的方向和距离，其他蜜蜂则会遵循这些指示去寻找食物。

这种蜜蜂舞蹈的一些精确的细节可能会有很大的不同，并在方向和距离上表现出许多细微的区别，但这种语言所传达的仅仅局限于一组特定的信息。从某种意义上说，这更像是用特定的标准信息来填写表格，而不是生成句子。

蜜蜂的舞蹈看起来很聪明，但它只传达食物的方向和距离。蜜蜂似乎不能闲聊或八卦，所有的舞蹈语言都只能用来回答一个问题，即食物在哪里（但它们与人类相比是否略显逊色，这由你来决定）。

识别海洋和太空中的其他语言

你可能会反对前一部分的主要观点——动物交流中缺乏人类语言所具有的那种表达新奇想法的能力。那心理学家又是如何知道这一点是正确的呢？简单来说，他们并不知道。

大多数研究语言和动物交流的人都认为，人类语言是特殊的，但依旧有些人持不同观点。他们认为，人类不能因为不理解某种系统的智能就把它加以排除。

外星人和海豚

这场争论带出了一个问题，即人类如何识别那些来自未知来源的智能交流。有趣的是，那些研究地球上交流模式（如鲸鱼和海豚的交流）的人，和那些对探测来自外星人的潜在信号（如探索外星智能研究所扫描太空中的无线电信号并分析其智能迹象）感兴趣的人，面临着同样的问题——人们如何知道一个信号是智能信号？这些语言的特征又是什么？

在《再会，谢谢所有的鱼》（*So Long, and Thanks for All the Fish*）一书中，科幻作家道格拉斯·亚当斯（Douglas Adams）将海豚描述为地球上真正的智能物种。这个想法已经流传了很长时间，宇宙学家卡尔·萨根（Carl Sagan）曾经就此说过一句极具启发性的话："有趣的是，尽管有报道称一些海豚学会了英语（在正确的行文中使用了多达 50 个单

词)，但并没有人学会了海豚语的报道。"

人类语言模式

如果人类并不能确定其他物种的语言交流是否像自己一样复杂，那他们又怎么能去识别智能交流呢？我们应该寻找什么（无论从动物那里还是从外星生物那里）？

人类语言中确实存在着一些看上去非常有趣的模式。20 世纪 30 年代，哈佛大学的语言学家乔治·齐普夫（George Zipf）就此做了一个研究。他注意到，如果人们抽取大量文本样本，统计不同单词在其中出现的频率，然后将单词从出现最频繁到最不频繁进行排序，并绘制频率图，就会得到一个带有独特曲线的图（如图 13-1 所示）。

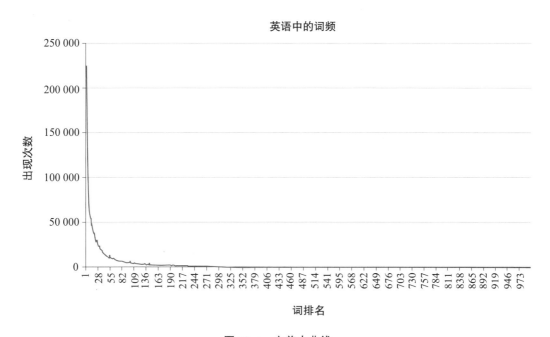

图 13-1　齐普夫曲线

注：这个图是基于一组英国文学作品统计绘制，但针对任何样本量较大的英文单词样本，你都会得到一个非常相似的曲线。

这种形状是所谓幂定律（两个变量之间的多项式关系，其中一个变量增加，另一个变量会减少，大和小都很极端）的一个例子。这种模式虽出现在许多自然现象中，但在语言中看到它依旧让人感到有趣。这条曲线可能表明，人们在分析来自外太空或其他物种的信号时，需要在语言中去寻找一种独特的统计模式。

不幸的是，因为许多其他自然现象也都遵循这种模式，所以发现带有这种模式的信号也并不意味着它就是智能的。同样，某个东西不遵循这个模式，也并不代表它就不是智能信号。

语言模式的出现是因为重复——在每种语言中，只有少量的声音是经常出现的，大量的声音实际上很少出现。比如，说英语的人花很多时间说"the"这个词，但花在说"pterodactyl"（翼手龙）这个词上的时间则相对较少。

在第三代移动电话等现代通信系统中，工程师们花了很大的工夫去消除这种重复，将更多信息打包到信号中，这样做的结果是产生了一种没有明显模式的信号。按照这个思路思考的话，也许任何足够先进的信号都无法与背景噪声区分开来，除非人类知道代码。

当然，我们也可以换一种方式看待这个问题，即人类应该如何去设计一种与其他物种交流的方式。那些对向其他潜在的外星文明发送信号感兴趣的科学家（见专栏 13–1 "阿雷西博信息"）和试图教动物使用语言的人（请看下面的部分）主要面临的就是这个问题。

专栏 13–1　阿雷西博信息

科学家们设计了阿雷西博信息，向附近的恒星发出光束，希望如果外星人正在监听宇宙中的智能生命，他们就会把这条信息识别为智能生命的明确迹象。设计者必须思考，什么样的形式对一种处在几千光年之外的空间和几千光年之外的时间里的完全陌生的思维方式有意义。

他们从数学、物理、生物学和天文学中确定了一些概念，认为这些概念可能有一些普遍意义。例如，无论你说什么语言，质数都是质数，基本元素也都是一样的，在整个宇宙中都存在着相同的原子序数，所以这些概念可能很容易被理解。图 13–2 显示了阿雷西博信息的可视化图示，该信息是以一系列无线电波二进制脉冲的形式传输的。从上到下，阿雷西博信息显示了前十个数字、三种常见元素的原子序数、关于 DNA 的信息、一个人类的图形、一个太阳系的图像和一个阿雷西博射电望远镜的图像。

图 13-2　阿雷西博信息的可视化图示

人类可能永远不可能知道阿雷西博信息的设计者是否会取得成功。

你可能会思考，一个人或一件事要在多大程度上才能变成一个必须是人类才能理解或学习的东西，就好像我们说的人类语言一样。这只是一个讨论我们超凡智慧的问题吗？还是说人类有一个特殊的大脑组成，意味着只有人类才能使用人类的语言呢？

向其他物种教授语言

一些研究人员认为，人类本身并不特别，但语言是特别的。换句话说，就是人类的文化发明了语言，而语言使人们取得了巨大的进步。根据这一观点，人类和类人猿的主要区别就在于，人类拥有更先进的文化。如果人类能够教会猿类特殊的语言技能，那么猿类也应该能够通过这个把自己的智慧展现出来。所以，从 20 世纪 60 年代开始，许多研究人员就开始着手训练不同的物种使用人类语言，或者至少使用类似于人类语言的东西进行交流。

1970 年，赫伯特·泰勒斯（Herbert Terrace）开始了一个项目，试图教会一只名叫尼姆的黑猩猩使用语言。和类似的项目一样，尼姆在一个尽可能类似人类孩子的成长环境中长大，因为黑猩猩本身缺乏人类的发声能力，所以尼姆被教授了美国手语。

尼姆尽管学会了一些有趣的句子，但它展现出的语言复杂性却从未达到一个典型的四岁人类孩子所能达到的水平。和其他试图向其他物种教授语言的尝试一样，非人类物种在语言上所能达到的成就，似乎在相当于人类幼儿的阶段达到顶峰，并再没有超越。

此外，关于这些动物所表现出的语言创造性，仍然有很多的疑问存在。例如，如果一只黑猩猩看到湖里的一只鸭子时，把"水"和"鸟"的手势进行组合，创造了短语"水鸟"，这算是语言创造力的真正表现吗？还是仅仅是一个幸运的巧合呢？即连续产生了"水"和"鸟"的单独手势，但并不是以创造性的方式进行排列组合。

近年来，研究人员一直在向其他物种（包括海豚和灰鹦鹉）教授各种形式的语言，并取得了一定程度的成功。其他物种似乎确实能够超越长尾黑颚猴所展示的那种既简单又固定的语言系统（参见前面"研究动物如何交流"那部分内容）。但迄今为止，它们中似乎还没有任何一个物种可以达到人类儿童在大约五岁时所能达到的那种复杂程度。

发现人类语言的特殊之处

在这一节中，我们将描述交流的特点，并对人类语言对这些特点的独特运用加以证明。此外，我们还会提出一种语言理论，认为所有人都有学习语法结构的先天能力，并对创造力在语言中以及潜在的人类认知中的重要性进行了展示。

人类语言与众不同的原因

20 世纪 60 年代，美国语言学家查尔斯·霍基特（Charles Hockett）提出了一套人类语言的设计特征，试图定义是什么让人类语言如此独特的。

下面所列的特征详细展示了他的构想。当你通读这些特征时，可以试着考虑一下，这些特征在多大程度上是人类语言独有的，又在多大程度上是必要的。

✓ 发声听觉通道：语言通过声音传播，这样做可以让你腾出时间去做其他任务（比如移动），但这其实并不重要，因为手语也可以在没有声音的情况下反映相同的含义。

✓ 传播和定向接收：当你对周围的一群人说话时，他们都会把你当作说话者。

✓ 快速消失：声音消失的速度非常快，这样你可以很快就继续说出其他东西，这跟通过气味进行交流有着明显的不同。

✓ 互换性：物种中任何成员都可以说任何话，不像动物交配时的表现，只有发情的动物才会发出某些信号来吸引配偶。

✓ 完整的反馈：你完全可以清楚地知道自己在说什么。

✓ 专业化：人类使用专门的发声器官来说话，发声器官除了发声外没有其他用途。

✓ 语义：语言有其独特的意义。你发出的声音指代的是某种事物，不像鸟鸣（见前面"研究动物如何交流"这部分内容）。

✓ 任意性：你用声音作为符号来指代事物。例如，"狗"这个词和它所代表的动物之间不存在任何关系，除非人们之前已经形成了这种联系。

✓ 离散性：单词和语音有不同的含义。声音并没有像我们调颜料那样被混合起来。例如，英语中"dog"（狗）和"fog"（雾）就是两个非常不同的单词，它们之间存在着明显的区别。此外，人们一次只说一个单词，并且每个单词都会被认为是不同的和不重叠的。

✓ 位移：你可以用语言来指代那些在空间上或时间上遥远的事物甚至完全是想象出来的事物。如果拿此特征与"指向性"做对比，可以明确地得知，"指向性"所指的必须是存在的东西。

✓ 开放性或创造性：你有能力说出新的东西，可以有创意地说出以前从未说过的句子，创造新的短语或单词来指代某些与时俱进的新事物。

✓ 传统：在一种文化中，语言会传递给下一代。

✓ 语言模式的双重性：你可以用不同的方式去组合没有意义的声音单位来产生不同的意义，如英语字母 g、o 和 d 可以拼成 dog（狗）或 god（上帝）。

✓ 搪塞：你可以说一些不真实的话。当然，咱们这个系列图书的读者肯定从不说谎。

✓ 反身性：语言可以用来指代自身，比如"我只是开玩笑""不要射杀信使""这句话是假的"。

✓ 可学习性：人类婴儿会学习他们成长过程中使用的任何语言。许多动物的交流系统是天生的，而不是后天习得的。

你可能认为，动物交流的形式似乎也满足了这些要求中的其中几个，但人类的交流却满足了所有这些要求。这些设计特征没有一个是人类语言独有的，但是（至少可能）同样也没有一个单一的动物交流系统可以展示出所有这些特征。

语言系统：诺姆·乔姆斯基语言观

1957 年，麻省理工学院的一位年轻的语言学教授诺姆·乔姆斯基（Noam Chomsky）出版了一本名为《句法结构》（Syntactic Structures）的书。这本书的出版被誉为心理学史上的决定性事件，诺姆·乔姆斯基本人，从此也成了有史以来最著名、被引用最多的思想家之一。在这本书中他提出，人类语言受人们头脑中固有的规则支配。尽管人类并不知道这些规则是什么，但当我们说出每一个句子时，其实都会展现出一些使用这些规则的证据。

 所以，当你学习一门语言时（尤其是作为一个学习母语的孩子），你学习的不是一组单词、短语或句子，而是一个完整的系统，它使你能够产生和理解无限数量不同的潜在句子。虽没有人教你这些规则，但不知道怎么的，你就是把它弄明白了。

诺姆·乔姆斯基认为，这个系统与其他任何形式的动物交流都存在着很大的不同。一方面，人类大脑中有一个天生的语言中心，其中就包含了语言的基本结构（句法和语法）；另一方面，动物交流并不会受如此复杂的语法结构所支配。

无限创意：写出世界上最长的句子，并让它更长

 语言是一个离散的组合系统，包含明确的单元，人们可以用多种方式组合这些单元（但不是混合、模糊或混杂），从而产生大量的变化。

著名语言学家、认知心理学家史蒂芬·平克（Steven Pinker）指出，《吉尼斯世界纪录》中有一项纪录是"最长的句子"，但其实想出一个更长的句子是件很容易的事情，你只要

写一个包含这个最长句子的句子就可以了，如"最长的句子是……"。

一些童谣其实就是遵循了这个思路来写的，比如《这是杰克建造的小屋》这首童谣以这样的几句话开头：

> 这是杰克建造的小屋！
> 这是放在杰克建造的小屋里的麦芽。
> 这是吃了放在杰克建造的小屋里的麦芽的老鼠，
> 躺在杰克建造的小屋里。

并以下面一句非常长的套句结束：

> 这是一个播种玉米的农民
> 让公鸡在清晨啼鸣
> 这把牧师吵醒了，把胡子刮光了
> 嫁给了一个衣衫褴褛的男人
> 那吻着少女的凄凉
> 给牛角皱巴巴的奶牛挤奶
> 担心被狗甩了的猫
> 杀死了吃麦芽的老鼠
> 躺在杰克建造的小屋里！

可以看到，最后一节是由"这是……"开头的句子，后面跟着一个以"农民"开头的短语。

 诺姆·乔姆斯基还认为，人类语言还有一个叫作递归 ① 的特征，这使得人类的语言比简单的词链更强。递归允许某人谈论包含同一类型事物的事物，如英语中会用名词短语 the man（人）来指代特定的人或事物。但是你其实可以把这个短语在语意理解上变得更复杂一些，比如"房间里的那个人"，再进一步可以理解为"楼梯下面房间里的那个人"或者"老房子里楼梯下面房间里的那个人"抑或"山上老房子里楼

---

① "递归"指的是一个过程或函数在其定义或说明中直接或间接调用自身的一种方法，它通常把一个大型复杂的问题层层转化为一个与原问题相似的规模较小的问题来求解。——译者注

梯下面房间里的那个人"。

 从理论上讲，你可以在这个过程中没有限定边界地一直向前。尽管在实践中，你无疑会受到记忆、说话气息和听众耐心程度等的限制。这种在理论上可做和在实践中可做之间所展现出的区别被称为能力 – 表现的区别。

将语言与其他人类技能联系起来

其他技能可能和语言有类似的心理根源。人类与其他物种相比，不仅更擅长使用语言，还能做许多其他的事情，看起来似乎已经把其他物种远远地抛在了身后。例如，人类在语言中表现出的那种创造力，同样也表现在艺术、技术和理解上。

1951 年，神经科学家卡尔·拉什利（Karl Lashley）发表了一篇关于序列顺序问题（呈现的信息顺序如何影响记忆）的论文，并产生了很大的影响。他认为，许多技能都有分级结构。例如，在语言中，人们会用短语造句，用单词组成短语，又用基本音造词。同样，作曲家会用诗句和副歌创作歌曲，每一首歌曲都是由小段的音乐组成，而小段音乐又是由单个音符组成。这种分解成较小单元的方法可以应用于各种行为，比如跳舞、玩电子游戏或了解历史事件等。

 也许语言并不是人类的特殊之处，也许是一些更普遍的创造性思维能力使人类能够在各种技能上表现出色，这其中包括但不限于语言。

发展语言技能

在对语言的研究中包含了一个关于人类如何习得语言的关键论点。一方面，一些理论家认为语言是天生的，这个观点实际上是基于人类大脑已经进化到能够处理语言的想法而产生；另一方面，一些研究人员认为，语言的发展需要经验，而且语言是通过行为矫正来进行学习的。

美国哲学家威拉德·范·奥尔曼·奎因（Willard Van Orman Quine）举了一个探险家

的例子，这个探险家遇到了一个说未知语言的部落。这个部落的一名男子指着一只兔子说"gavagai"。他是什么意思呢？探险家可能会认为这个词的意思是兔子——这种关联看上去似乎很简单。但也许"gavagai"指的是一种特定的宠物兔子，或者它可能指代任何动物，或者也有可能指代的是"逃跑""害怕"甚至"午餐"等概念。语言是灵活的，它允许人们表达各种各样的意思。那么，一个不懂这门语言的人是如何理解这一切含义的呢？

在本节中，我们将带你了解儿童语言习得的各个阶段以及他们所面临的问题，包括成年人如何学习另一种语言，以及如何在极端或异常的情况下学习语言。

语言从娃娃抓起

儿童在学习语言时会遇到问题，会犯错误。其中一个说法是，儿童所能习得的东西有一定的局限性。例如，小孩子不喜欢学习两个意思完全相同的单词。另外，以下这几点似乎也有一定的普遍性。

- ✓ 过度概括：儿童可能认为一个词的含义比它本身更广。例如，想用"Fido"来指代所有的狗，甚至所有的哺乳动物。
- ✓ 概括不足：他们可能会采用更狭义的含义。例如，使用"狗"一词，仅仅指代他们自己的宠物狗，而不是其他狗。

儿童在语言习得方面还表现出进一步的偏见。

- ✓ 整体物体假设：一个新词可能指的是一个整体物体（如兔子），而不是它的一部分（如耳朵）。
- ✓ 分类限制：当处理新单词时，儿童会对物体使用不同的标签，如卷毛狗 – 狗 – 动物。如果一个孩子已经知道"狗"和"动物"，她可能就会直接认为"卷毛狗"是一种狗。
- ✓ 相互排斥：每个单词都有不同的含义。英国出生的美国语言学家伊芙·克拉克（Eve Clark）称之为对比原则。如果一个孩子已经知道了"大象"这个词，那么当有人指着大象说"鼻子"时，这个孩子会认为这个词指的是大象的一部分，也就是这个人指的地方。

为了证明上述偏见，心理学家对儿童听到一个指代物体的新词时会发生的事情进行了研究。研究人员发现，儿童解释这个词的方式取决于他们是否已经知道这个物体的名字。如果对象是不熟悉的，他们会将这个词理解为整个对象群体；但如果对象是熟悉的，他们则会将这个词理解为对象的某个值得注意的部分。

孩子们会以惊人的速度学习新单词——以 3~4 岁左右这个年龄段来看，他们平均每天学习大约 10 个单词，这表明他们在这个阶段必须掌握大量的信息。

儿童语言习得阶段

当然，尽管存在不同的学习模式和速度，但语言习得似乎都要经历以下一系列固定的阶段。

1. 咿呀学语阶段（6~8 个月）：这个阶段婴儿会发出一串辅音－元音序列。某些语音出现的频率反映了婴儿所接触的语言，表明婴儿正在修改语音以适应语言。

2. 会说单个单词阶段（9~18 个月）：处于这个阶段的儿童开始使用单个单词或单词的一部分来命名物体，如"妈咪""牛奶""杯子"等。

3. 会说两个单词阶段（18~24 个月）：这个阶段，当孩子开始说出不同组合的成对单词时，如"更多牛奶""爸爸走了"等，句法或语法的最初迹象开始出现。

4. 早期多词阶段（24~30 个月）：这个阶段的儿童开始说出包含三个或更多单词的话语，但这种语言通常是电报式的——它往往只包括最有意义的单词，缺乏单词和词缀的语法功能，如"我去厕所""妈妈穿鞋"。

5. 后期多词阶段（30 个月以后）：这个阶段的孩子尽管仍会犯错，但已经开始使用完整的语法句子，比如"我去商店了"等。

在以后的生活中学习语言

成年人在语言学习时会遇到很多的困难，但儿童似乎毫不费力，这一事实促使一些心理学家提出了语言习得关键期的观点。你可以从以下两种不同的方式来理解这个观点。

✓ 人类的基因决定了人类在出生后最初几年的时间里学习语言。

✓ 大脑发育对超过一定年龄的个体的语言习得能力施加了更广泛的限制。

 诺姆·乔姆斯基指出，语言的发展有点像生物器官：它遵循基因所定义的程序，以特定的方式在特定的时间框架内展开。其他人则认为，语言发展受到一些更加普遍问题的影响，成年后学习语言更加困难，主要是因为大脑的可塑性变得更差。根据这种观点，语言的构建通常发生在大脑快速发展并能够快速适应和变化的时候，这被称为突触可塑性 ①。

会说多种语言

语言领域存在着一个非常有趣但其实并不罕见的例子，就是孩子们在成长过程中会同时学习一种以上的语言。据估计，世界上大多数儿童都生长在两种或两种以上通用语言并存的环境中，因此双语实际上比单语更为正常。

 儿童这种同时学习两种语言的情况，有一个有趣的特征，就是最初他们似乎把两种同时学习的语言视为一种语言——每个对象就只学习一个单词。但当他们开始欣然接受用两个词来形容各种各样的东西时，似乎又突然意识到两种语言同时存在了。

 双语的另一个有趣的特征是一种被称为代码转换的现象，即双语者在一句话中切换两种语言。这种转换不是随机的，但似乎遵循一种叫作等价约束的东西——转换只能发生在不违反两种语言语法规则的地方。例如，说法语 / 英语的人不太可能在表达"美国汽车"时用英语说"a car americaine"或用法语说"une American voiture"，因为这个短语在这两种语言中都是错误的。但是"J'ai acheté an American car"（我买了一辆美国车）这个短语的转换却是可行的，因为英语和法语中有一个共同的规则，即动词后跟宾语。

---

① 突触可塑性是指神经细胞间的连接（即突触）强度可调节的特性。——译者注

极端环境下的语言发展考量

认知心理学家喜欢通过改变现象发生条件的实验对理论进行检测，并观察其效果。出于显而易见的原因（出于伦理原因，他们不能随便找一群孩子在无语言环境中进行抚养），他们不能用惯常的实验方法去干涉语言习得的过程，然后看哪些因素起作用。但纵观历史，我们总是可以发现一些不寻常的、令人不愉快的事件，而这些事件又对孩子们的语言学习过程产生着影响。这些极端的情况可以让我们了解人类语言学习能力的极限。

一个被极度忽视的例子

 一些证据似乎证明了，儿童在语言习得中确实存在着一个关键期。

吉妮是一个在被极度忽视的条件下长大的孩子，这种情况一直持续到 13 岁。在被关注到之后，她得到了大量的帮助，其中就包括了语言辅导。但即便如此，她的语言能力也从未发展到较年幼的孩子通常都能掌握的那种流利的程度。尽管这个结果有可能是"关键期"的证据，但研究人员并不能确定，吉妮在语言习得方面的问题是因为她开始学习的年龄还是她所遭受忽视带来的副作用。我们会在第 21 章对吉妮的内容进行更多的介绍。

尼加拉瓜手语

 孩子似乎不仅仅能学习语言，他们也可以创造它。

20 世纪 80 年代，一家新的失聪儿童中心在尼加拉瓜建设而成。但当时，并没有手语可用于教学，所以老师当下只能以口语化的西班牙语为基础，教这些孩子一些唇语识别和一些简单的手指拼写，但收效甚微。虽然如此，这些孩子确实学会了使用他们自己创造的手语进行交流，并且语言学家还发现这种自创的手语有着非常丰富的语言结构。

洋泾浜语和克里奥尔语 [①]

 即使在学习一门现有的语言时，儿童也在经历一个被引导的创造性过程，最明显的例子是洋泾浜语和克里奥尔语（用于描述两种"发明"语言的术语）。

---

① 洋泾浜语和克里奥尔语指混合多种不同语言词汇及文法的一种语言。——译者注

　　洋泾浜语是成年人在没有共同语言但需要交流时创造出来的语言。这种情况发生在国际贸易的早期，也可以说是奴隶贸易的结果。通常，这些语言相当初级，缺乏正常语言那种更加复杂的语法，这很可能是因为创造这些语言的人本身较晚接受教育，年长者学习新语言的顺利程度通常不如儿童。

　　有时，两个说洋泾浜语的人坠入了爱河，结婚生子。有趣的是，这两个人的孩子会把洋泾浜语提升到一个超越他们父母的水平，增加更多的语法，增加它的丰富性，以至于最后，洋泾浜语拥有了一门完整语言的大部分复杂性。这些丰富的洋泾浜语被称为克里奥尔语。今天，世界各地的许多社区都以克里奥尔语作为其主要语言，包括巴布亚新几内亚的托克皮辛语。孩子将洋泾浜语转化为克里奥尔语的过程被称为克里奥尔化。

专栏 13-2　孩子们如何改变和提高语言能力

　　调查儿童如何学习比他们听到的语言更复杂的语言是一项困难的任务。洋泾浜语转化为克里奥尔语的条件在很大程度上是历史原因，一个社区发展出一种克里奥尔语后，它就不会退回到洋泾浜语。在全球化、大众传播的现代世界中，人们也不太可能需要开发新的洋泾浜语。

　　但是，最近出现了一些与克里奥尔化过程非常相似的情况，使得研究人员能够深入地了解这一过程。美国心理学家珍妮·辛格尔顿（Jenny Singleton）和伊丽莎白·纽波特（Elissa Newport）对成年后学习美国手语的失聪儿童的正常父母进行了研究。尽管学习积极性很高，也能够学习基础的词汇和句子结构，但这些较晚学习美国手语的父母依旧在学习美国手语语法的要点上花了很多的时间。他们在许多方面所展现出的对美国手语的糟糕理解，就像是这种语言的洋泾浜版本一样。失聪儿童西蒙是辛格尔顿和纽波特的一个研究对象，而他听力正常的父母则是他学习美国手语的唯一来源。有趣的是，在西蒙四岁至七岁这个年龄段时，他在美国手语使用的流利度上已经超越其父母了。

　　辛格尔顿和纽波特提出了一个关于孩子如何超越他们所听到的语言的想法，这是一个他们称之为频率提升的过程——如果父母在使用语法的某个方面不一致，孩子会采用他们使用频繁最高的模式并增加频率。换句话说，这个孩子规范了语言。如果父母使用某种形式比其他形式更频繁，那么孩子便会选择更频繁的形式并一直使用它。

　　语言转换的另一个过程是语法化，在这一过程中，那些在洋泾浜语中用来表达具体意思的形式变成了克里奥尔语中那些更抽象的语法形式。许多语言，包括克里奥尔语，都使用某种形式的运动动词来表示将来时。例如，在英语中，你可以说"I'm going to Paris"（我要去巴黎），在这种情况下，你可以用"go"这个词来表达移动的具体含义。但你也可以说"I'm going to think about it"（我会考虑一下），在这种情况下，你用"go"来表达你将来会做某事的想法（不一定要有动作）。你甚至可以在一个句子中混合两种形式的"go"，比如"I'm going to go to Paris"（我打算去巴黎）。

　　这是一个假设的答案，解释了为什么如此多的语言使用一种与旅行或运动相关的形式来表示未来。许多行动需要人们到另一个地方去执行，所以在一系列自然的事件中所呈现出的就是你去某个地方，然后做一些事情。在缺乏将来时的语言中，你可以说"me go, me kill chicken"（我去，我杀鸡），其中"go"的字面意思是移动，但是通过语法化的过程，学习语言的孩子学到了一个更普遍的规则——单词"go"经常出现在未来事件之前：即使不涉及移动，孩子们也会开始使用"go"来表示未来的行动。

　　这种过程在语言中有许多例子，并且有着相似的逻辑——在特定语境中使用那些频繁出现的形式来表达更抽象的意义。

第 14 章

研究语言的结构

通过对本章的学习，我们将：

▶ 探讨单词的使用；

▶ 探讨一下句子；

▶ 讲一讲故事。

复杂而微妙的交流是人类所独有的。虽然许多动物之间也会互相传递信息，但没有任何一种其他物种的语言系统像人类的语言这样复杂。

语言包含不同结构层级，一环套一环。在本章中，我们将把目光聚焦在这些层级上，从最小的单位到长篇故事都将有所涉及，并且还会关注人们如何利用单词、短语和句子来构建无限多样和复杂的信息，并将信息从一个大脑传递到另一个大脑的过程。另外，在本章中，我们还将看到一些认知心理学家用来研究人们大脑处理语言的方式时进行的一些巧妙的实验设计，并对这些实验所得到的一些有趣的发现进行了解。

关于大脑如何处理语言，心理学家虽还有很长的研究之路要走，但认知心理学已经就许多隐藏的机制进行了惊人的揭示。也许最令人兴奋的发现是，你的大脑在日常使用语言的过程中发生了多少变化。

关注最小语言单位

认知心理学家一直积极研究语言的所有结构层级，即人们在听或读语言时如何拼凑出一个过程序列。

以下是语言中最小的两个部分。

✓ **音素**：能改变单词意思的最小语音单位。例如，英语的 cat（猫）和 bat（蝙蝠）仅在第一个音素上不同，bat（蝙蝠）和 bet（打赌）在中间音素上不同，bat（蝙蝠）和 bag（包）在最后音素上不同。虽然在这些例子中，每个单词有三个字母和三个音素，但你并不总是能在字母和音素之间得到如此好的、整齐的对应关系，如，be 和 bee 就包含两个音素。

✓ **语素**：一个单词中最小的部分，具有独立的或不同的意义。例如，unbelievable（不可思议）这个词中就包含了三个语素：un-（不）、believe（相信）和 -able（能够）。又比如，dog（狗）和 elephant（大象）各是一个语素，但 elephants（象群）就是 elephant（大象）和 -s（表示复数）两个语素了。

基本的字母或音素组合产生语素，语素组合起来构成词、短语，短语组合成句子，句子组合成故事。在每一个结构层级上，复杂而具体的过程都发生在意识觉知之下。

与词语共游

词语似乎有着自己的生命——它们时新时旧，随着时间的推移而改变它们的含义。这些变化可能是历史性的，但也可能是实时触发的，比如当某个新词进入语言体系时，其他词的使用含义也会随之发生变化。有时一个单词的历史可以揭示一些关于单词如何与大脑互动以及塑造语言变化的过程。

在本章中，我们将要就新词是如何在一种语言（词态学）中产生，以及这种重新创造语言的过程所遵循的规则进行探讨。人们可以通过应用新的前缀（单词的开头部分，用"-"表示，例如，"bi-"和后缀（单词的结尾部分，用"-"表示，如"-ing"）来发明新单词。当然，也可以在某些类别内创造全新的单词，但仅限于某些类别中。

令人叫绝的语言变形

 词态学研究着眼于人们如何从旧词中创造新词。但是，即使人们可以随意地摆弄语言，也不会有人真的没事就去摆弄它。

通常，人们会以相当一致的方式对语言进行形态更改。语言变形的一个基本例子来自在英语单词中添加"-s"来构成复数。因此，如果一个新的概念或事物被创造出来（比如取代打字机的新奇设备计算机），你自然就会知道，在这个新词的结尾加上"s"就意味着不止一台计算机。所以，新词的创造显然遵循着某种规则。

 2011 年，美国政客萨拉·佩林（Sarah Palin）的电子邮件被公开。一些媒体报道提到她使用了 unflippingbelievable（太难以置信）这个词，她在 unbelievable（难以置信）这个词中间插入了一个语气不是那么重的表示咒骂的词 flipping，然后创造了一个新词出来。有趣的是，当人们做这种事情时，总是会下意识地同意这个插入词插入的确定位置。所以，如果你真的觉得有必要在 fantastic 中插入 flipping，你会倾向于把这个词写成 fan-flipping-tastic 而不是 fantas-flipping-tic。

词态学类型

在写这一章时，我的一个朋友用了"berlusconified"这个词，该词来源于意大利已被定罪的商人西尔维奥·贝卢斯科尼（Silvio Berlusconi）。当这个词出现时，我们很希望它是全新的，但实际上，并不是，这个词在谷歌搜索中出现了八次。即便如此，这样的改变也实属罕见。

 人们使用词态学来改变单词时一般会采用以下两种基本方式。

✓ 屈折词态学：人们以某种标准方式对目标词进行修饰，以此来表示时态或数字等事物的方式。例如，dog（狗）、dog-s（几只狗）；cat（猫）、cat-s（几只猫）；jump（跳）、jump-ed（跳了）或 jump-ing（正在跳）；fMRI（功能性磁共振成像）、fMRIing（功能性磁共振成像中），这里这个 -ing 只是为了尝试一下，看看能不能发明一个使用功能性磁共振成像的新词（具体可以参考第 1 章的内容）。

✓ 派生词态学：人们会创造一个新的单词类型，比如随便选一个名字 berlusconi（贝卢斯科尼）并以此创造新的单词 berlusconic（形容词形态，表示一个人或物与贝卢斯科尼非常的贴近）、berlusconified（贝卢斯科尼化）和 berlusconification（贝卢斯科尼状）。

虽然某些规则会对单词的词态学形成指导，但并不是所有的单词都遵循这种规则。虽然你可以说 jump（跳）、jump-ing（正在跳）、jump-ed（跳了）和 open（打开）、opening（正在打开）、opened（打开了），但你在说 go、going、goed 或 run、running、runned 时会遇到问题，因为 go 的过去式不是 goed，run 的过去式也不是 runned，即有些词并不会遵循正常的规则。

创新词态学：wug 测试

尽管语法规则决定了新词的产生方式，但有时我们还要考虑一些美学上的原因。儿童在创造新单词时所使用的规则与成人无异。

1958 年，心理语言学家琼·伯科·格利里森（Jean Berko Gleason）发表了一项实验的结果，她在该实验中测试了儿童正确使用词态学的能力。琼·伯科·格利里森给参与实验的儿童被试看了一张虚构生物的照片，上面有虚构的名字和标题"这是一只 wug"。然后，她又向儿童被试展示了另一张画有两个虚构生物的照片，并说："现在又多了一个，有两个……"她并没有说出虚构生物的名字，而是等着孩子们完成这句话。有趣的是，大多数孩子都能正确地说出"wugs"，尽管他们以前只听过"wug"。

你可以看到这种创造性的形态被错误地使用的情况，如"shopaholic"（购物狂）或"chocaholic"（有巧克力瘾的人），这些词来自"alcoholic"（酒鬼）这个词。正确的词法是"alcohol"（酒精）这个词加上后缀 -ic。但是，人们用最后两个音节 -holic 作为后缀，去表达"上瘾"。说 choca-holic（有巧克力瘾的人）似乎比说 chocolatic（巧克力）更加地自然，尽管后者从形态上更像正确的用法"alcohol-ic"这个词。

新词的发明与接纳

语言学家费尔迪南·德·索绪尔（Ferdinand de Saussure）认为，单词是具有随机性的符号（除了一些基于象形文字产生的语言中的单词外，如古埃及语和日语）。如果你不知道英语单词 dog（狗），你自然也就不能通过研究狗这种动物来解决这个问题。英语单词 dog 与法语 chien、德语 hund、土耳其语 kopek、威尔士语 ci 或其他任何语言中的单词其实都差不多。

如果大多数单词不能通过猜来知晓的话，学习一门语言的基本词汇就基本没有捷径可走。但是词法和句法（关于句法的更多信息请看后面的"句子能做什么"这一节的内容）在很多情况下，又允许你组合这些单词来创造一个以前没有听说过的新意思。

我们对开放式词汇和封闭式词汇进行了基本区分。

- ✓ 开放式词汇：包括名词、动词和形容词。它们之所以被称为开放式的，是因为你可以创造新词汇。例如，传真机的发明带来了 fax（传真）、faxed（已用传真机发送）和 faxing（正在发传真）等词。当人们发明一个新概念时，语言允许人类添加新词用来描述这个新概念。
- ✓ 封闭式词汇：这是一个在语言中所起作用小得多的类别，包括限定词（如 a、an、the）、介词（如 to、by、with）、代词（如 I、me、you）和人称代词（如 his、hers、its）。

一般来说，你不能随意添加封闭式词汇。例如，人们曾多次尝试在英语中引入中性的物主代词，试图用此来避免性别偏见。基于此目的，一些虚构的替代词被创造出来，如 Ey、Hu 和 Peh 等，用来替换 he（他）和 she（她）的使用。这些尝试基本上已经宣告失败，并不一定是因为政治的原因，更多的可能是因为语言的工作方式本身。代词是人们自动化处理的功能语素。每种语言都只有一小部分这样的单词，人们不能轻易进行添加。

与封闭式词汇和开放式词汇一样，以下内容也遵循类似的规律。

- ✓ 功能性词素或封闭式词素：往往是小的、经常出现的词或词的一部分，它们承载着语言的语法结构。语言的这些部分通常只限于每个类别中的几个词，同样也不能轻易进行添加。
- ✓ 词汇词素或开放式词素：语言中那些有丰富含义的词。你可以轻松地向这些类别添加新的词汇。例如，人们可以创造出 Google（谷歌）或 thatchherism（撒切尔主义）之类的新名词或者动词，但是他们不能轻易地给封闭式词汇添加新的成员，比如介词或者限定词。

单词的长短

乔治·齐普夫证明了在许多语言中，使用频率较高的单词往往比使用频率较低的单词更短（这也许并不奇怪，因为人们经常使用它们）。如果你看一下英语词频表，你就会发现一些有趣的现象：有些单词出现的次数非常多，如在一篇典型的英语文本中 the 约占所有单词出现次数的 7%，而一种语言中出现次数排名前 100 的单词则几乎占据了所有单词出现次数的近 50%。

真正长的单词往往都是为了它们自己而造出来的，或者至少是为了它们自己而使用的。pneumonoultramicroscopicsilicovolcanoconiosis（矽肺）经常被认为是英语中最长的单词（很显然是肺部疾病的一种），但这在两个层面上存在争议：一是，没有人使用它；二是，人们可以很容易地创造出一个更长的单词。事实上，我们确实可以很轻易地就找到一个已存在的最长英文单词"肌联蛋白"，这种蛋白质就有一个备受争议的化学名称，这个名称由超过 189 000 个字母组成。

语言的创造性是多层级的。例如，创作歌曲的谢尔曼兄弟（Sherman brothers）就发明了 supercalifragilisticexpialidocious（欢乐满人间）这个词。但这个词依旧遵循着其他英语单词所遵循的规则，所以你依旧可以把它归为英语，而不是德语或意大利语。

 如果人们可以不受影响的话，估计所有的单词都可能很短（人们一直在用缩略语）。但事实是，容纳不同短语的空间实属有限。

句子能做什么

我们在前面探讨了有关英语单词的历史变化，让心理学家看到了语言是如何"在野生状态下"变化的，并可以帮助他们理解他们在实验室中观察到的那些更直接的影响。其中一个过程是语法化，就是那些表示对象和动作的词（即名词和动词）成为语法标记（词缀、介词等）的过程。例如，let us（让我们）的原意是 allow us（允许我们），语法化之后变成了 let's，失去了允许的含义。

一些心理学家毕生致力于研究句子的内在含义——人们如何产生和理解它们。

要研究句子，你需要理解句法和语义之间的关键区别。

✓ 句法：单词如何组合成短语和句子。

✓ 语义：最终呈现出来的句子的意思。

　　每当你试图与人交流时，你就需要理解对方所使用的句子，并对自己使用的句子进行组织。这个复杂的过程是从理解语法开始的。句子的结构与认知和思维的结构有关，因此认知心理学家必须对句子的结构进行理解。在这一节中，我们将会对语境如何帮助解决句子中的歧义，以及语法知识如何帮助人们理解新颖的句子等问题进行探讨。

句子的歧义

有各种各样的歧义出现在句子的不同层级中，但人们却很少注意到它们，很多时候，这种忽略是因为上下文已经清楚地表明了哪种解释才是正确的。在这种情况下，人们很少注意到所谓的替代解释，除非这些替代解释明确地被指出来——这正是我们在这一节所要做的事情。

专栏 14-1　用各种方法交流

　　语言可以通过多种媒介表达，包括文字、言语和手语。通常，在所有这些媒介中，语言都有相同的底层抽象结构。因此，尽管手语看起来与口语非常不同，但它实际上与口语有着相同的基本要素。

　　婴儿可以像学习口语一样轻松流利地学习手语，这表明潜在的大脑的过程与口语完全无关，而是可以在更抽象或基本的层面上处理语言的含义和符号。

句法歧义的消除

如果想要从语法上分析一个句子，就需要根据语言的句法规则将单词组合在一起。但有时，你也可以用多种方式将规则应用到一个句子中去，并产生多种解释或模糊的解释。

思考以下两段描述。

✓ I was attacked by two men, one of them was carrying a hammer. I hit the man with the hammer.（我被两个人袭击了，其中一人拿着锤子，我用锤子砸了那个人。）

✓ I was carrying a hammer when I was attacked by two men. I hit the man with the hammer.（当我被两个人袭击时，我正拿着一把锤子，我用锤子砸了那个人。）

在第一段描述中，"我用锤子砸了那个人"意味着我打了其中拿着锤子的人；而在第二段描述中，同样是"我用锤子砸了那个人"却意味着我用锤子打了其中袭击我的人。这种区别表明，就"我用锤子砸了那个人"本身而言是模糊的，可以有两种不同的解释。图14-1显示了句子中单词的两种不同的修饰方式，以及人们可以从句子中获得的两种不同的相关含义。这两种不同的解释被称为句子的解析。

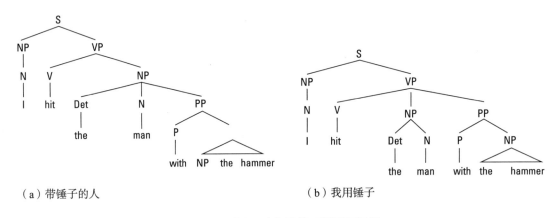

（a）带锤子的人   （b）我用锤子

图14-1 对同一个句子的两种不同解析

注：本图向我们展示了单词是如何组合成不同类型的短语的：在（a）中，动词 hit 后面跟一个名词短语"带锤子的人"；而在（b）中，动词 hit 后面跟两个短语——宾语"人"和工具格"带锤子"。

这两段描述展示了所谓的英语介词短语附着歧义：当大脑中处理句子的部分建立起句子的短语结构表示时，介词短语 with the hammer（用锤子）就可以顺利连接到动词 hit（击打）或名词短语 the man（人）上。当你阅读文章时，你的心理语法对这两种选择都抱持允许的态度，但无疑，它们会导致完全不同的意思解释。"hammer"（锤子）这个词在两种解释中有着相同的意思，但它与句子其他部分的关系却不同——这就是句法歧义的一个例子。

依靠语义进行理解

在上述例子中，两段描述虽有着不同的语法，但"hammer"（锤子）一词在两种情况下的含义却是相同的。在下一个例子中，两个句子的语法是相同的，但"bank"一词的语义解释在各自的描述中是不同的。

- ✓ I was walking near the river when I saw a man in the water who appeared to be drowning. I hurried to the bank.［我正在河边散步，这时我看见水里有一个人似乎要淹死了，我匆忙赶到岸边（bank）］。
- ✓ I was walking down the street when I was attacked and my credit card was stolen. I hurried to the bank.［我正走在街上，突然遭到袭击，我的信用卡被偷了，我匆忙赶到银行（bank）］。

在这两段描述中，第二段描述虽有相同的语法（我匆忙赶到银行），但依旧存在歧义。bank 这个词在这里本就是存在歧义的，它可以指河边或金融机构。然而，当你在一个特定的语境中遇到这个词时，就像这个例子中一样，你就很容易能确定这句话想要表达的意思。

偶尔，错误的意思也会在句子的歧义中传达，还会引起一些混乱或幽默效果，如美国喜剧演员格劳乔·马克斯（Groucho Marx）的台词："一天早上，我穿着睡衣射杀了一头大象。"（One morning I shot an elephant in my pyjamas I'll never know.）就很容易被理解为"一天早上，我射杀了一头穿着我睡衣的大象。我完全不知道大象是怎么穿上我的睡衣的"。当听众使用图 14-2（a）中的解读时，幽默就产生了，这意味着"大象穿着我的睡衣"。

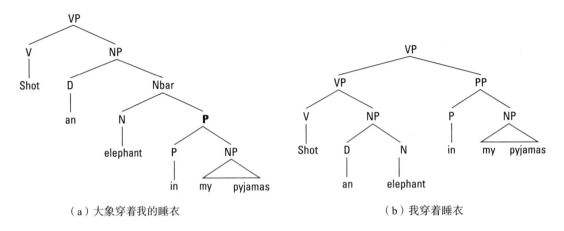

（a）大象穿着我的睡衣　　　　　　　　　　　（b）我穿着睡衣

图 14-2　格劳乔·马克斯笑话的认知心理学解释

注：解释（a）对应幽默的含义，因为短语"我的睡衣"被附加到短语"大象"上，所以"大象穿着我的睡衣"；解释（b）是非幽默含义，即"我射杀大象时穿着睡衣"。

符合语法规则的废话

 有时一个句子可能是合乎语法的（它有正确的语法），但却没有任何意义。尽管如此，人们也同样可以创造性地运用他们的句法知识来给他们从未听过的句子加上一个意义。他们之所以能这样做，是因为语言知识不仅仅是单词、短语或句子，还包括抽象的规则和类别。

一个比较有名的例子是美国语言学家诺姆·乔姆斯基的 colourless green ideas sleep furiously（无色的绿色想法疯狂地沉睡），但诺姆·乔姆斯基特意选择了在正常语言中很少出现的词，比如 colourless green（无色的绿色）或 sleep furiously（疯狂地沉睡）。他想用一个人们可能以前还从来没有听说过的、符合语法规则且没有任何意义的句子来证明他的想法，即大脑是独立于意义（语义）对语法（句法）进行处理的。

他还用这句话来证明行为主义者在语言解释方面存在的问题（参见第 1 章）。行为主义者美国心理学家 B.F. 斯金纳（B.F. Skinner）认为，人们能够通过联想学习语言。例如，某些单词会在联想链中跟随其他单词出现。诺姆·乔姆斯基设计了这个句子，使得句子中并不包含这样的联想链，但是人们依旧可以用正常的英语语调阅读它，依旧会在主语短语（"无色的绿色想法"）和动词短语（"疯狂地沉睡"）之间进行停顿。

行为主义者试图解释人们如何在遵循规则的同时创造性地使用语言。而诺姆·乔姆斯基认为，人们能够处理这些任务，仅仅是因为他们配备了必要的认知机制。

为了进行演示，请阅读下面两句话，同时让一个朋友也这样做。当你读的时候，问自己两个问题："在读这本书之前，我听过这两个句子吗？哪个听起来更自然？"

- ✓ Colourless green ideas sleep furiously（无色的绿色想法疯狂地沉睡）。
- ✓ Furiously sleep ideas green colourless（疯狂地沉睡想法绿色无色）。

如果你也像大多数人一样，把第二个"句子"当成了一个简单的单词列表，那无疑是因为这个"句子"本身并不符合语法规则。

胡言乱语

心理学家会用无意义的诗歌和句子对大脑处理语言的方式进行展示，并且当这些语言符合适当的语法规则时，人类是可以对这种无意义的东西加以阅读的。另一方面，无意义的短语也有助于心理学家对儿童学习语言的方式进行重建。

英国作家刘易斯·卡罗尔（Lewis Carroll）用语言玩了很多文字游戏，创作了一批无意义的诗歌。其中最著名的例子当属《爱丽丝镜中世界奇遇记》（*Through the Looking Glass*）中描述怪物贾巴沃克（Jabberwocky）的一首诗了。这首诗是这样开始的：

> Twas brillig and the slithy toves（是滑菱鲆在缓慢滑动），
>
> Did gyre and gimble in the wabe（时而翻转时而平衡）。
>
> All mimsy were the borogroves（所有的扭捏作态展示了）：
>
> and the mome raths outgrabe（蠢人的早熟、懒人的平庸）。

刘易斯·卡罗尔使用的是英语形态句法（写下一些符号来代表与有意义的单位相对应的音节）。但他在虚词（the、and、in 等）完好无损、词尾也同样如此（比如 y、s）的情况下，创造了新的词汇（心理词典中的词）项，比如 tove。

刘易斯·卡罗尔通过编造单词，重新创造了那种孩子们第一次遇到一个单词时的体验。就像一个孩子可以脱口而出虚构英语单词 wug 的复数形式是 wugs（参考前面的"创新词态学：wug 测试"那部分内容）一样，这首诗的读者也可以脱口而出 toves 是 tove 的复数形式。

停下来思考

以色列心理学家亚舍拉·科瑞亚特（Asher Koriat）和他的同事赛斯·格林伯格（Seth Greenberg）及哈库拉·克赖纳（Hamural Kreiner）对建立在无意义语言基础上的想法进行了研究。他们对人们阅读不同类型句子的情况进行了记录，并通过测量说话时单词之间的停顿长度来分析语调。

他们使用了有意义的和无意义的两种类型的句子，并以符合语法规则或电报文体的形式呈现每一种类型（去掉所有的虚词和语素）。以下是四个例子（包括暂停）。

✓ 有语法有意义："长着灰色条纹的肥猫（暂停）飞快地（暂停）跑向在嘈杂的街道上迷路（暂停）的小猫（暂停）。"

✓ 无语法有意义："肥猫（暂停）灰色条纹（暂停）跑（暂停）快（暂停）小猫（暂停）迷失（暂停）路（暂停）嘈杂的街。"

✓ 有语法的胡言乱语："悲伤之门（暂停）带着一点点电（暂停）走向（暂停）小心翼翼地（暂停）快乐的电脑（暂停），它唱着（暂停）扉页上的树叶（暂停）。"

✓ 无语法的胡言乱语："悲伤之门（暂停）一点点电（暂停）走（暂停）小心（暂停）快乐的电脑（暂停）唱（暂停）树叶（暂停）扉页。"

研究人员记录了每个人在每个指定点停留的时间，并且得到了非常有趣的结果。

不管句子是有意义的还是无意义的，只要句法存在，人们就会用正常的语调来阅读它；而当形态句法缺失时，人们的语调则会开始变得平淡和不自然。这一发现表明，自然语调的流畅阅读更依赖于你所读内容的句法，而不是语义。换句话说，结构比意义更重要。

请注意

计算英语字母 f 在图 14–3 中出现的次数。

Finished files are the re-
sult of years of scientif-
ic study combined with the
experience of many years

图 14-3　展示了人们关注意义而非内容的过程

如果你认为出现了三次，虽然答案是错的，但与大多数被试所给出的答案相同。如果你认为出现了六次，那恭喜你，这个答案是对的。在这个计数测试中，大多数人都忽略了 of 这个词中的 f。在继续阅读之前，你能思考一下为什么会这样吗？

我们觉得许多人会忽略或漏掉 of 中的 f 是出于以下两个原因。

✓ 它的发音更像 v 而不是 f：所以如果你是依赖声音来对意义进行解码的，那你就很可能会错过这些非标准发音的字母。

✓ of 是一个简短的封闭式虚词（参考前面的"新词的发明与接纳"这部分内容）：虽然这些功能元素对于构建语言和流畅阅读很重要，但你并不会有意识地去关注它们。

正如我们将在第 15 章所描述的，阅读包括固定和跳跃两种模式。图 14-4 就对一个人在阅读时眼球运动轨迹的记录进行了展示。如你所见，眼睛会跳过那些简短、频繁出现和可预测的单词。

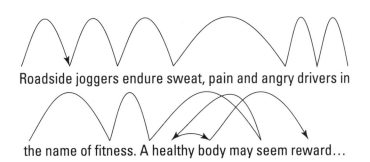

Roadside joggers endure sweat, pain and angry drivers in

the name of fitness. A healthy body may seem reward…

图 14-4　阅读句子时眼睛的移动轨迹展示

更有趣的是，发展心理学家安妮特·卡米洛夫－史密斯（Annette Karmiloff-Smith）曾让幼儿被试在实验中数各种句子中的单词数，实验结果显示，幼儿在数的时候会经常忽略掉那些虚词。

构建有意义的故事

我们在前面已经讨论过无限的创造力（允许人们产生和理解新的或无意义的句子）是语言的核心：人们不是通过学习一组句子来学习语言的，而是通过学习规则来创造自己的句子。

认知心理学家感兴趣的是人们如何理解新奇事物，比如他们如何正确理解他们之前从未听过的故事。

莫顿·安·格恩斯巴彻（Morton Ann Gernsbacher）提出了"结构构建框架"这一理论，该理论主要对人们如何在故事展开时构建其意义进行了概括。格恩斯巴彻描述了结构构建中的三个子过程。

✓ 奠定基础：人们更关注故事的开头，因为它被用来为结构"奠定基础"。率先提出的好处是故事开头提到的信息更容易被获取。

✓ 映射：这个过程会将新出现的信息联结到正在发展的心理表征上。

✓ 转移：这一过程影响信息的可及性。当新的信息不能联结到现有的理解文本块时，该过程会将它转换成一个新的文本块。例如，当你跨越一个组成边界时，一个新的短语、句子或段落，新的信息可能会与现有的文本块不匹配，转移这个子过程就会将这些不匹配的新信息转移到一个新的文本块去。这样会导致前一部分的信息变得不太容易获得，你仍然可以记住要点，但不能记住确切的形式，如一个句子的确切措辞。

两种机制对这些子过程有帮助。

✓ 增强：强化相关含义，这样当你对一个故事的内容有所了解时，就更容易理解它们了。

✓ 抑制：抑制在当前上下文中不合适的解释或含义。例如，在 The secret agent did not like the hotel room because it was full of bugs（特工不喜欢这家酒店，因为房间里面布

满了监听设备）这句话中，bug 作监听设备解，而在 The health inspector did not like the hotel room because it was full of bugs（卫生检查员不喜欢这家酒店的房间，因为里面满是虫子）这句话中，bug 作昆虫解。

通过跨通道启动（参见第 15 章"跨通道启动"这部分内容），认知心理学家发现，当人们听到一个模糊的单词时（如 bug），它会同时激活人们心理词典（他们的内部词典）中关注这个词含义的适当和不适当的解释。但是在很短的时间内（不到 1 秒钟），不适当的解释就会关闭或被抑制（参见第 8 章）。

专栏 14-2 识别冗余

语言最重要的一个属性是用来交流的。人类总是需要告诉对方一切，从谈论天气到昨晚看了什么电视节目，再到谁在和谁约会。这种信息的传递最重要的是高效。大脑能够根据上下文解释输入的信息，并填补空白。这就必须允许语言中存在一些冗余。

你还记得那些曾经出现在速记打字课程上的广告吗，比如 Cn u Rd ths Title（你可以读出这个标题吗）这则广告语实际上就表明，语言中包含了大量的冗余。大脑甚至可以在不影响信息含义传达的前提下，移除信息中的一部分组成因素。这与在外卖菜单上使用数字的情况形成了鲜明的对比，你要是在点外卖时换一个数字，你得到的必然会是一个不同的套餐。

美国信息理论家克劳德·香农（Claude Shannon）开发了一个猜字游戏来展示英语文本的冗余性，我们都可以和朋友一起玩玩这个游戏。

从报纸或书中选择一段文字，然后把其中的一些字母用一系列空格替换掉。请玩游戏的人从第一个空缺处开始猜，如果他答对了，就把字母写下来，然后继续下一个；如果他答错了，他必须继续猜下去，直到答对为止。然后，我们需要记下这个人对文中每个字母的猜测次数。

图 14-5 显示了香农的一些研究结果。请注意，大多数字母在第一次尝试时都被猜对了，尽管有些字母被尝试的次数很多，比如 REVERSE 中的 R 被猜了 15 次才对。玩游

戏的人在猜的时候，必须从 26 个英文字母加上空格字符中进行选择，因此每次有 27 个可用选项。如果进行随机猜测，你可能会期望他们平均花在每个字母上的猜测数是总数的一半，即 13.5 次猜测。但是在这个例子中，平均猜测次数低于 2（为 1.84），香农发现这对于典型的英语文本来说是相当正常的平均猜测数。

```
T  H  E  R  E  _  I  S  _  N  O  _  R  E  V  E  R  S  E  _  O  N  _  A  _  M  O  T  O  R
1  1  1  5  1  1  2  1  1  2  1  1  15  1  7  1  1  1  2  1  3  2  1  2  2  7  1  1  1  1

C  Y  C  L  E  _
4  1  1  1  1  1
```

图 14-5　香农猜字游戏研究结果

　　人们往往会在一个生词的开头的第一个字母拼命地猜，但一旦进入单词内部，玩游戏的人往往都能第一时间猜出正确答案。

第 15 章

浅谈语言感知与生成

通过对本章的学习，我们将：

▶ 探究阅读背后的奥秘；

▶ 学会正确造句；

▶ 理解语言问题。

人们每天都在使用语言，但很少有人理解他们的大脑在生成或理解语言时所使用的复杂结构和过程。认知心理学家非常感兴趣的是理解发生在表面下的大脑过程，这是有意识的内省所无法做到的。

在本章中，我们将对语言的生理方面进行探究——人们如何阅读、说话和听到语言。我们还将探讨大脑在使用语言时必须克服的问题，以及语言生成和感知可能出错的一些方式。

认知神经心理学（见第 1 章）认为，大脑的不同部分处理着语言的不同方面。正如我们所了解的，那些大脑语言相关区域有特定损伤的患者在使用语言时会表现出难以理解的选择性问题。尽管大脑在这个意义上可能依旧是模块化的，但还是有其他的证据显示这些模块之间存在着复杂的相互作用。

解读阅读的艺术

学习阅读和学习说话是完全不同的两个技能。一名正常发育的孩子一般都会在没有任何特殊训练的情况下学会说母语，所有的文化也早在引入正式教育之前就已经通过口头方式表达了。所以，学习说话似乎是一个自然过程。

然而，学习如何阅读就是另一件完全不同的事了，它不如学习说话来得自然。从历史上看，阅读和写作这两种技能是在人类已经开口说话很久很久之后才发展起来的。

在这一部分中，我们将就英语使用的字母原则进行讨论，为针对阅读的教学提供一些浅见，对一些针对阅读所做的有趣实验进行描述，并和你聊一聊大脑想出一个词是怎样的过程。

A 到 Z：字母原则

书写系统更趋向于表达口语的声音而不是它们的意思。对于某些背景，请阅读专栏 15–1 "历史上的书写系统"。

专栏 15–1   历史上的书写系统

口语是最先开始发展的，书写系统紧随其后，花了很长时间才赶上口语的脚步。从有历史记录时开始，人类就不断开发各种系统和不同的方法来将语音记录图形化。

语言是由各种大小不同的单位组成的（参见第 14 章），不同的书写系统试图在语言的不同层级上代表不同的单位。像英语等语言使用字母系统，其中视觉符号代表音素。但有些语言，如希伯来语，就从字母表中省略了元音。还有类似日语的假名，使用基于音节的表示法，因此需要成千上万的符号（这导致在开发可用的打字机和键盘时面临巨大的问题）。其他语言，如汉语，虽从代表单词的标志系统开始，但随后又转向形态句法系统，其中的书写符号代表着与有意义的单位相对应的音节。

字母原则是指字母书写系统将一小部分视觉符号（字母）映射到一小部分声音（音素）的方式。这个系统比语言学习中存在的大量语素或音节独立符号更有效。但是出于两个方面的原因，这种字母语言学起来并不容易。我们在第 14 章已讨论过更多关于音素和语素的内容。

抽象音素

第一个问题是音素是抽象的。虽然它们对应基本的语音，但同一个音素出现在不同的上下文中时，听起来就可能会有很大的不同。因此，孩子在学习的时候，必须首先学会字母 t 对应的音素声音 /t/（这种符号主要用来描述声音），很多语境中都有这样的情况出现。

对着镜子念一下 tax（税收）、butter（黄油）、smart（聪明）、test（测试）这些单词，观察一下你的嘴在形成这些不同单词中的 /t/ 音时的嘴形。相同的 /t/ 音素会对应各种不同的口型和声音。

在某些口音中，如伦敦和英国埃塞克斯附近的口音，人们通常在念 butter（黄油）这个词时，根本不发其中的 /t/ 音。取而代之的是，使用所谓的声门闭锁音：暂停，在本应该出现 /t/ 音的地方不发音（例如，他们会说类似 buh-err 的发音）。

但有一个有趣的现象，就是大脑会出现一种填补丢失声音的倾向，让它看起来是存在的（音素恢复效果）。这一现象解释了为什么即使声音丢失或模糊，你也还是能听到声音，这种效果实际上是自上而下处理的一个例子，在这种情况下，你的大脑使用现有的知识来填补你感知输入中的空白。

书写落后于声音

学习大多数字母语言时需要面临的第二个问题是，书写元音比元音音素少（土耳其语除外）。思考一下字母 a 在 saw、cat 和 make 三个单词中听起来有多么地不同。另外，人们还可以用几种方式，比如使用不同的字母或字母对来表示一个音素。例如，/oo/ 音虽然是一个单一的音素，但在单词 moo、blue 和 chew 中也存在着很大的不同。

英语在这方面相对来说存在比较高的难度，部分是因其丰富且复杂的历史所致。例如，与土耳其语相比，书面英语是有深的正字法（即拼写和发声的对应性），土耳其语在口语音素和书面字母之间的对应更简单、更规则，因此其正字法并没有达到英语的程度。在土耳其语中，每个字母的发音都是一样的，这也使得它成为最浅的正字法之一。

教授阅读

认知心理学家通过他们在各种有影响力的报告中提出的科学建议，对教育政策产生了重大影响。

在开始学习阅读技能之前，大多数孩子已经发展了合理的口语流利度和词汇量。这些孩子在幼儿阶段那几年的时间里习得了他们语言中的基本音素，但是系统的复杂性一直到学校阶段都还在持续地发展。除了先学习口语再学习书面语这种先后顺序上的不同之外，孩子们似乎还发现学习口语相比书面语而言会更加地自然。你不需要像教孩子阅读一样去教孩子说话。

阅读涉及以下两项基本技能。

✓ 解码：识别文字的能力。
✓ 理解：理解语言和意义的能力。在这一点上，口语和书面语倒是一样的。

我们当然应该鼓励人们去发展他们对真实语言的理解能力，但是对学习阅读技能来说，其关键步骤在于解码。

谈到学习解码的细节，从认知心理学层面可以有很多建议呈现。这些建议可以归结为两个要点，同时也体现了不熟练读者和熟练读者在贯通上下文层面所体现出的以下有趣的区别。

✓ 学习如何阅读，包括了学习书写符号如何代表孩子们已经熟知的口语。不熟练的读者会利用故事的背景来帮助他们解码单词，否则他们可能很难识别。
✓ 孩子必须自己发现这种关系，或者明确地被教授这种关系。熟练的读者可以脱离上下文识别单词，并利用上下文达到更高层级的文本理解目的。

你是如何阅读的

当你读这本书时，你可能会认为你的目光在每一行上从左到右平稳地移动，但其实并不是，这种平稳地阅读一行文本的感觉实际上是一种错觉。如果你观察其他人阅读时的眼神，你会发现他们的眼神会在页面上进行一系列的跳跃：他们会从一系列简短的例子中拼凑出文本。当你开始阅读时，一般会在第一行的开头附近选一个锚点，先看一会儿。然后我们会将目光快速向右移动到一个新的锚点，在那里再次停留一会儿，然后再跳到这一行距离更远的第三个锚点。

当然，心理学家会用专业术语对上述过程进行描述。

✓ 注视：每一次你看部分文本时的状态。注视仅会持续大约四分之一秒，通过将注意力集中在中心视觉，你可以从文本中读出一个或多个单词，并对细节进行感知。注视往往只发生在一组单词的中间偏左位置，并且往往根本不会注视到短单词。

✓ 迅速扫视：注视之间的跳跃。迅速扫视要短得多（大约十分之一秒），而且速度非常之快——在迅速扫视过程中，你不能吸收视觉信息。超过 10% 的扫视是倒退或逆向的。此外，在你开始扫视之前，你需要决定下一个注视点在哪里，这说明扫视中存在一定量的前瞻计划性。

当人们盯着一段文字中的一个点时，他们只能清晰地看到注视点两侧的几个字母，尽管两侧大约有 20 个字母可以以不太清晰的形式被视觉收录。

我们之所以会知道这一点，是因为已故认知心理学家基思·雷纳所设计的一系列精妙的实验。

移动窗口研究

在一项关于阅读的移动窗口研究中，研究人员在一个人阅读时动态地改变文本，使得只有紧邻注视点的字母才能正常显示，而周边视觉中的字母以某种方式被模糊掉（一些研究模糊了字母，另一些研究用 X 代替了它们）。

例如，如果一个人正在读 the quick brown fox jumped over the lazy dog（敏捷的棕色狐狸跳过了懒惰的狗）这句话，并且他正盯着 fox（狐狸）这个词，那么这个句子可能显示如下：

xxx xxxxx xrown fox jumpxx xxxx xxx xxxx xxx

随着眼睛的移动，可见字母的窗口也随之移动。通过这种方法，心理学家可以在被试通读大量句子时改变窗口的大小，使他们能够研究窗口大小的变化对阅读的影响。当窗口很小，小到只能显示几个字母时，人们的正常阅读就会面临很大的困难；但是随着窗口的扩大，阅读能力也会随之提高。当窗口足够宽时，一个人的阅读速度会变得与没有窗口限制时一样。

通过这种方法，心理学家可以估计人们在阅读时通过任何一种注视方式所接收的字母数量。实验结果显示，成年人的平均值为 15 个字母；平均扫视向前跃进的距离略超过文本总长的一半。

边界研究

一项边界研究使用眼球追踪仪来改变心理学家在实验中向被试所展示的东西，眼动追踪仪使被试看到的东西与他们所看的位置联系了起来。在这种情况下，研究人员会把句子中的某个点定为边界。当读者的眼球运动越过这个界限时，就会触发显示屏的变化。例如，被试在阅读一个句子，当他们的目光越过特定的边界时，句子后面的一个关键词就会瞬时变成一个不同的单词。

这个测试主要是为了弄清楚个体对右侧信息注视到什么程度会影响个体对文本的理解。结果显示，尽管被试没有把注意力集中在右边的一些单词上，但这些单词依旧会影响他们的阅读。这一发现说明这个过程中存在某种形式的副中央凹加工：被试确实在一定程度上加工了视觉中心以外的单词。具体来说，单词的外观和声音是在你阅读它们之前就进行了处理，但意义却不是。

在大脑中查找单词

眼球跟踪仪和前一节中提到的精妙的实验设计让认知心理学家对阅读过程中的视觉处理有了很好的了解。但是看到一个单词只是第一步，紧接着人们必须将这个单词与他们存储的单词记忆进行匹配，这一过程被称为词汇通达或词汇接触。心理学家不能直接研究这个过程，而是根据一些可测量的量来推理正在进行的过程，例如一个人回答关于他正在读什么的问题需要多长时间。

心理学家发现，当你听到一个有几个意思的单词时，你的大脑首先会激活所有的意思。但是在很短的时间后，除了适当的意思之外，其他所有的意思都会被抑制或被关闭，只留下正确的意思并使之始终处于激活状态（详见第 14 章）。

词汇判断任务

词汇判断任务用于测量一个人对不同单词的反应时间。被试坐在电脑前，一串字母在屏幕上闪烁：这个人必须快速按下两个按钮中的一个，以判断这一串字母是否是一个正确的单词。比如她看到 elephant（大象），就按左边的按钮表示"是"；如果她看到 ephantel，就按右边的按钮表示"否"。

通过这种方式，心理学家可以测量被试读取不同类型的单词所需时间上的差异。平均来说，随着出现单词不寻常程度的增加，读取的时间也会越来越长，因此人们对日常语言中经常出现的单词反应会更快。

通常，认知心理学实验所测量的都是那些相当小的、难以检测的效应，这也就是为什么心理学家一般都不只是测试一次，而是不断地进行反复的测试，并试图得出一个平均结果的原因。

语义启动

语义启动是基本词汇判断任务的升级版。它指的是，如果一个单词前面有一个相关的单词，人们往往会更快地对它做出反应。例如，当你看到"医生"这个词时，前面跟的词是"医院"，你按"是"按钮的速度会比看到"大象"时要快得多。

虽然基本所有人都认同语义启动的存在，但它却很难被检测到。尽管人们倾向于更快地回应一个"被引导"的单词，但实际上，这种被引导所产生的差别却非常小（可能只有 20 毫秒）。因此，心理学家只能通过对大量单词进行多次的测量，并对已输入和未输入的单词进行平均来对语义启动实施稳定的检测。

语义启动通常可以用大脑的网络模型来解释，在这个模型中，意义相关的单词是相互联系的：当一个单词被激活时，它会向所有与它有联系的单词发送微弱的激活波，使这些单词也都变得稍微活跃一些（详见第 11 章）。

跨通道启动

当你读到 When the performance ended the audience rose to their feet and applauded（当表演结束时，观众起立鼓掌）这句话时，你认为在你的心理词典中，围绕 rose 这个词会发生什么呢？在这种情况下，rose 是一个动词，意思是站起来，但它也可以指玫瑰花。那么你会同时考虑这两种意思吗？还是只考虑这句话中的正确含义呢？

你不能仅仅通过自思自忖来回答这个问题，因为这个问题所涉及的过程很快，并且发生在你的意识觉知水平之下。

 测试这一问题的一种巧妙方法依赖于一种叫作跨通道启动的效应。通道在这里指的是呈现模式的类型（比如你是听到还是看到一个单词），因此跨通道启动指的是以一种模式呈现的单词可以启动以另一种模式呈现的单词。如果你听到"医院"这个词，你就会更快地对"医生"这个词的视觉呈现做出反应。

有一个跨通道启动实验可以帮助心理学家对在线处理过程中的词汇读取进行研究。也就是说，他们可以看到一个人在听到一个句子的过程中是如何读取单词的。这个实验的具体步骤如下。

1. 一名被试戴着耳机坐在电脑前执行词汇判断任务。他看着屏幕上闪现的字符串，如果字符串是单词，就按一个按钮，如果字符串不是单词，就按另一个按钮。心理学家对被试的反应时间进行测量。

2. 当被试做这个任务时，心理学家会通过耳机播放各种句子。被试不必对这些句子做任何具体的处理，心理学家所关注的其实是被试听到的单词对看到单词并做出反应的时间所带来的影响。

3. 心理学家对屏幕上呈现的单词进行计时，以精确匹配正在听的单词。例如，他们可以在听到单词 rose（玫瑰）后的 50、100 或 200 毫秒在屏幕上显示单词 flower（花）。

4. 心理学家会改变提醒与目标之间的时间。他们的目的是观察它如何影响被试做出词汇判断的时间。

这种巧妙的实验设计可以进行精确的测量。在大量统计数据的支持下，心理学家已经计算出当被试在特定的上下文中遇到一个模糊的单词时会发生什么。听到"玫瑰"这个词后的很短一段时间内，这个词就被赋予了"花"这个不恰当的含义，但这种效果很快就会消失；另一方面，如果研究人员将"玫瑰"这个词放在"情人节我给了我的爱人一朵可爱的红玫瑰"这样的背景下，"花"这个含义的启动则会持续更久。

组合连贯的句子

人们不用付诸有意识的努力就能造出句子，认知心理学家对其中的机制很感兴趣。例如，在研究口吃者为什么会在单词开头就"卡住"时，认知心理学中大多数言语产生的模型都着眼于机制而不是情绪（尽管几乎所有人都认同压力和焦虑会给大脑施加更大的负荷，使说话者更难处理说话任务，从而使事情变得更糟的观点）。

在这一节中，我们将研究这一领域所遇到的困难，并围绕在一定程度上克服了这些困难的若干模型展开讨论。

专栏 15–2　主是一只推搡的豹子

首音误置（又称斯普纳现象）是一种言语错误，说话者互换两个词的部分，产生不同的词来改变原有含义，这样做通常是为了达到幽默的效果。牛津大学的查尔斯·斯普纳（Charles Spooner）牧师就曾因犯了这样的口误而声名狼藉。他曾把 The lord is a loving shepherd（主是慈爱的牧羊人）说成了 The lord is a shoving leopard（主是一只推搡的豹子），把 You've wasted a whole term（你浪费了整整一个学期）说成了 You've tasted a whole worm（你尝到了一整条虫子的味道）。

斯本内式首音误置这样的"口误"在研究言语产生的认知心理学领域扮演着有趣的角色。虽然把它称作"大脑的失误"可能更合适，因为大脑是这些错误的来源，但人们依旧称它为口误。

造句

当心理学家研究语言感知时，他们通常会给被试布置任务，在这些任务中，被试必须在各种不同的条件下识别单词或句子。但是，要想在实验室条件下研究语言产生的过程着实是一件困难之事。例如，关于言语产生过程的一些最令人信服的证据来自对言语错误的研究，这些错误往往发生在日常的正常谈话中，在人们混淆对方所说的话时。要在实验室条件下引发这样的自然错误是很困难的。所以，大多数研究都采用了施加较少控制的日记法来进行，研究人员只需记录下他们在日常生活中遇到的每一个语音错误即可。

这种方法可能不如基于实验室的研究来得可靠，并且还可能出现研究者的选择性偏见（在注意或选择记录方面）。尽管存在这些限制，还是有一些揭示人们生产句子时所涉及的一系列复杂过程的有趣范例出现了。

关注句子生成的不同模型

美国心理语言学教授梅里尔·加勒特（Merrill Garrett）用日记法收集语音错误。他利用观察到的语音错误设计了一个语音生成模型，试图解释人们说话时所涉及的一系列独立过程。

在梅里尔·加勒特的模型中，一个句子在你说之前要经过以下三个层面。

- ✓ 信息层面：表达你想要传达的意思。如果你会说两种语言，那这个层次可能就代表着你想用哪种语言来表达自己。说双语的人经常在不改变原文意思的情况下转换语言。
- ✓ 句子层面：你接收要表达的信息，并选择你想用来表达的特定词语和语法形式。这里存在功能层和位置层两个独立的过程。
- ✓ 发音层面：你把你构建的句子说出来，计算出说出它所需的发音过程的精确顺序。产生声音需要复杂的肌肉运动组合。

梅里尔·加勒特的模型提出句子层面包含功能语素（携带句子语法结构的小词或词的一部分）的功能框架的构建。这个框架里面包含了很多的插槽，其中会插入很多携带句子语义的词汇语素。就此，梅里尔·加勒特举了一个错误的例子：How many pies does it take to make an apple（做一个苹果需要多少个派）？这里，pie（派）已经插入框架 How many ___-s（多少）中，apple（苹果）已经插入框架 a ___（一个）中。

已故美国语言学家维多利亚·弗罗姆金（Victoria Fromkin）是研究言语错误的先驱，你可以上网访问她的语音错误数据库。

专栏 15-3　陷入弗洛伊德式的口误之中

西格蒙德·弗洛伊德关于言语错误的著作为我们带来了一个现代术语——弗洛伊德式口误（Freudian slip）。这不是一件让他感到舒适的丝质内衣（slip），而是一种想法，即个体不经意间的错误实际上揭示了一个人试图抑制的某种隐藏含义。

杰拉尔德·福特曾将他的美国总统任期称为 a single four-year sentence（一个四年徒刑），而不是 term（任期），这意味着他打心眼里认为这就像一个监禁判决。弗洛伊德的解释侧重于隐藏的、压抑的含义，而认知心理学家可能会注意到，term（任期）和 sentence（徒刑）跟在 prison（监狱）这个词后面时是可以互换的，因此它们可能已经在福特的心理"词典"中被联系在一起了。当他寻找这个词来描述总统任期的长度时，sentence（徒刑）可能已经被它的相关含义激活了。

当一个朋友与心理语言学家加里·戴尔（Gary Dell）谈起福特另一个口误时，他说："我听说弗洛伊德犯了一个福特式口误（I heard Freud made a Fordian slip）。"有趣的是，说这句话的人把"弗洛伊德"和"福特"两个人名进行了调换，这两个语音单位有几个重复的属性：它们都是专有名词，都以字母 F 开头，以字母 d 结尾，而且都包含一个音节。这个错误是语素交换错误的一个例子，因为是语素而不是词在进行交换。一个人说出"我听说弗洛伊德犯了一个福特式口误"这句话的可能性并不是很大。取而代之的是"弗洛伊德式"（Freudian）结尾中的 ian 仍然存在，并附加在放错地方的"福特"（Ford）那里。

语音的识别

在你计划好你要说的话后，你需要把它付诸实践，用正确的方式操纵自己发声系统的肌肉，然后说出你要说的话。

区分同一个声音的不同含义

如果用正常流利的语言来说，It's not easy to recognise speech（不容易识别语音）和 It's not easy to wreck a nice beach（不容易破坏一个美丽的海滩）这两句话听起来几乎是一样的。这要归因于两个因素：构成短语 recognise speech（识别语音）和 wreck a nice beach（破坏一个美丽的海滩）的音素几乎相同，人们往往不会在单词之间停顿。在英语中，同一段话可以被解释为两个词或四个词的短语。

我们使用《CMU 发音词典》（*The CMU Pronouncing Dictionary*）对上述两个短语进行了如下的语音转写。

单词	音素
recognise speech	R EH K AH G N AY Z S P IY CH
wreck a nice beach	R EH K AH N AY S B IY CH

言语分割

人脑如何将语言分解成单词的问题就是言语分割的问题。你可能认为前面我们所提到的例子都是特殊的、极少见的，通常单词之间的空格都是清晰且明显的。但是，事实并非如此，在正常的讲话状态下，其实很少包含词与词之间的明显停顿。

心理学家珍妮·萨弗兰（Jenny Saffran）和他的同事给婴儿播放了一段无意义语言的录音，发现这些婴儿被试很明显地记住了该语言音节之间的关联。为了创造无意义的语言，他们将无义音节组合成 pabiku 和 golatu 这样的词，然后将它们串在一起，没有任何停顿和空格，以此拼凑出了时长几分钟的单调的电子化无意义语音。

婴儿被试所做的就只是听着，并没有因此收到任何反馈或奖励。随后，实验者还用成对且无意义的单词对这些婴儿被试进行了测试。因为被试是婴儿，不能要求他们从两个单词中选择一个，所以实验者选择用成对的单词进行测试，随后记录了婴儿被试注意每个单词的时间。例如，婴儿被试可能会听到以如下一连串字母开始的序列：

tupirogolabubidakupadotitupirobidakugolabupadotibidakutupiropadotigolabutupiro……

研究人员会把这些字母串在一起形成很多无意义的词，如：

Tupiro golabu bidaku padoti tupiro bidaku golabu padoti bidaku tupiro padoti golabu tupiro

然后给这些婴儿被试两个刺激源：一个是无意义语言中的一个词，如 bidaku；另一个是组合词，由一个词的结尾和另一个词的开头组成，如 pirogo。珍妮·萨弗兰和她的同事发现，婴儿被试花在组合词上的时间比花在整个单词上的时间要长，这表明他们对整个单词更熟悉——组合词对他们来说更新颖，所以显得更有趣；反过来，这表明这些孩子会使用单词之间的特定统计模式来帮助他们找出一个单词的结束位置和另一个单词的开始位置。

如果单词之间没有空格，孩子们是如何学会区分整个单词和组合词的呢？研究人员认为，婴儿一定是在一个音节后面紧跟另一个音节的频率单词，每个音节后面总是跟着同一个音节，但是在单词的末尾，下一个音节的选择就更具可变性。婴儿会对这些过渡的可能性进行跟踪，并利用它们将语音分割成其构成词。

语言问题探究

本章的大部分内容都是围绕认知心理学如何帮助人们理解语言问题而展开的，但同时，语言问题也可以帮助人们发展认知心理学。语言问题的类型可谓多种多样，这些问题可能是由多种因素造成，包括脑损伤、基因突变或学习问题。这里我们仅就四个问题加以详解。

失语症：语言的丧失

失语症指语言障碍。自 19 世纪以来，人们已经明确了失语症的两种类型，且已广为

人知，它们以其发现者的名字命名。

✓ **布罗卡氏失语症**：由保罗·布罗卡（Paul Broca）发现，主要是由额叶中负责言语运动控制的区域（现在称为布罗卡区）受损引起的。布罗卡氏失语症的典型特征是说话不流畅，有明显的忽略语法语素的倾向；患者说话时会使用非常简单的句子结构，缺乏正常的语调。患有布罗卡氏失语症的人会发现 Peter gave Mike beer（彼得给了迈克啤酒）这句话很容易理解，但理解 The beer was given to Mike by Peter（啤酒是彼得给迈克的）这句话则非常难。

✓ **韦尼克氏失语症**：由卡尔·韦尼克（Carl Wernicke）发现，主要是由顶叶和颞叶（现在称为韦尼克区）中负责理解意义的区域受损引起的。患者通常表述流利，但会经常产生一些错误的单词，甚至创造自己的单词（新词）。一个人可能会说 I will sook you dinner（我给你 sook 饭），而不是 I will cook you dinner（我给你做饭）。

这些问题似乎对语言的不同方面产生着影响，并经常被用作双重分离的例子，即大脑的两个独立部分独立处理一项任务的不同方面。广义上来说，布罗卡氏失语症的特点是语义完整，但句法和流畅性受损。韦尼克氏失语症则几乎与之相反，言语流畅，句法正确，但语义受损。

这两种类型的失语症通常是由大脑左侧的损伤引起的。对相应右侧区域的损害则会产生不同的语言问题，如言语情感的产生（对布罗卡区的损害）和理解（对韦尼克区的损害）之间的互补性问题。

基因测序：特定的语言障碍

特殊语言障碍是一种罕见的家庭疾病，患者往往有特定的语法问题，这导致一些人认为这是一种可以证明"语言基因"存在的证据。

然而，最近的研究表明，特殊语言障碍可能并不限于语言层面存在，但这种情况下潜在的遗传差异可能是出现这种问题更普遍的原因。例如，相同的基因在其他哺乳动物中

（包括老鼠）以非常相似的形式出现。当这种基因突变时，老鼠在组织一系列行动时就会出现一些特定的问题。

一口外国口音

脑损伤也会影响语音的发音，一些脑损伤的人开始用外国口音说话。这个问题表明大脑中存在处理特定发音和说话方式的区域。这些大脑区域可能控制语言的运动系统，如果受损，会导致人们以奇怪的方式说话。对听到这样口音的人来说，这种新的说话方式听起来肯定是很陌生的。

阅读障碍：面临一些阅读上的难题

当人们的阅读能力落后于其他认知能力时，通常会被归类为诵读困难症。但是这个定义很复杂，因为诵读困难并不是一个单一的状态，它可以包括患有影响阅读的特定神经障碍的人，以及出于这样或那样的原因没有学习阅读所需的特定解码技能的人。

在实践中，几乎没有证据表明在大多数阅读障碍病例中存在特定的神经或遗传问题。认知心理学家黛安娜·麦吉尼斯在她的《为什么孩子不能阅读》（*Why Children Can't Read*）一书中对许多相关的研究成果进行了概述，这些研究表明被诊断为诵读困难症的人可能只是没有获得必要的解码技能。这种情况可以通过正确的补救方案来解决，并在后天情况下，教会这些人正确地阅读。

该研究还表明，在许多情况下，阅读障碍的诊断并不意味着永久性的阅读能力丧失；相反，这个问题可能反映了这样一个事实，即人们学习阅读的方式并没有对成为一名熟练阅读者所需的字母和声音之间的正确映射进行强调。通过训练成年人必要的语音解码技能，他们可以将自己的阅读水平提高到更符合其一般智力水平的阅读水平上。

第 16 章

发现语言和思维之间的联系

- -

通过对本章的学习,我们将:

▶ 探索语言是否影响思维;

▶ 思考没有语言思想能否存在;

▶ 对比两种不同的观点。

- -

花点时间回想一下你今天早上吃的早餐(希望你已经吃过了,要不然这个介绍可能会让你很饿)。尽管当被要求以这种方式思考一个特定的概念时,你可能会联想到一些意象。例如,融化的黄油从一片烤面包上滴到你干净的夹克上,但你依旧还是会选择用语言和文字来表达你的想法。

词语的这种重要用途是否意味着人类的整个思维过程都是基于语言产生的呢?如果你认为是,那就意味着说不同语言的人彼此之间的思维方式不同,而那些没有语言的人也就无法思考(尽管这似乎极不可能)。

早餐思维实验暗示了心理学中一场持久的、激烈的争论:语言会影响思维吗?或者说实际上在引导思维吗?思想又会不会指导语言呢?显然这两个方面是相关的(在本章中,我们会经常一起描述语言和思想),但是这种联系的本质又是什么?

在这场争论中,存在以下两个对立的思想流派。

✓ 现实主义者:相信语言和思想是不相关的。

✓ 建构主义者:相信语言影响思维。许多传统思想家认为,从逻辑上看,思维肯定先于语言,但这一观点一直受到挑战。

在本章中,我们会就语言和思维之间的联系进行讨论,其中包括这一领域最著名的理论萨丕尔–沃尔夫假说（又称语言相对论）和支持它的大量证据。当然，我们也会看到大量与这一理论相反的证据。在整个过程中，我们试图对"思考需要语言吗"这一问题做出一个合乎逻辑的回答。

对"思考需要语言"的观点进行研究

许多证据表明，语言对思维有着深刻的影响。在这一节中，可以看到我们对语言和思维之间有着密切而重要的联系这一论断所抱持的支持态度。另外，我们还会就语言差异、颜色感知和儿童的思维方式等方面进行探究。

将语言与思维联系起来

苏联心理学家利维·维果斯基（Lev Vygotsky）认为，语言和思维是交织在一起的，这种变化是在儿童时期开始的。幼儿早期，思维和语言并不是联系在一起的，但是随着孩子年龄的增长，语言和思维开始慢慢变得有所关联，但这个时候，这种关联依旧松散，行为会先于语言描述出现。随后，很多说出来的东西就会变成内在的言语，使人们产生复杂的思想。

美国语言学家本杰明·沃尔夫（Benjamin Whorf）是这一观点的主要支持者（请不要和《星际迷航》中的角色沃尔夫先生混淆），他认为人们需要语言来思考，语言决定他们如何思考。

本杰明·沃尔夫所做出的这种假设通常被称为萨丕尔–沃尔夫假设（或语言相对论）。这个观点认为，一个人的语言结构决定了他如何看待这个世界——他如何设计概念和类别，如何记忆和思考他的周围环境。

心理学家根据萨丕尔–沃尔夫假说的强弱观点进行了讨论。

✓ 强势观点：语言在任何情况下都必须影响思维。没有语言就不可能有任何一种思想产生。某些概念可以用一种语言表达，但用另一种语言却无法描述，大量不可译的句子必然存在，这就产生了可译性问题。但几乎没有任何证据支持这一强有力的观点。

✓ 弱势观点：语言影响思维。大量证据支持这种形式的语言相对性，即语言导致心理过程的差异。人们的语言形式影响他们的思维方式（称为语言决定论）。这种观点类似于维果茨基的观点，即有些思维确实需要语言。

考虑跨文化语言差异

在这一节中，我们将给出支持萨丕尔－沃尔夫假说弱势观点的证据，我们在前面的部分中已就该假说进行了介绍。第一个证据是语言间翻译的困难。然而，这方面很难评估，因为字面翻译不一定代表着概念翻译。因此，研究人员设计了更精确的研究。

许多研究都会通过让被试用不同的语言对颜色进行描述，来揭示语言对感知的影响，并以此进一步推理语言可以影响思维。

颜色识别实验表明，缺少针对特定颜色进行描述的单词会给人们记忆该颜色带来困难。例如，一名美洲原住民部落的成员只使用一个词同时对黄色和橙色进行描述，那么他们在识别黄色和橙色时就会比说英语的人犯更多的错误；同样，语言中只有两个形容颜色的词的新几内亚部落会显示出比说英语的人更差的颜色识别记忆（你可以在后面的"看到相同：普遍感知"这部分内容中，阅读到更多关于这项研究的内容）。

在另一个只测试讲英语的实验中，被试被要求给色卡命名或者放弃命名。实验人员随后测试了他们的记忆情况。给色卡命名导致这些被试更难准确识别颜色，这再次突出了语言与感知之间的关系。

专栏 16-1　我能思考但不能说

美国心理学家阿尔弗雷德·布鲁姆（Alfred Bloom）认为，汉语普通话的语法结构使得以汉语普通话为母语的人，无法处理与事实相反的陈述，也无法进行与事实相反的推理。举个例子，当一个包含"如果"的陈述后面跟的不是一个明显相关的事实，比如"如果我复习了，我就会通过考试"。这句话是不符合事实的，因为有时候即使是复习了，也可能考不及格。但是布鲁姆给出的材料受到了批评，因为实际上，只有语法结构是不寻常的：使用替代语法结构就可以使说普通话的人进行与事实相反的思考。

把这个和那个分开：分类知觉

 分类知觉是指，人们发现两种相似的刺激来自不同的类别（类别间）比来自同一类别（类别内）更容易区分。这种情况多见于对颜色、音素（详见第 13 章）和情感表达方面。

　　分类知觉是显示语言影响知觉效果的主要候选者。例如，在日语中声音 r 和声音 l 是分不清的，这在过去导致了无数非常无趣的笑话，集中在 rice（米饭）和 lice（虱子）的混淆上。这两种声音之间没有绝对的界限，因为语言没有区别。

　　对颜色的跨文化分类知觉也存在类似的效应。说塔拉乌马拉语的人对蓝色和绿色并不存在不同的称呼，但是英语中是有的。说英语的人在绿色和蓝色之间有一个明确的界限，而说塔拉乌马拉语的人则没有。

展示儿童发展的证据

　　对儿童的研究为我们带来了更多的证据，证明了语言对感知来说是必要的。例如，儿童似乎需要语言技能来表达两个相关项目之间的差异，以解决与这些关系相关的问题（请看专栏 16–2 "阐明事物之间的关系"以了解更多详细信息）。

专栏 16-2 阐明事物之间的关系

如果你熟悉发展心理学，你就可能听说过法国发展心理学家让·皮亚杰（Jean Piaget）。皮亚杰提出了一个理论用来解释儿童一系列的阶段性发展。

其中一个阶段是基于儿童对关系和概念的理解（前运算阶段）进行的。在这个阶段，那些能够用语言描述两个事物之间关系的孩子（比如 A 大于 B）同样也能够解决涉及这种关系的各种问题。相比之下，那些不会用语言表达关系的孩子就解决不了问题。因此，必要的认知能力需要语言。

不过，一般认知和语言能力是同时发展的，因此很难将两者分开。皮亚杰认为，语言是跟随认知的发展而发展的，这表明语言和认知之间存在周期性关系。

评估语言如何影响思维的一个有效的方法是对没有语言的人进行测试。新生婴儿还没有发展出语言，所以可以称为理想的对象。

对儿童的研究主要集中在颜色知觉和分类知觉的探索上。许多研究表明，孩子们很难区分他们没有进行过口头标签的颜色。此外，分类知觉的界限在儿童中也不容易识别。

尽管在对颜色的感知上可能存在一些发展与变化，但我们在第 5 章中提到的焦点颜色（英语的 11 个基本颜色术语，包括红色和蓝色）似乎在没有对应描述单词的情况下也能被儿童更早地习得。

其他认知能力

接下来，我们会提供更多的语言如何影响思维的证据。

人们给物体贴标签的方式会影响物体被识别的准确性。在一项实验中，一系列相当模糊的物体被逐一展示给被试，这些物体有的被贴上了标签，有的则没有。给模糊的物体贴标签有助于人们记忆，这也表明了语言是有助于记忆的。

当呈现一系列需要记忆的形状时，那些根据独特的标签（如新月形）进行口头标记的被试，会比那些根据常见的标签（如正方形）进行口头标记的被试更有可能记住它们。这与萨丕尔 - 沃尔夫假说的弱势观点所述一致，因为所使用的语言已经影响了记忆（参见本章"将语言与思维联系起来"这部分内容）。

语言如何影响记忆的另一个类似的例子是语言的遮蔽效应。就是为什么用语言来描述物体实际上会使它们更难被记住。人们发现用语言描述物体的这种奇怪现象与对人脸的描述和记忆非常一致。在一项研究中，被试在看到一张人脸的照片后，被要求对所看到的人脸进行描述。随后，他们必须从一排人中辨认出这张脸。被试在这项任务中所给出的判断非常不准确——比那些没有进行描述的脸部图像更加糟糕。这个结果告诉我们，语言可以改变人们记忆人脸的方式，而这与萨丕尔 - 沃尔夫的假说一致。

另一个类似的例子是关于错误记忆的研究。美国心理学家伊丽莎白·洛夫特斯发现，在向人们提出引导性问题后，对事件的记忆会发生实质性的改变。研究的结果表明，语言可以影响人们的记忆，从而影响他们的思维。

一些心理学家指出，功能固着（指人们对特定物体的严格定义程度，这使得人们很难将这些特定物体视为拥有其定义之外的功能。具体见第 17 章）是语言的结果。换句话说，如果人们没有词语来描述特定物体，他们就可以把特定物体用于其他用途。

证明语言如何影响认知的一种方法是对双语者所抱有的文化刻板印象或者说文化定式进行探索。例如，英语中其实就包含着一种艺术类型的刻板印象（喜怒无常、放荡不羁、有点怪异）。但这种刻板印象在说汉语普通话的人身上却是不存在的。当被要求就此随意进行一些解释时，如果人们遇到被试所说的语言中存在文化定式的情况，他们反而能够就此提供更多的细节。也就是说，人们会根据他们所说的语言进行一番推理。当双语者用一种语言说话时，他们的思维方式与用另一种语言说话时的思维方式有着显著的不同。

有证据表明，空间推理任务（如地图阅读）中的表现同样也受到说话者语言的影响。语言中采用相对空间编码（即一个对象被描述为紧挨着另一个对象或在另一个对象的左边，等等）的被试的表现方式与那些语言中采用绝对空间编码系统的被试所呈现出的表现方式完全不同（当根据绝对位置描述物体时，例如北和南）。所以，如果你想准时到达，下次你给别人指路时就要仔细考虑清楚。

脱离语言进行思考可能吗

我们在本章"将语言与思维联系起来"中提及的那些思想家认为，认知推动语言的发展。但其他人似乎也有相反的观点，即认为语言和认知是两种完全独立的能力。

在这一部分，我们介绍的研究表明，没有语言的思考是可能的。我们将从意识、普遍感知、专业知识和对儿童的研究中寻找证据。

将意识带入讨论

认知心理学家研究大脑，试图弄清楚大脑中的进程如何使人类行为得以实现的（见第1章）。例如，当你试图说出一个句子时，第一个单词出口之前需要经过一系列复杂的流程，这涉及许多不同的大脑区域和信息提取、计划以及复杂的运动控制的不同阶段，但所有这些潜在的过程你都意识不到。

 有时，心理学家会用僵尸脑这个术语来区分许多独立于意识思维的过程。

人的意识就像优雅地漂浮在水面上的天鹅，而它的腿却在水面下疯狂地划着水。这种情况为我们带来了以下思考：假设有意识的想法存在于语言中，但语言是大脑中人类没有意识到的区域中发生的许多过程的结果，那么人类真的是自己想出这些想法的吗？还是僵尸脑在做这件事，并让有意识的大脑知道了结果呢？

我们在这里研究意识是为了探索那些通常不以语言为基础的无意识思维是否存在，以及它的本质是什么。

你怎么知道自己存在

法国哲学家勒内·笛卡尔（René Descartes）有句名言是"我思故我在"。

早在"虚拟现实"这一概念或《黑客帝国》(*The Matrix*)等电影描绘的那种虚幻体验出现之前,笛卡尔就已经在思考人们是否能知道"什么是真实的"这个问题了。他设想了一种情况,在这种情况下,人们的感官全部被魔鬼愚弄了,所以那些看起来像现实的东西实际上都是幻觉。他问所有人,在这种情况下能确定什么,根据人们的回答,笛卡尔得出了结论,尽管所有的感官都可能被愚弄,但人们能确定的唯一真实的东西是他们自己的意识。没错,甚至你自己的身体也可能是一种幻觉——你可能只是一个被放在大桶里从计算机(或恶魔)那里获得虚幻的感官信息的大脑。啊,"虚幻的感官信息"就像霍默·辛普森(美国电视动画《辛普森一家》中的一名虚构角色,常常展现出低智商的行为)流着口水说的。

人们可以确信他们所想的是真实的——这就是他们,所以,他们知道他们是谁。这个观点同样说明,人们只能了解到自己的意识——他们永远无法了解到别人是否有意识,也不知道那个人的经历是否与他们的一样。

站住!谁在那里?我还是 iPad

20 世纪 50 年代,计算机先驱和战时密码破译员艾伦·图灵(Alan Turing)提出了一个相关的问题:人们如何确定计算机是否智能?这个问题类似于知道另一个人是否有意识。你永远不可能真正知道;相反,你必须根据他们的外部行为来推理其内心发生了什么。因此,图灵提出了一种智力的行为测量方法,为了纪念他,这种测量方法以他的名字命名为图灵测试。

在图灵测试中,人类裁判员通过纯文本媒体与两个或多个实体通信,这些实体可能是真人,也可能是假扮成人的计算机(现在的形式可能是通过手机短信或聊天软件)。然后,这个人会根据他们说的话和他们如何与他互动来对实体进行判断,而不是根据他们的外表或声音。该测试包括与实体就裁判员选择的任何主题进行对话,根据互动,必须判断决定哪个是人、哪个是计算机。

一年一度的人工智能大奖赛勒布纳奖(the Loebner Prize)采用了一种受限形式的图灵测试——研究人员进入被称为聊天机器人的程序,这些程序必须与人类竞争,说服人类裁判员它们是人。裁判员只被允许在非常狭窄的话题范围里与人工智能进行谈话,但尽管如此,还没有任何计算机程序因为骗过了裁判员而获奖,这表明思想实际上可以超越语言。

看到相同：普遍感知

 在本章的前半部分，我们对语言如何影响对颜色的感知进行了描述（见"考虑跨文化语言差异"这部分内容）。但是，跨文化语言在颜色感知上的差异并不总是存在的。埃莉诺·罗施·海德相信一种叫作普遍感知的东西，在这种知觉状态下，不管人们的语言如何，所感知到的都是同一件东西。

埃莉诺·罗施·海德对一个被称作"达尼"（Dani）的、来自新几内亚雨林的石器时代部落的颜色感知情况进行了测试。对于说英语的人来说，达尼部落的颜色词存在着很大的不同，有多不同呢？事实上，一共就只有两种（亮、暖色调用 mola，暗、冷色调用 mili）。但是他们能够像说英语的人一样准确地区分呈现给他们的两种颜色。考虑到达尼人和说英语的人对颜色刺激的记忆存在差异，这表明语言可能影响记忆，但不会影响感知。

研究还发现，与英语和达尼语中的非焦点颜色相比，针对焦点颜色（英语中使用的11 个基本颜色术语）所展现出的识别记忆会更好。因此，在没有单词来协助记忆的情况下，说达尼语的人相对其他颜色会更擅长记住特定的颜色，但他们在这方面的表现依旧不如说英语的人好。

对于焦点形状记忆的研究也获得了类似的结果。说达尼语的人也没有英语中那些对基本形状进行形容的单词，但他们仍然可以区分它们。

美国语言学家布伦特·伯林（Brent Berlin）和保罗·凯（Paul Kay）也相信感知的普遍性，并提出了一个颜色术语的层级结构（顶部为黑色和白色，下一个是红色），所有语言中都有层级结构中处在较高位置的颜色术语，较低的颜色术语会越来越不突出（详见表16–1）。但需要注意的是，所有的人都可以辨别11 种焦点颜色（查看后面的"对立论点比较"一节内容）。

表 16–1	基本色的层级		
黑	白		
红			
黄	蓝	绿	
粽			
紫	粉	橙	灰

根据埃莉诺·罗施·海德、布伦特·伯林和保罗·凯的研究结果，每个人都可以感知到相同的颜色（除了那些有颜色缺陷，即色盲色弱的人）。所以，研究人员得出结论，认为感知属于生物衍生。因为人有一种特殊的生理机能（他们只有三种颜色受体，见第 5 章），以一种特殊的方式进行感知。比如，虽然都是绿色，但你依旧可以区分绿色罗勒叶和绿色菠菜叶的颜色，这是因为你眼睛里的受体让你察觉到了这种差异。那些语言中没有"绿色"这个词的人也同样可以区分它们，因为他们的视觉系统的生理机能允许他们看到绿色。

综上，感知是由生物决定的，而不是由语言决定的。并且，根据推理，包括思维在内的其他心理过程也同样不是由语言决定的。

我真的不知道：专业知识

如果你让专业足球运动员描述他们踢球的步骤，通常都会遇到些困难。成为某方面的专家通常会改变相关的心理过程，因此，类似于如何做这项活动对你进行描述会成为一件非常困难的事情。

专家发现很难用语言描述他们的活动，这一事实是一种语言之外的思维过程的证明。并且，可以进一步扩展：当专业运动员不得不对他们如何进行体育运动进行描述时，往往会表现得很差。这种困局出现的原因，主要是因为他们必须用语言来描述他们本不用语言思考的活动。换句话说，没有语言，行为也能存在。

自动性则是另一种不需要语言的思维形式，即人们自动完成的任务不需要语言的参与，这也从另一个侧面凸显出语言并不是思维的必要条件。

同样，人们可能很容易描述一张脸，但研究表明，他们对脸的描述并不总是与他们对脸的记忆相匹配。也就是说，人们实际上无法描述识别人脸的心理过程。正确的词语并不总是能够准确地表达思维过程。

它始于一个想法：心理语言

 心理语言指的是大脑的一种特殊语言。这个观点认为，当人们产生一个想法时，首先会在大脑内以某种语言形式产生，然后再被转换成口语，使他们能够与他人交流这个想法。同样，当人们和你说话时，他们的语言在你真正理解之前，就已经被转换成了心理语言了。

以下是一些支持人们用心理语言去分析思考而不是用正常口语思考的理论论点。

✓ 人们通常很难把想法用语言表达出来。如果想法已经用语言表达了，这就不是问题了。

✓ 人们可以为新奇的概念创造新的词汇或短语，这意味着思想可以先于表达这些思想所需的语言。

✓ 比起说话，处于语言前期阶段的儿童和动物似乎更能进行某种程度的思考。海伦·凯勒（Helen Keller）从小又盲又聋，但她说，没有语言也可以有思想。

✓ 当一个句子的目的意义不明确时，它的意思也可能不明确，这表明思想比表达思想的语言更不容易产生歧义。例如，报纸上一则新闻的标题是 "Prostitutes Appeal to Pope"（妓女向教皇提起诉讼）的意思，但你可以很容易地（令人尴尬地）用另一种含义（歧义）去解读为 "妓女吸引了教皇"。

说实话，我不记得做过那件事

如果人需要语言来思考，一个可以很自然就得到的结论是，在有语言之前，人是不会思考的。但是孩子有认知和思维，语言是从认知和思维中发展出来的，这与认知先于语言发展的观点是一致的。

证据来自对儿童认知能力的研究。一旦儿童发展出物体永恒的概念（也就是说，当一个物体被某个东西遮住时，它仍然存在），他们就能够用语言来描述这个物体。

 回想你小时候会说话之前，我敢肯定你相信你自己是会思考的。但是，那些在生活中的某个时刻你没有想到的概念是很难理解的。另外需要注意的是，人在发展语言之前似乎没有任何记忆，称为婴儿遗忘症（见第 10 章相关内容）。因此，也许人类需要语言来形成记忆。

两种相反观点的比较

前面几节我们就"思维依赖于语言"及"思维不依赖于语言"这两种对立的观点进行了探讨。

 如果你想在发表的学术文章中寻找一个明确的答案，那你可能会失望。研究人员为语言影响思维和相反的观点提供了越来越多的证据。关于这个问题的争论，可能会变得相当激烈，因为一方的研究者经常会批评对方研究者使用的方法。

在这里，我们以一种平衡、中立的观点来对这两观点进行一个比较。说实话，我们并没有偏向其中一方，尽管在本节结束时我们可能会有偏向。

我们在表 16–2 中列出了双方的大致观点。

表 16–2　　　　　　　　　　支持和反对萨丕尔 – 沃尔夫假说的论据

思维和语言是相互关联的	思维不需要语言
对非语言颜色的识别记忆较差（见"考虑跨文化语言差异"这部分内容）	即使没有单词，对焦点颜色的识别记忆也很好
不需要语言也能很好地辨别颜色（见"看到相同：普遍感知"这部分内容）	
言语遮蔽效应（见"其他认知能力"这部分内容）	精神类（参阅"它始于一个想法：心理语言"这个部分了解更多内容）
婴儿遗忘症（见"说实话，我不记得做过那件事"这部分内容）	意识（"将意识带入讨论"这个部分有详细内容）
功能固着（我们也在"其他认知能力"这部分进行了讨论）	

 关于不同语言引起的感知差异结果之间的不同是很值得注意的。

✓ 语言似乎确实会影响识别记忆。但是当两种颜色同时或在时间上很接近地出现时，颜色的辨别并不受语言的影响。因此，语言可能不会因为基本的生理系统而影响感知，但可能会影响记忆，因为记忆是基于文化和经验产生的。该领域研究的另一个问题是，这些研究中经常发现的控制缺乏。例如，一些对颜色感知共性的研究未能始终如一地应用定义焦点颜色的标准。这些问题表明，感知发现的共性（如我们在前面的"看到相同：普遍感知"一节中讨论的那些）很可能是不良方法的结果。

✓ 环境会影响某些颜色的接触，同时生理决定了什么颜色更容易被识别。与这一发现相关的是，虽然语言学家可能认为某种语言不存在特定词来描述一种特定的颜色，但那些说这种语言的人通常认为，他们的语言中确实存在着一个用来描述这种颜色的词。比如，使用相同单词表示蓝色和绿色的语言的使用者（语言学家认为威尔士语就存在这样的情况，但威尔士语使用者说他们确实有一个单词用来表示绿色）可能会使用另一个单词来区分不同的颜色，如附加单词"天空"或"草"来区分这两种颜色（查看专栏 16–3 "不止有一种大米"）。另一方面，环境可能导致人们设计出不同的词语。也就是说，语言和思维可能部分由环境决定。将环境和文化的影响从语言中分离出来几乎是不可能的事情。

专栏 16–3　不止有一种大米

有证据表明，一组特定概念在一种语言中同时有许多词来表示，而在另一种语言中却没有。我们可能需要更多的思考。例如，菲律宾的 Hanuxoo 语有 92 个词用来表示大米，这似乎表明他们比说英语的人能区分更多类型的大米。但话又说回来，这种用法可能只是环境造成的，菲律宾人比英语国家的人吃更多种类的大米。

为了解决这一争论，研究人员提出了一种认知计算方法。该方法强调，不同的语言可以用来传递不同的信息，这比有的语言传递更容易。这个设想是，当一个特定的任务涉及灵活性时，语言可能会影响任务的履行，但不涉及灵活性的话，生理学，生物学和环境就会接管这个特定的任务。当人们仅用一个词来代表一个特定的概念时，认知资源是没有什么负担的。但是如果他们需要用更多的单词来表示同一个概念（因为他们的语言中没有一

个针对性的单词），工作记忆就会承受很大的压力。

这种负荷会对思维过程产生连锁效应。例如，汉语普通话中 0 ~ 10、100、1000 和 10 000 这几个数字在表达时都只涉及一个词，但英语不同，10、11 或 12 都不一样。所以当一个说英语的人说 11 时，一个说普通话的人需要两个单词去理解这个 10 和 1 的组合，这个过程就涉及更多的认知努力（虽然只是一点点）。

所以，有时候思维是依赖于语言的，有时候又不是（心理学不都是这样的嘛）。这几乎就是利维·维果斯基在 20 世纪 30 年代所说的："有些想法不需要语言，因为它们是生物层面上预先决定的，但是不得不说，更复杂一些的想法确实是需要语言的"（查看前面"将语言与思维联系起来"这个部分，了解更多的相关内容）。

不管真相如何，语言和思维之间的关系非常复杂。

part 5

第五部分

用你的方式思考

本部分目标

✓ 看看人们是如何理性地、有逻辑地或者用洞察力和创造力解决问题的。

✓ 掌握决策过程中的认知过程。

✓ 发现逻辑和理性的规则，以及人类到底有多不理性。

✓ 感受自己的心情，并以此来审视你的情绪如何影响你的认知能力——这并不像你想象的那么简单。

第 17 章

揭示人们如何解决问题

- -

通过对本章的学习，我们将：

▶ 用格式塔学派揭示心理过程；

▶ 借助计算机和专家解决问题；

▶ 思考学习中的认知研究。

- -

电影《阿波罗 13 号》（*Apollo 13*）讲述了一次登月任务所遭遇的真实灾难故事。一次爆炸迫使机组人员退到飞船的小指挥舱中，并将其用作返回地球的"救生艇"。但是这个指挥舱需要一个更好的空气过滤器来让他们在旅途中生存下来，但他们手头并没有一个适合生命支持系统的过滤器。

影片中一个著名的场景戏剧性地描述了在地球上的美国宇航局工程师对受损航天器上的可用材料进行再造，并疯狂地试图用它们来制作空气过滤器。他们做到了，并且还指导宇航员如何用他们不再需要的宇航服中的一双袜子、一些胶带和软管（以及其他东西）来制作过滤器。

电影中的这个场景是关于解决问题的一个特别引人注目的例子，但不是只有美国宇航局的工程师才具备创新思维（这不是火箭科学……），你经常看到或使用这个技能。人们一直在解决问题，尽管他们可能认为具备这种能力是理所当然的，并且在做的时候并没有注意到。当有人问你如何解决问题时，你可以努力地通过语言把过程表述出来。现在让我们一起来试试，想想你在解决问题时经历的心理过程。

比如我们现在的问题是写出这一段内容，而你的问题是对解决问题的心理进行了解。你正在阅读这篇文章的事实表明你正在积极地解决这个问题。我们可以使用的材料是文字，可以自由地按任何顺序排列这些文字，尽管只有特定的顺序才能完成任务。这个问题实际上是不明确的，因为没有一个正确的段落或简单的过程可以直接用来解决问题。出于这个原因，心理学家通常关注有明确目标和明确规则的问题。

解决问题的能力对于应对日常生活的需求很重要。本章涵盖了人们如何开发解决简单问题和复杂问题的方法和手段。我们还将看到心理学家研究解决问题的方法有哪些，以及一些用来解释人们如何解决问题的理论。

揭示思维过程的实验：格式塔心理学

在 20 世纪中叶认知心理学出现之前，关于人们如何解决问题存在着两个著名的流派。

- ✓ 行为主义学派：喜欢把他们的研究限制在可观察的行为上，对人们如何解决问题的解释集中在试错和强化的概念上。
- ✓ 格式塔学派：在研究心理过程和心理表征的问题上不同意行为主义学派的观点。他们试图对人们解决问题背后所蕴藏的心理活动进行解释。从这个意义上来看，他们就像是认知心理学家的先驱。格式塔学派是本书这一部分的重点。

专栏 17-1   试错与思考

美国行为主义学派代表爱德华·桑代克（Edward Thorndike）研究了猫是如何通过反复试验的过程学会打开特别设计的解谜盒的门的。这些猫尝试了各种动作，这些动作明显是随机的，然后对可以导致积极结果的动作进行了重复，并减少了没有积极结果的动作。因此，桑代克提出了他的效果律——人们会对想法进行尝试，其中那些有效的想法会得到加强并被更频繁地使用。后来，美国心理学家 B.F. 斯金纳的操作性条件反射理论就基于这一观点，运用奖惩办法来塑造行为。

相比之下，格式塔学派的实验似乎更加巧妙，揭示了解决问题所涉及的潜在心理过程的细节，使实验者能够研究洞察力和固定思维模式在人类和动物的解决问题能力中的作用。

问题的界定

德国格式塔心理学家卡尔·邓克尔（Karl Duncker）曾指出，当一个生物有一个目标，但它不知道如何实现这个目标时，就会出现问题。每当一个人不能简单地通过行动从一个特定的情景到达所期望的情景时，就不得不求助于思考。

 在谈论一个问题时，你所期待的状态叫作目标状态，你的起始位置就是初始状态。你有一系列可以运用的行动（或操作）。但是到了真正解决问题的时候，就可能需要你克服一些特定的障碍或者想出一个有效的解决方案，比如用最少的行动达成目标。

界定明确的问题是指目标状态、初始状态和可以应用的运算符都已经经过了明确的界定的问题。许多谜题（如魔方）都属于这一类，但现实世界中的许多问题在明确界定的程度上各不相同。

突然有了洞察力的黑猩猩

另一位德国格式塔心理学家沃尔夫冈·苛勒（Wolfgang Khler）认为，与行为主义者提出的试错法相比，动物和人能够通过观察和思考进行更复杂的学习。他在特内里费岛的一个灵长类动物研究站研究了黑猩猩解决问题的方法，并于 1917 年在自己的著作《人猿的智慧》（*The Mentality of Apes*）一书中公布了这项研究成果。

苛勒认为，桑代克的解谜盒（见专栏 17-1 "试错与思考"）实验不太符合自然规律，远远超出了动物的经验，以至于猫无法运用它们正常的思维过程。他想用更适合动物天生智力的方法来测试它们，看它们展示自己的智慧。

苛勒设计了各种各样的谜题，在这些谜题中，黑猩猩必须用物体来取回够不着的香蕉。在一个例子中，一只已经学会用棍子去够香蕉的黑猩猩得到了两根棍子，但棍子都不够长。起初，这只黑猩猩对两根棍子都做了尝试，当两根都不管用时，它就放弃了。但是在闷闷不乐一段时间后，这只黑猩猩把一根棍子插入了另一根棍子的末端，使得棍子变得足够长，可以取回心爱的香蕉。很显然，它得到了一个享口福的结果。

行为主义学派会反对人们把诸如"闷闷不乐"和"心爱"这样拟人化的词用到动物身上。他们会认为这些词属于精神层面，因为它们指的是无法观察到的概念，也不应该被假设。但是，他们却很难解释黑猩猩这一明显的"顿悟"时刻。在黑猩猩把两根棍子接起来之前，不存在任何所谓的试错学习，而且这只黑猩猩不太可能有过处理这种问题的经验。所以，它看起来是纯靠思考得出的解决方案。

行为主义学派和格式塔学派的分歧早已经超出了非人类动物的范畴。前者不仅仅反对拟人化（将类似人类的特质赋予了动物），还反对对人类思维所做的解释，这种解释涉及精神状态或过程。以诙谐著称的美国哲学家西德尼·摩根贝瑟（Sidney Morgenbesser）曾问过斯金纳："让我看看我是否理解了你的论点——你认为我们不应该将人拟人化？"

墨守成规：功能固着

卡尔·邓克尔发现了一个特殊的限制情况，就是人们发现熟悉物体的新用途的能力经常受到限制。他把这称为功能固着，因为人类对物体如何运作的想法是由他们过去的经验决定的。例如，假设你去参加一个聚会或野餐，当时每个人都带了啤酒，但却发现没有人带开瓶器。有那么几个足智多谋的人会找其他的东西来打开瓶子，而其他人则会显得惊慌失措或生起闷气来，他们基于开瓶器这个物体生成的发现替代用途的能力受到了功能固着的限制。

为了阐明他的想法，邓克尔提出了一个问题。他会给你一盒图钉、一根蜡烛和一盒火柴。你的任务是把蜡烛固定在墙上。在继续阅读后面内容之前，试着解决一下这个问题。

解决的办法是把图钉从盒子里倒出来，用它们把盒子固定在墙上，把盒子当成烛台。人们通常很难解决这个问题，因为他们看不到盒子作为装东西的容器之外的其他可能性。

我们可以通过谈论特定物体的替代功能来引导你获得正确的解决方案，但是邓克尔实验中的被试是没有这个提示的。一般来说，解决这类问题的一个好建议是，质疑你自己在特定物体如何使用或行动如何受到限制等问题上做出假设的自然倾向。

计算机的崛起：信息处理方法

 尽管格式塔心理学家的实验（参考前面的部分）表明，认知过程和表征（如洞察力和功能固着）发生在问题解决中，但他们并没有提出如何解决这样的问题。这个问题被搁置了，直到认知革命（见第 1 章）促使人们回到解决问题的研究当中，并试图精确地确定当一个人或一只动物解决一个问题时，大脑中发生了什么过程。

然而，如何研究思维的确是认知心理学关注的问题；但不管流行文化让你相信什么，你都无法对思维进行观察。

 心理学家可以做的则是使用功能性磁共振成像等技术观察大脑中与思维相关的活动，从而发现明显不同的思维之间的差异。例如，通过让一个人思考一种或另一种情况，他们可以看到相对不同的大脑活动模式。这样的技术已经用于测试一直处于植物人状态的患者了。心理学家也可以看到大脑不同区域的损伤对一个人解决问题的能力所带来的影响。例如，大脑额叶受损的患者经常在计划和解决问题方面出现问题。

欢迎计算机加入这场争论

 计算机提供了一种新的思考方式，这种思考方式很快被应用于心理学研究领域。在这种新的信息处理方法中，问题的解决被分解成若干基本的组成过程，然后心理学家会在计算机上对这些过程进行模拟。

诺贝尔奖获得者艾伦·纽厄尔和赫伯特·西蒙一起开发了一套计算机程序，来模拟个体解决问题的过程。一方面，他们编写计算机程序来解决问题，以此为计算机科学做出贡献。另一方面，他们试图复制一个人解决问题的过程。为了理解这一点，他们也对心理学的研究做出了些许贡献。换句话说，他们使用计算机来演示人类如何解决问题。

纽厄尔和西蒙把全部精力都集中在个体用来解决界定明确的问题时（有明确的目标和具体的规则）所使用的一般方法上，比如下面这个问题。尝试一下，但也要想想是什么让它如此难以解决。

一名农夫必须带着一匹狼、一只山羊和一棵卷心菜过河（不要考虑合不合理，否则我们永远也解决不了这个问题。就假设这个人有点疯疯癫癫的吧）。他有一艘划艇，一次仅可以运农夫和三件货物中的一件过河。他必须把三样东西都带到河对岸，但他不能把狼和山羊单独放在一起，否则狼会吃掉山羊；出于同样的原因，他也不能把山羊和卷心菜单独放在一起。农夫如何把这三样东西带到河对岸呢？

解决方案如下：

1. 把山羊带到河对岸；
2. 驾船返回到出发地；
3. 把卷心菜带到河对岸；
4. 带上山羊返回到出发地；
5. 把山羊留下，把狼带到河对岸；
6. 独自返回到出发地；
7. 把山羊带到河对岸。

你做得怎么样？这个问题的难点在于需要采取看似偏离解决方案的行动。当农夫把山羊从对岸带回出发地时，你似乎在撤销你之前的行动。但是实际上，你并没有回到初始状态，因为卷心菜已经不在出发地了。所以，你现在可以把山羊放在出发地，然后把狼带到对岸了。

看到状态空间方法

为了解决定义明确的问题，纽厄尔和西蒙提出了一个问题空间。从目标状态开始，就要考虑如果你执行每一个可能的步骤会发生什么。结果得到了一个状态空间图，这张图显示了所有可能的移动，允许你找到从开始状态到目标状态的最短路径（如图 17–1 所示）。

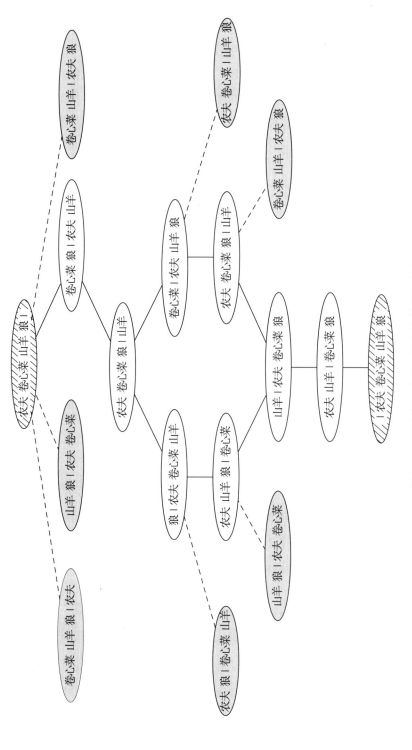

图 17-1　卷心菜、山羊、狼问题的状态空间图

注：灰色状态为违反游戏规则的无效状态。

研读协议分析

 纽厄尔和西蒙还使用了一种叫作协议分析的技术，他们要求被试在解决明确定义的问题时讲述他们的思维过程。在运用了协议分析这一技术后发现，人们通常使用手段－目的模型进行分析，即他们从想要实现的目标（目的）开始，然后逆向进行推理，确定他们可以使用哪些方法（手段）来实现目标。

检验专家解决问题的能力

除了研究人们如何解决个别问题之外，认知心理学家还对人们如何积累解决特定类型问题的专业知识感兴趣。

专业棋手的记忆分析

 人类在短时记忆存储信息单元上的能力非常有限，乔治·米勒称之为分块（见第 8章）。乔治·米勒估计，人们可以记住大约七个组块的信息，尽管最近的研究表明，人们真实的短时记忆能力可能比这还弱。

对专业棋手的研究揭示了这种能力。一项关于人们对棋盘位置记忆的研究提供了一条线索，用来说明当一个人成为专业棋手时，大脑和处理过程会发生什么样的变化。专业棋手比新手更擅长记住棋盘上棋子的不同排列，但这种优势仅限于真正象棋比赛中棋子的真正排列。当使用随机排列的片段进行测试时，专业选手的表现并不比新手好多少。

 专业棋手可以记住更多的位置，不是因为他们的记忆容量增加了，而是因为他们积累了更大的棋位"库"，可以作为一个单独的组块来进行识别和存储。新手可能必须将三个片段记为三个独立的组块，但专业棋手可以将整个布局识别为一个组块进行记忆。就像学习一门语言一样，新手把每一部分都当成一个单独的字母，而老手则可以识别包含了共同排列在内的更大"单词"。

学习成为专家

纽厄尔和西蒙在人类解决问题方面的开创性工作（参考之前的"欢迎计算机加入这场争论"这部分内容）确立了某些一般原则，如手段 – 目的分析，专业人士会运用这些原则来解决问题。美国心理学家约翰·安德松（John Anderson）则提出了 ACT-R（adaptive control of thought model，rational）理论模型，该理论模型不仅结合了解决一般问题的机制，而且解决了技能获得的问题——人们如何积累知识，使他们能够更好地掌握一项技能。

 安德森 ACT-R 理论模型的核心是一个生产式规则，这是一个由两部分组成的程序技能基本单元：一个给出规则应用上下文的条件和一个指定在这种情况下该做什么的操作。例如，如果有人敲你的门（条件），那么你的行动就是站起来开门，除非电视上正播着你最喜欢看的节目。

安德森的 ACT-R 理论模型使他能够构建出一套学生如何在数学和计算机编程等领域发展技能的计算机模型。该模型模拟了随着特定生产规则的逐渐发展和加强而进行的技能学习，并且能够识别由于特定规则的误用而导致的错误。所以，在前面的例子中，你听到敲门声，动作是开门。但是学习是存在适用性的，所以你可能需要就条件进行说明。例如，晚上开门可能不安全，所以别开门，或者白天打电话的人可能是上门销售的人员，所以你要假装没听见。随着经验的积累，产生式规则就变得更加完善了。

模仿专家来提高你解决问题的能力

即使你不想成为国际象棋大师，你也仍然可以通过以下有用的提示成为问题解决专家。

 ✓ 练习：学习要循序渐进。要成为专家，你就需要积累大量的相关经验。一些研究表明，大约 10 000 个小时的练习是必须的（虽说这有点像神话，但这就是关于技能练习频率和类型的说明），尽管你可以通过对许多小技能的少量练习而变得熟练。

✓ 丰富你的经验：如果你处理了太多同类问题，那么你可能会陷入重复的思维模式中（参见本章前面的"墨守成规：功能固着"的内容）；相反，试着对不同的模式建立丰富的记忆（阅读后面"用经验来提高解决问题的能力"）中的研究。

✓ 明智地对问题进行分组：这样做可以让你一起解决具有相似基础结构的问题，并促进有益类比和更抽象模式的发展（更多信息请参见后面的"在解决问题时使用类比"这部分内容）。

✓ 保持开放的心态：不要想当然地认为存在局限性，而是要考虑一个新问题可能与一个熟悉的问题有什么相似之处。表面上看起来不同的情况也可能存在相似之处。

✓ 放松：在你完成辛苦的工作后，休息一段时间。许多人报告说，在他们停止工作、放松、散步甚至睡觉后，他们会得到新颖而有用的问题解决方案。一个无意识的过程似乎在你的记忆中进行着筛选，寻找与你当前问题的结构相匹配的东西。德国化学家弗里德里希·奥古斯特·凯库勒（Friedrich August Kekulé）的梦就是一个例子。在努力发现特定分子的化学组成后，他睡着了。在梦里，他看到原子在周围跳舞，然后形成线，以蛇形方式移动。由原子组成的蛇形成了一个圆圈，它看起来像一条吃自己尾巴的蛇。这个梦让他的思想放松，让他的思维漫游起来，然后，他发现了苯的环状结构。

用智能辅导系统模拟学习者如何学习

智能辅导系统旨在模拟学生和学习者发展技能时的思维过程，并试图找出他们知识中存在的差距或误解。例如，ACT-R 等计算机模型已经应用于日常生活领域。

英国心理学家理查德·伯顿（Richard Burton）和约翰·西雷·布朗（John Seeley Brown）研究了儿童如何解决基本的数学问题，如加法、减法、乘法和除法。让计算机正确计算总数很容易，但布朗和伯顿想重现导致错误答案时的错误思维过程。例如，一个孩子在加两个数时可能会忘记进到十位。

布朗和伯顿将孩子们的答案进行了一系列简单的计算，并使用计算机模型来模拟他们产生正确和错误答案的模式。心理学家使用一套产生式规则来模拟儿童的思维过程，每一条规则都涉及计算的不同阶段（如取十位数）。然后，他们系统地用"有问题的"版本来代替这些规则，模拟一个孩子可能有的特定误解。通过尝试正确和错误规则的不同组合，他们找到了重新创造孩子答案的组合。这使得该模型能够判断出每个孩子都犯了哪些特定的错误。

 布朗和伯顿的工作在 20 世纪 80 年代时可谓是开创性的，现在，学习者的认知模型变成了最近在线教育研究领域的核心。自动测试学生理解和诊断错误原因的能力对在线评估来说是非常有帮助的。通过对学生的错误的识别，它可以使计算机程序更好地响应学生的需求。

用经验来提高解决问题的能力

　　心理学家可以建立一个人类学习者的模型，来识别这个人是否缺乏知识或是否有特定误解的领域。哈里特·沙克里（Harriet Shaklee）和迈克尔·米姆斯（Michael Mims）研究了人们在事件之间形成联系的方式。在这个迷人的研究领域，你会遇到各种各样关于日常经历的有趣问题。例如，人们经常在事件之间形成虚幻的相关性（见第 10 章），特别是当人脑将两个很少发生的事件联系在一起时。

 沙克里和米姆斯假设人们在发展过程中会使用越来越好的策略。他们创造了一组精心设计的问题，以便区分几种不同的、可以形成联想的认知策略。然后他们将这些问题分发给不同的年龄组被试，并记录每组被试犯的错误。他们发现随着年龄的增长，越来越多的人使用更高级的认知策略。所有小组都可以解决最简单的问题，但只有年龄更大、受过更好教育的人才能正确回答最困难的问题。

在解决问题时使用类比

　　如果你已经面对并解决了一个问题，你更有可能用相同的底层结构解决一个困境，即使它在表面上看起来不同。通过应用纽厄尔和西蒙的状态空间分析（参考前面的章节"看到状态空间方法"），你可以对底层结构进行识别。心理学家称两个具有相同底层结构的问题为同构。

　　例如，让一只山羊、卷心菜和狼过河的问题与许多其他流行的谜题具有相同的结构，包括狐狸、鹅和一袋豆子（这个问题中，你不能把狐狸和鹅或把鹅和一袋豆子单独放在一起）。如果你为谜题的两个不同版本绘制状态空间图，你就会发现它们具有相同的结构，并且从开始状态到目标状态的最佳路径也都是相同的。

因此，当你知道如何解决狼、山羊和卷心菜的问题后，你可以把同样的技巧运用到解决狐狸、鹅和一袋豆子的问题上。你只需要认识到新问题是如何映射到你经历过的问题上的就可以了。这是一种被称为类比问题解决的形式，即通过认识到一个新问题与你以前经历的问题有多相似来解决它。这样你就有了一个解决方案，或者至少是一种方法来解决问题，而不必经历第一次解决这样一个问题时所经历的漫长学习过程。

然而，在现实世界中，问题有如此多的变化，以至于一个新的问题很少在每个细节上都与你以前经历过的问题相匹配，所以你必须寻找相似之处，而不是寻找精确的匹配。

心理学家玛丽·吉克（Mary Gick）和基思·霍尔亚克（Keith Holyoak）用一系列相关的问题来研究人们如何利用解决一个问题所获得的知识去解决另一个类似的问题。他们特别感兴趣的是，作为创造力的一部分，人们如何在两个问题之间找到相似之处，以及他们如何在现有知识的基础上提出新的想法或新的解决方案。

考虑两个相互关联的场景。第一个场景是外科医生试图用强射线在不损伤周围健康组织的情况下从患者身上切除肿瘤。解决方案包括用多个较弱的光束瞄准肿瘤，这些光束汇聚到肿瘤上的一个点，进行切除。第二个场景涉及军队行军，并对一座要塞进行攻击，军队必须避免在路上触发地雷，如果数量太庞大的部队穿过，地雷就会爆炸。解决办法是将军队分成许多小组，然后在要塞集结。

这两个问题都没有很好的界定，但是你可以看到一个潜在的相似之处——这两个问题都涉及将一股更强的力量分成若干较弱的力量，然后把这些力量汇聚在一个目标上。

吉克和霍尔亚克想知道他们的被试是否以及如何使用类比解决问题。为此，被试需要注意这种关系，然后映射原始问题和新问题之间的对应元素（如要塞＝肿瘤、射线＝军队等）。然后，他们需要将现有的解决方案应用到新的情况中去。

吉克和霍尔亚克发现，除非类比在故事中特别明显、容易被发现，否则人们通常不太擅长去发现和注意到类比。给被试一个提示，表明问题之间存在某种关系，会有很大帮助。问题之间的映射任务也是相当艰巨的，因为它可能涉及人们同时在他们的工作记忆中处理几个项目。类比找到后，人们就要去执行，这也会给个体施加很大的认知负荷。

第 18 章

关于推理的逻辑思考

通过对本章的学习，我们将：

▶ 揭示人类逻辑思维的缺陷；

▶ 学习逻辑思维与非逻辑思维的区别；

▶ 对人们如何推理进行建模。

推理是人类有逻辑地、理性地进行思考的能力。在本章中，我们将探讨"你怎么知道某人是否有逻辑思维"这类的问题。为了解决这个问题，我们会对形式和计算逻辑模型以及用于解释理性的认知模型进行探索。我们还将就在处理现实问题时，纯理性逻辑是否适合应用于人类这个问题进行讨论。

为了展示心理学家所说的逻辑思维和逻辑规则的含义，我们使用了在认知心理学实验中广泛使用的问题的例子。

测试人类的逻辑思维

认知心理学家采用了历史悠久的形式逻辑理论（从哲学、数学到最近的计算机科学）作为比较人类思维的基准。

在这一部分，我们将一起来看看人类的逻辑思维能力到底有多强。

人类是合乎逻辑的动物吗

 过去，许多人特别喜欢把人类看成理性的动物——能够遵循逻辑思考问题的动物。但是认知心理学家通过实证研究证明人们其实并没有经常遵循逻辑进行思考，从而把这个泡泡戳爆了。研究表明，人类的推理往往是不合逻辑的，大多数人在进行抽象推理方面都表现得相当差。当然，后来出现的一些研究为人类进行了一些辩护，这些研究提出，尽管人类可能不善于遵循逻辑进行思考，但他们的思维方式实际上在那些重要的现实问题上是非常合适的。

事实是，当问题以熟悉的方式出现时，人们会表现得稍微好一些。许多推理似乎与人们遇到的特定经历有关，他们处理新问题的能力在很大程度上取决于他们识别新问题与以前问题的相似之处的能力（查看第 17 章以了解更多关于解决问题的内容）。

用两个问题来证实确认偏误

 在本节中，我们将对人们在实验中犯的一个逻辑错误进行描述，这个错误被称为确认偏误。这是一种寻求证真（符合规则的趋势），而不是证伪（违反规则的趋势）的例子。

在这里我提出两个问题，希望你在阅读答案之前自己先尝试回答一下。然后记下你的答案，因为我们要用它们来帮助解释关于人类如何以及为什么以他们的方式思考的理论。

四卡片问题

四卡片问题是基于一个著名的认知心理学问题"沃森选择任务"发展出来的。英国心理学家彼得·沃森用这项任务来测试人们是否犯了确认偏误的逻辑错误。

 假设你面前有四张卡片（如图 18–1 所示）。每张卡片的一面有一个字母，另一面有一个数字。你的任务是验证"如果一张卡片的一面是元音字母，那么另一面就有一个偶数"这个规则的真伪。验证这个规则的真伪最少需要翻多少张卡片，你会翻哪张卡片？

图 18-1　四张卡片显示两个数字和两个字母

当你写下你的答案时，同时考虑一下这个问题：你认为大多数人会得到和你一样的答案吗？如果不会，写下你认为大多数人会给出的答案。

在我们对答案进行探究之前，先试试回答下一个问题。

逻辑化饮酒问题

你需要对酒吧饮酒者的年龄进行限制性审查。你必须执行当地的规定，18 岁以下的人不能在酒吧喝酒。你有四张卡片，分别代表酒吧里的四名饮酒者（如图 18-2 所示）。每张卡片的一面写有饮酒者的年龄，另一面写着这个人在喝什么。

图 18-2　四张卡片显示两种饮品和两个年龄

你需要对"如果一个人在喝酒，那他必须超过 18 岁"这个规则进行验证。为了验证这个规则，你需要翻多少张卡片，你打算翻哪张或哪几张卡片？再次问问你自己，是不是大多数人都会给出和你一样的答案？如果答案是否定的，那么就记下其他人最有可能给出的答案。

两个问题，同样的结构

尽管表面上看起来不同，但四卡片问题和逻辑化饮酒问题有着相同的底层结构（我们在第 17 章曾有过对这种情况更详细的讨论）。实验表明，人们在第一个（抽象的）问题中很难选择正确的卡片，但在第二个（现实的）问题中，在啤酒和年龄方面表现得更好。看看你自己是否也发现了同样的情况。这两个问题都有一个相同形式的规则：如果某件事是真的，那么另一件事就是真的。你可以把它正式写成"如果 P，那么 Q"（见表 18-1）。

符号	四卡片问题（沃森选择任务）	逻辑化饮酒问题（啤酒任务）
	表 18–1　　　　　　　　两个问题都有相同形式的规则	
P	元音	啤酒
Q	偶数	18 岁以上
~P	辅音	可乐
~Q	奇数	18 岁以下

比如啤酒的问题，P = 喝酒，Q =18 岁以上。相反的情况则用一个弯弯曲曲的 ~P 和 ~Q 来写，分别对应未满 18 岁和喝可乐。你需要进行验证的是，未满 18（~Q）的人没有喝酒，喝啤酒（P）的人年满 18 岁（Q）。

为了解释四卡片问题，我们从正确的答案开始倒推。你会翻开哪张卡片来验证"如果一张卡片的一面是一个元音，那么它的另一面就是一个偶数"这一规则的真伪。答案是你需要翻 A 和数字 7 这两张卡片。但是当沃森把这个问题交给他的被试时，他们更有可能选择 A 和数字 4 这两张卡片。这种模式是验证性偏见的一个例子，被试翻牌是为了确认规则。

但重点是这个规则只告诉你，如果 P 为真，Q 必须为真；反之，则不然。如果你把偶数 4 这张卡片翻过来，它的另一面没有元音，它没有告诉你任何关于规则的信息。映射到年龄和酒精问题中，把数字 4 这张卡片翻过来就相当于把可乐这张卡片翻过来。

大量使用沃森选择任务变体的实验证明了以下有趣的发现：

- ✓ 大多数人在面对问题的抽象、逻辑版本时会得到错误的答案；
- ✓ 当任务在特定的社会环境中进行时，人们更善于选择逻辑上正确的卡片。

这只是形式上合乎逻辑

几个世纪以来，哲学家和数学家一直试图发展正式的思维体系，其目的是拟定一种逻辑系统，保证对每一个问题（如果有）给出正确的答案。

逻辑思维往往相当机械，因为每一步都以可预测的、没有不确定性的方式进行——

逻辑规则告诉人们每一步该做什么。逻辑这一简单的机械性质使它成为构建计算机程序的理想基础。例如，当你点击手机上的"主页"图标时，软件遵循某种形式的规则——如果用户点击主页图标，就会导航到主页屏幕。

形式逻辑受到人类思维的启发，因此许多年来，人们认为人类思维在大多数情况下都是理性的，并遵循某种逻辑规则。但20世纪60年代和70年代认知心理学实验的一系列结果强调，情况并非总是如此：在某些情况下，绝大多数人的行为不合逻辑。

识别四个推理规则

逻辑学家定义了人们可以得出的四种特定类型的结论。在逻辑上，两个有效，两个无效。

✓ 肯定前件推理（通过肯定来确认）：一种有效的逻辑论证。你知道两件事总是同时发生，只要一件事存在，另一件事就必须存在。

✓ 否定后件推理（通过否认来否认）：一种有效的逻辑论证。你知道两件事总是同时发生，其中一件不存在，因此另一件也一定不存在。

✓ 肯定后件推理：一个无效的逻辑论证。观察到的结果可以与另一件事同时发生，但也可以在没有第二件事的情况下发生。

✓ 否定前件推理：一个无效的逻辑论证。论证的前提意味着结果，当前提不存在时，结果可能仍然存在，因为结果可能有其他原因。

表18–2通过举例对这些规则进行了说明，"如果一个人是海盗，那么他就有胡子"。人们最擅长肯定前件的假言推理，却在否定后件推理上存在很多困难。他们经常做出无效的推论，比如表18–2中最后两个错误推理的例子。

表 18–2   四种形式逻辑论证及其有效性

规则	形式	例证	有效性
肯定前件推理	如果 P 那么 Q； 因为 P 所以 Q	如果一个人是海盗，那么他就有胡子；约翰是一名海盗，因此约翰有胡子	有效

续前表

规则	形式	例证	有效性
否定后件推理	如果 P 那么 Q；不是 Q 所以不是 P	如果一个人是海盗，那么他就有胡子；约翰没有胡子，因此约翰不是海盗	有效
肯定后件推理	如果 P 那么 Q；因为 Q 所以 P	如果一个人是海盗，那么他就有胡子；约翰有胡子，因此约翰是一名海盗	无效
否定前件推理	如果 P 那么 Q；不是 P 所以不是 Q	如果一个人是海盗，那么他就有胡子；约翰不是海盗，因此约翰没有胡子	无效

理解语境的重要性

正如我们在前面的"用两个问题来证实确认偏误"一节中所描述的，当问题出现在现实世界环境中而不是纯粹的抽象时，人们更擅长用逻辑来解决问题。人们似乎有特殊的逻辑技能，只有在现实环境中才会付诸行动。但是对于为什么会出现这种情况，存在着相当多的争论。

✓ 进化理论：美国心理学家丽达·科斯米德斯（Leda Cosmides）和美国人类学家约翰·图比（John Tooby）认为，人们已经为理解社会关系的特定任务进化出了推理机制。人类生活在社会群体中，这些群体通过各种社会契约保持凝聚力，确保每个人公平地贡献他们的工作份额、平等地获取利益。

✓ 基于经验的观点：另一种观点是，人们逐渐学会在特定环境中应用逻辑。沃森和美国心理语言学家戴安娜·夏皮罗（Diana Shapiro）用沃森选择任务的抽象形式和一种交通方式选择任务进行了比较，每张卡片的一面都写有一个目的地，另一面有一种交通方式。被试必须验证"我每次去曼彻斯特都是坐车"这一规则的真伪。这四张卡片上分别写有曼彻斯特、利兹、汽车、火车。在这种形式下，人们能够正确地翻看写有曼彻斯特（它的另一面写着汽车）和火车（它的另一面没有曼彻斯特）这两张卡片。这使得一些心理学家得出结论，人类的逻辑思维是从他们对特定情况的经验中产生的。然而，人们也可以对他们没有特定经历的虚构情景进行推理。

✓ 实用主义推理图式：心理学家帕特里夏·陈（Patricia Cheng）和基思·霍尔亚克提出了这一理论（图式是一种情境或对象类型的心理表征）。该理论认为，随着特定类型的重复经历，人们可以为这种情况开发一种图式。帕特里夏·陈和基思·霍尔亚克提出，基于图式的理论可以解释在沃森选择任务实验中观察到的结果模式（见前面的"用两个问题证实确认偏误"这部分内容）。例如，你经历过各种情况，在饮酒、开车、投票选举等方面遇到过年龄限制。从这些经历中，你提取出一个年龄限制逻辑的一般原则，你可以将其应用于新的情况（如其他文化中你不熟悉的年龄限制），而不需要直接体验每个特定的情况。各种精心设计的实验表明，在那些人们可以轻松解决的任务版本之间，存在着某种共同因素，我们称之为许可。在各种情况下，被试都必须去确定某种东西在现实世界中是否被允许。当被试考虑这种许可时，他们就能够更好地解决逻辑问题。

人们处理抽象逻辑的能力受到影响，是因为用于研究它的例子在现实世界中往往是不成立的。逻辑的问题在于要么全有要么全无，而在现实世界中，事情很少如此清晰。例如，"如果你在下一个路口向左转，那么你应该打左转向灯"这条驾驭规则所描述的是应该发生的情况，而不是必须发生的情况。司机可以在没有打灯的情况下转弯，所以你不应该因为一辆车没有打转向灯就假设它没有转弯。现实世界中的不确定性比逻辑允许的要多得多，所以它在与逻辑规则中的非此即彼的含义做斗争，这些逻辑规则对人们来说意义不大。

不确定性推理：启发式方法与偏差

形式逻辑（参考前面的部分）非常适合简单的情况，在这种情况下，一切都是已知和确定的。但有一点我们是可以确定的，要么全有要么全无的规则使其不太擅长处理不确定性。当结果不确定时，心理学家会求助其他推理理论，通过将概率与事件联系起来考虑不确定性。

以色列裔美国心理学家丹尼尔·卡尼曼和阿莫斯·特沃斯基将人类推理存在缺陷这个观点，扩展到了涉及概率或不确定性的判断层面。他们进行了一系列实验，给被试设置了各种问题，包括对不同事件的相对概率做出判断等。

丹尼尔·卡尼曼和阿莫斯·特沃斯基发现，被试的错误是一致的，不同的人会对问题给出相同的错误答案。他们把原因归结为人类使用被称为启发式方法的心理捷径。

这些启发式方法可能很有用，因为它们通常能让你快速、轻松地得出答案；但在某些情况下，它们会误导你做出错误的判断。

走捷径，得到错误的答案

启发式方法使人们过于优先考虑他们更熟悉或近期发生的事情。因此，他们的行为可能不合逻辑。试试下面这个练习，它向我们展示了行动中的启发式思维的实际应用。

 以字母 K 开头的单词多，还是把字母 K 放在第三个位置的单词多？

大多数人都会选择"以字母 K 开头的单词更多"，但在英语中，把字母 K 放在第三位的单词比放在第一位的单词要多。有趣的不是问题的答案，而是人们如何回答。卡尼曼和特沃斯基提出，当人们被问到这类问题时，他们会试着想出每个类别的例子。

因为人们大脑表达单词的方式强调首字母和末字母，也可能因为人们在搜索字母列表时有使用首字母的经验，所以想出一组以某个字母开头的单词要比那些在第三个位置包含该字母的单词容易得多。如果第一个和最后一个字母在正确的位置，人们甚至可以阅读字母顺序随机打乱的句子。人们可以很容易地知道这些单词，这使得它们更容易获取，从而使人们的答案产生偏见：他们认为，因为他们可以想到更多以 K 开头的单词，所以更多的单词必须以 K 开头，但这不是真的。

类似的过程似乎会影响人们对风险的感知。在讲述鲨鱼袭击游泳者的电影《大白鲨》（*Jaws*）上映后，研究人员的记录显示，美国加利福尼亚海岸的游泳人数有着显著下降。上映这部电影并没有增加鲨鱼袭击的风险，但生动的画面使它容易被人们所理解，使他们高估了真正的鲨鱼袭击的风险和可能的严重程度。顺便说一句，有人估计，美国人被鲨鱼杀死的风险大约是被自动售货机杀死的一半。

权衡人们的思维：锚定

 锚定，即人们的观点和行为被之前的陈述或事件所固定，是使用启发式方法的另一种效果。

在卡尼曼和特沃斯基的一项实验中，一名研究人员转动一个边缘印有百分比的轮子。轮子停在某个值上，随后被试会被问到一个关于概率的问题，比如"联合国成员国中，非洲国家的比例是多少"。

卡尼曼和特沃斯基发现，被试的答案会受到轮子停在哪个数字上的极大影响。如果停止在 10%，人们的判断会比停止在 90% 时低得多。人们似乎被这个百分比"锚定"了，尽管他们已经看到旋转的轮子是随机指向百分比的。

 当两个人就价格进行磋商交易时，锚定效应就会发挥作用：在某种程度上，买方和卖方可以被起始价"锚定"。类似的情况还出现在食品标签上，制造商通常强调"0% 脂肪"等低值，但却没有提及非常高的含糖量，就是希望人们对含糖量的判断是以低脂肪含量为基础的。

忽略了基础比率

另一个基于启发式方法的错误涉及基础比率。基础比率是指关于事件可能性的基本统计信息。人们非常容易忽略这种基础比率。在一项实验中，卡尼曼和特沃斯基向人们提出了以下与法庭证据可靠性有关的问题。

 一辆出租车在晚上肇事逃逸。这个城市中有两家出租车公司，车的颜色分别为绿色和蓝色。其中 85% 的出租车是绿色的，15% 是蓝色的。一名目击者指认肇事出租车为蓝色。法院在相同的情况下（即在事故发生当晚的情况）对证人的可靠性进行了测试，结论显示，证人可以正确识别两种颜色中的每一种的概率为 80%，不正确率为 20%。

在目击者指认涉事车辆是蓝色的前提下，涉事出租车是蓝色而不是绿色的概率有多大？

 最常见的回答是 80%，这似乎是合乎逻辑的，因为证人已经说了涉事车辆是蓝色的，而在测试中，也证明了证人的准确率为 80%。但是，等一下。为了得到正确的答案，你不仅要考虑证人的准确性，还要考虑出租车是特定颜色的相对可能性。这就是我们说的基础比率。卡尼曼和特沃斯基发现人们特别容易忽略它。

出租车是蓝色的实际概率远低于 80%，因为你需要考虑证人的准确性和这辆出租车是蓝色的可能性。而同时，绿色的出租车在城市里更常见，所以绿色出租车很有可能被误认为蓝色。

用模型解释推理

心理学家和其他思想家创造了许多理论和模型来研究人类的推理。我们从中挑了一些代表两种基本方法的例子来说一说：一种证实了人类有时在推理方面的能力出奇地差，但也就仅此而已；另一种致力于解决这些缺陷与不足，从而提高人们的推理能力。

使用概率与贝叶斯定理推理

这几年，人们又重新燃起了对一位出生于 1701 年的英国教会牧师、数学家所做的数学工作的兴趣，这个人就是托马斯·贝叶斯（Thomas Bayes）。贝叶斯定理是一种统计方法，用于计算一个事件发生的概率或在另一个事件发生的情况下某件事为真的概率。有些证据表明，人们会利用自己的直觉来估计事件发生的概率。所以，认知心理学家需要了解它如何应用于人类推理。

贝叶斯定理使人们能够处理诸如出租车上客率（结合前面"忽略了基础比率"那部分内容）之类的问题，并在医疗诊断等领域应用广泛，它甚至是垃圾邮件过滤器（自动检测和删除收件箱中营销电子邮件和垃圾邮件的软件）的编写基础。

但有一个问题是，贝叶斯定理很复杂，大多数人很难理解它。如果问题是与现实世界无关的那种抽象的数学问题，复杂不复杂其实也并不重要，但当这个定理被应用于推理和做出事关生死的医学决策时，复杂不复杂就显得非常重要了。

认知研究有一个分支，是专门研究专业人员进行医学诊断时所做的推理的。医生和护士经常被要求向患者解释检查结果，而正确地解释涉及贝叶斯定理，因为贝叶斯定理不会忽略基础比率信息，并且允许做出准确的判断（如果没有贝叶斯定理，诊断就非常不准确）。但实际上，人们的这种推理能力很弱。更令人担忧的是，有许多研究表明，医疗专业人员会犯与普通人相同的错误。

在一项研究中，研究人员根据乳腺癌患者乳房 X 光片扫描的诊断结果向医生提出了一个问题："如果一名就诊者的乳房 X 光片显示结果呈阳性，那么根据以下事实，她患乳腺癌的可能性有多大？"

✓ 就诊者患乳腺癌的概率为 1%。

✓ 如果就诊者患有乳腺癌，那么乳房 X 光片呈阳性的概率为 80%。

✓ 如果就诊者没有患乳腺癌，那么乳房 X 光片呈阳性的概率为 10%。

20 名医生中只有 1 名医生给出了有一点点接近正确答案的回答——7.5%，大多数医生给出的概率接近 75%（我们将在下一节中对此过程进行描述）。就像出租车问题中的被试一样，许多医生都会把基础比率忽略掉，在这个乳腺癌的问题中，基础比率是 1%。尽管假阳性率很低，但它有更多的机会出现，因此假阳性反而可能会淹没相对罕见的真阳性。

如果故事到此结束，你就会得到一个悲观的结论，即医生不太擅长解释医学检验的结果。但认知心理学研究越来越强调研究中那些更积极的方面，比如利用心理学家关于人类推理的知识来对此进行改进以提高准确率等，正如我们在下一节中将要讨论的那样。

用相似的结构解决问题

德国心理学家格尔德·吉仁泽对心理学家如何教人们提高推理能力进行了研究，希望基于此解决那些与基础比率相关的问题，比如出租车问题（在前面的"忽略了基础比率"一节中）和前面我们提到的乳腺癌诊断问题等。

这些问题都是同态问题的例子，这意味着它们共享相同的基本结构，因此可以使用相同的方法来解决（第 17 章涵盖同构问题，即具有相同底层结构的问题）。你可以用两种方法解决同态问题——其中比较难的方法是贝叶斯定理，容易的方法是吉仁泽提出的方法。我们会考虑使用后者，但仍然需要做一点解释。

吉仁泽的方法基于这样一种观点，即人类已经进化出了思考现实事物而不是抽象概念的能力，因此为了更容易地解决这些问题，人们应该将它们转换成基于频率的格式。频率格式的关键是摆脱抽象的度量，如概率和百分比，而去使用实数。因此，当你遇到类似上一节中的医疗诊断问题时，你需要遵循以下步骤。

1. 将基础比率转换为实数。在这种情况下，想象一下 1000 名女性真实样本接受了乳房 X 光的检查。使用基础比率来确定预计会有多少人患病。在诊断问题的例子中，基础比率是 1%，所以就有 10 名女性会有这种疾病，其余 990 名不会。

2. 计算出正确的阳性率和假阴性率。在诊断问题的例子中，医生知道 80% 患有这种疾病的妇女的乳房检查呈阳性（那转换成实数就是 10 名患有这种疾病的妇女中有 8 名是准确的阳性结果，2 名是假阴性结果）。

3. 算出错误阳性率和正确诊断率。取其余未患此病的妇女人数，并确定其中有多少人将接受正确的阴性或假阳性检测。在 990 名女性中，你会发现有 10%（99 名女性）会出现假阳性。

4. 将你在步骤 2 中获得的数字与在步骤 2 和步骤 3 中获得的数字之和进行比较。比较的结果决定了有多少检测呈阳性的人实际上患有这种疾病。

我们将结果放在表 18–3 中，以使数字更清晰。

表 18–3　　　　　　　　　　　　用吉仁泽的方法解决医疗诊断问题

	患病	没患病	总数
阳性	8	99	107
阴性	2	891	893

1000 名女性的样本中有 107 项阳性，其中只有 8 项是准确的。在这种情况下，你将真阳性的数量除以阳性检测结果的总数，即 8/107，得到的结果或略低于 7.5%。

吉仁泽和他的同事制作了一套教程，使新手可以在几个小时之内学会这种解决贝叶斯问题的方法。考虑到这种问题在理解医学检验结果中的重要性，以及人们天生不擅长解决这类问题的事实，他们这么做至少可以教会人们如何得到正确的结果。

专栏 18-1   将筛查限于高危人群

当基础比率相对较低时，医学检验的结果有时可能不可靠，这也是为什么乳腺癌等疾病的医学筛查很少扩展到整个人群的一个原因；相反，这种筛查可以针对高风险群体去做（预期的基础比率更高）。如果医院（以及英国国民健康保险制度）对所有人进行筛查，假阳性的数量定会造成焦虑，然后这些数量庞大的假阳性就需要重新检测。所以，除非检测非常准确，否则这样的筛查不可行。

在现实世界中成功使用启发式方法

吉仁泽和他的同事还对人们在现实中如何使用启发式方法进行了研究，并得出了与以前研究不同的结论。卡尼曼和特沃斯基举例说明了启发式方法如何导致人们犯一致的错误（请参阅前面"走捷径，得到错误的答案"这部分内容），吉仁泽的研究则强调了在许多现实问题中使用启发式方法的好处。

在一项实验中，他请美国和德国的金融专家小组和其他国家的非专家小组在一系列美国和德国公司中挑选并购买股票。研究结果显示，表现最好的股票是由不同国家的非专家选择出的那些公司的股票。

 吉仁泽和他的同事用识别启发式 [1] 解释了这个结果——人们往往会选择自己最熟悉的。被公众认可是公司知名度提高和可能成功的一个很好的预测因素，那么如果是一个只认识几家公司的人进行选择，他就只会在有限的认知范围内去选，选出来的很可能就是那些更加成功的公司之一。但是，对金融专家来说，所有的公司他们都很熟悉，因此并不能把识别作为一种有用的启发式方法。

吉仁泽和他的同事展示了许多其他的例子，在这些例子中，简单的启发式方法比复杂的决策方法能产生更好的结果。其中一种启发式方法被称为"取最好的"，这意味着需要

---

[1] 识别启发式指的是可识别性带来的思维偏差，比如文化、语言差异的影响等。——译者注

根据单一的最佳区分属性来做出选择（有关决策的更多信息请参考第 19 章）。

建立心智模型

根据苏格兰心理学家肯尼斯·克雷克（Kenneth Craik）的说法，为了理解现实，人脑构建了一个"小规模的现实模型"。这些心智模型允许人们对一种情况的可能结果做出预测，并将其与新的情况进行匹配适应。但是因为现实过于复杂，模型又相对简单和不完整，所以模型并不能完全反映现实世界的情况。因此，我们通常会说，只要不损失重要的细节，心智模型就是成功的。

心智模型是计算机软件用户界面设计中的一个重要概念。为了让用户能够使用应用程序，就需要有一个与设计者相匹配的应用程序心智模型，以便在用户心智模型和系统工作方式之间实现最大化的"契合"。一种方法是使用现实世界对象的隐喻，比如文档、文件夹或垃圾箱的图片，它们实际上就是作为现实世界对象的隐喻出现的。另一种方法是使用既定的惯例，比如把那些最流行的软件所做的任何事情一个不剩地复制过来。

第 19 章

下定决心：决策

通过对本章的学习，我们将：

▶ 在现实世界中做决定；

▶ 观察大脑如何做决定；

▶ 让你的决定受到影响。

这或许是一个杜撰的故事。

一名决策方面的首席研究员正在思索是否决定接受一份新工作，专家给出的建议是简单地使用决策理论中的技巧。可这位首席研究员却说："别傻了，这对我来说很重要！"

这则故事的可信度相当高：许多从事认知心理学研究的人不一定能把他们的知识应用到日常生活中。然而，做决定在社会和认知层面却相当重要。

在第 17 章和第 18 章中，我们对"人们如何解决问题和完成推理任务"进行了了解和阐述。但在谈论决策时，我们还必须考虑其他的因素，如风险感知、情绪以及人们如何判断不同潜在结果的价值。此外，在做出重要的现实世界决策时（在正式实验之外），人们并不知道未来会发生什么，也不知道未来会有其他什么选择。

我们在本章所介绍的研究全部集中在决策过程中涉及的认知过程。认知心理学家已经确定了许多涉及决策过程和人们可能经历的一些问题，目的就是让读者意识到这些问题会影响个体的决定，帮助个体发现做出更好决定的方法，避免误入歧途。

对现实世界的决策进行研究

我们在第 17 章和第 18 章中讨论的各种理论和实验通常集中在与现实世界几乎无关的抽象问题上。在这种控制条件下进行的研究可以告诉你很多关于你思维过程的潜在机制，但是和许多实验研究一样，它们缺乏生态学上的有效性。也就是说，它们不能很好地代表现实世界（见第 1 章相关内容）。

在实验室的人工环境中做出的决策缺少了一个重要的因素，那就是忽略了结果的重要性。实验者有时会为做出成功选择的被试提供小额奖励，但这些输赢永远不会像现实世界中的一些决策那样高。在实验室里，人们没有太多的输赢，所以他们可能不会像处理可能带来重要后果的现实问题那样处理实验室问题。

因此，当人们所处理的问题"有自身利益在其中"时，心理学家不能纯粹地从逻辑或机械过程的角度来考虑他们的决定；相反，他们必须考虑情感的影响和现实世界环境的复杂性。

例如，人们如何选择伴侣就是一个重大的决定。当人们并不是那么了解他们遇到的人，也不知道他们将来还会遇到谁的时候，该如何确定对方是不是"对的人"呢？当人们不能做出最优决策时，他们又是如何做出决策的呢？正如你所料，科学家习惯于用一种相当不浪漫的观点来处理此类事件。

你怎么知道什么时候停下你寻找爱情的脚步呢？答案集中在一个奇怪的词"satisficing"（满意度）身上，这个词由"satisfy"（满意）和"suffice"（足够）组成，它对人们如何寻找满足他们基本需求的东西，并为此放弃等待可能出现的最佳结果的行为进行了描述。一个人如果一直要等所有必要的条件都具备了才去选他认为的完美伴侣，可能到死都会一无所获。

快速思考

有一项测试的结果能帮助心理学家发现更多人们做出错误决定的原因，幸亏这个测试在实验室环境下进行，因此是安全的。同时，这个测试展现了更多的生态有效性，因为它并不是基于奇怪和抽象的逻辑问题而进行的，测试中的措辞对被试来说也更加熟悉。

这个测试被称为认知反思测试，它所测试的正是你的思维方式。阅读以下三个难度各异的问题，并尽快说出你的答案。

✓ 一根球棒和一个球总共要 1.10 英镑，球棒比球贵 1.00 英镑，球多少_____便士 [①] ？

✓ 如果 5 台机器需要 5 分钟来制作 5 个小部件，那么 100 台机器需要_____分钟来制作 100 个小部件？

✓ 湖里有一片睡莲。每天，睡莲叶子覆盖的面积都会翻倍。如果叶子覆盖整个湖需要 48 天，那么覆盖半个湖需要_____天？

你做得如何？答案在本段的末尾。如果你三个问题都答对了，干得漂亮！如果你非常轻易地就说出了错误答案，这也没什么，因为你并不孤单。之所以这么说，是因为为了得到每个问题的正确的答案，你需要抑制大脑中想脱口而出答案的那种冲动，而不是"反思"你的答案。正确答案是 5 便士、5 分钟、47 天（不是 10 便士、100 分钟、24 天）。

 诺贝尔经济学奖得主丹尼尔·卡尼曼在他的著作《思考，快与慢》（*Thinking Fast and Slow*）中将大脑分为了两个系统。

✓ 系统 1 处理"快思维"：它几乎不需要有意识地努力或控制就能自动、快速地运行。在某种程度上，它反映了"结晶"智力中根深蒂固的知识。

✓ 系统 2 处理"慢思维"：这个更深思熟虑的处理系统会通过有意识的、努力的过程，在你的工作记忆中分配资源来解决问题。

如果你正确地回答了两三个问题，就表明你倾向于让系统 2 更多地参与思考；反之，如果你很轻易地得出了错误的答案，就说明你在思考时可能更多地依赖系统 1。

 上面这个测试并不是智力测试。美国经济学家谢恩·弗雷德里克（Shane Frederick）对不同的大学生进行了测试，大多数人给出了明显但错误的答案。即使在麻省理工学院这一著名的极客科学家的巢穴，也只有不到 50% 的被试能做到三个问题全对。所有大学生被试的平均得分仅高出三分之一。

---

① 1 英镑等于 100 便士。——译者注

人们在这些问题上如此容易给出错误答案的原因之一是，这些问题的答案看起来很明显。非常有趣的是，你可以通过用难读的字体把问题打印出来，以提高人们在测试中的表现。这样做似乎会导致大脑变慢并变得小心谨慎，从而形成一种更具分析性的思维方式。

研究人们如何做决定：规范性理论

为了科学地研究决策，心理学家需要一种可以客观地评估决策的方法。他们需要一种规范性理论，提供一个"标准"或"规范"来评估人们的决策技能，然后进一步允许他们就一个决策的好坏进行评估。效用理论就是这样一个规范性工具，它提供了一种理性的决策方法，以衡量成功的可能性以及成功的相对收益和失败的成本。根据这一理论，我们可以得知，最好的选择是那些预期收益最大化的选择。

但是这种方法也存在着很多问题。也许其中最严重的一个问题是：人们在做决策时很少知道所有的相关信息；并不总是能对成功可能性或结果价值做出准确判断。

在第 18 章中，我们对卡尼曼和特沃斯基所做的极具影响力的研究进行了描述，该研究强调了人类思维是如何因人们使用经常会导致错误答案的心理捷径（启发式）而变得充满错误。我们还解释了吉仁泽的对立观点，即启发式实际上是一个"工具箱"，它很巧妙地适应了现实世界的需求。此外，我们对启发式所蕴含的力量进行了了解，即如果在两件事之间做出选择，人们往往会选择最熟悉的。

吉仁泽给出了一个现实世界决策启发式的好例子。人们过去认为，一个跑着接球的棒球守场员正在对自己相对于球的速度和角度进行复杂的数学计算，这是由大脑中意识内省无法触及的部分实现的。但吉仁泽却认为，事实上人们使用了一种简单得多的启发式方法来完成这个动作。

1. 盯着球向球跑去。
2. 跑动时尽量保持头部角度不变。
3. 如果你不得不降低你的头部角度来保持球在视野的中心，那你就需要加速；但是如果你不得不抬头来保持球在视野中心，那你就需要减速。

这个让人吃惊的有效策略并不需要数学计算或物理定律知识的支持（与第 4 章中提出的观点相左）。

理解为什么当规范性理论失败时启发式方法仍有效

 吉仁泽的研究中一个令人惊讶的、显然与直觉相反的发现是，启发式不仅可以与规范性理论的表现相匹配，而且有时启发式的表现甚至还会优于规范性理论。

怎么可能呢？一个考虑到所有可用信息的规范性理论当然应该优于一个仅使用一个或两个显著点作为决策基础的启发式理论啊！但事实上，如果模型所基于的是过去事件的所有可用信息，它们就可能会变得过于特定于过去那个事件，而不适用于当前的决策。

第二个问题是，规范的方法通常要求你对世界的状态有完美的了解，但这种情况很少出现。例如，在让专家和业余爱好者各站一边选择股票期权的实验中（具体参考第 18章），专家们当然会考虑更多的因素，但通常不会增加很多潜在的信息：他们的模型永远不会更完整，只会更复杂。

 如果你根据过去的经验建立了一个过于复杂的世界模型，那你最终可能会得到一个过于固化于你个人经历的世界观。你考虑的因素越多，你的观点就越与你所经历的特定事件相关联。

问题的构建

影响决策的另一个因素是框架效应，即人们会根据相同问题上的不同描述方式（作为一种损失或作为一种收益）来改变决策。通常情况下，当做出正面描述时，人们会避免做出冒险的决策；但当做出负面描述时，人们则会选择去承担更多的风险。

 卡尼曼和特沃斯基对两组被试提出了以下这个问题。

想象一下，美国正在为一种不寻常的疾病的暴发做准备，这种疾病预计将导致 600 人死亡。目前专家们已经提出了两种对抗这种疾病的备选方案。假设对两种方案所造成后果的确切科学预估如下。

一组被试得到了以下数据：

> ✓ 如果采用方案 A，将会拯救 200 人的生命；
> ✓ 如果采用方案 B，有三分之一的概率拯救 600 人的生命，三分之二的概率没人获救。

另一组被试则得到了与上一组被试不同的数据：

> ✓ 如果采用方案 A，将有 400 人死亡；
> ✓ 如果采用方案 B，有三分之一的概率没有人死亡，三分之二的概率 600 人死亡。

事实上，这两种选择所带来的结果是一样的：在两个不同的版本中，方案 A 和方案 B 的预期死亡人数是一样的。但第一种是根据挽救的生命来描述的，第二种是根据失去的生命来描述的。得到第一组数据的被试，更有可能选择一定会拯救 200 人生命的方案 A；而那些看到第二组数据的被试，则更有可能选择方案 B。

下决心对你的大脑进行探究

在这一部分内容中，我们会带你进入自己的大脑，对参与决策的部分进行探究。例如，前额叶皮层是一个与执行功能相关的区域，包括我们在第 17 章和第 18 章中讨论的各种解决问题的能力。我们还将围绕大脑发育和神经损伤患者的研究进行讨论。这些有助于心理学家理解大脑的不同区域是如何参与决策后果的权衡的。

处理烦人的问题：多重需求系统

许多研究将人脑的许多区域与模块化架构联系起来。在模块化架构中，特定区域执行特定功能。例如，某些区域致力于视觉感知的不同方面，如运动、颜色和形式，而其他区域则处理特定的听觉内容，如具有特定音高的声音等。

但是多重需求系统（大脑中的一组区域）是不同的：它被设计出来处理任何当前困扰你的问题。英国神经病学教授约翰·邓肯（John Duncan）发现了这个系统，它由前额叶皮层的一部分和大脑的顶叶系统组成。这个系统的神经元不能专注于特定的功能，而是必须能够动态地处理新的情况。根据当前情况的需要，该区域的神经元可以根据不同的需求被调动用于多种目的。

在多需求系统特别活跃的情况下（如功能性磁共振成像扫描所示），有一件事是很常见的，那就是多需求系统涉及流体智力的使用。也就是说，与新情况相关的解决问题的能力更多地与长时记忆（经验的智慧）相关。这一证据向心理学家表明，决策、思考和推理是复杂的过程，需要多个大脑区域共同参与。它还表明，智力的一个核心特征是做出逻辑决策的能力。

脑损伤如何影响决策

如果你认为思维是一个单一的东西，你可能就会认为一名前额叶皮层损伤（损害了他解决问题或做出决定的能力）的患者似乎在思维方面是存在明显障碍的。同时，你可能也不指望这个人能够正常行动或进行交谈。

但是，局部损伤患者的很多行为实际上可能是非常正常的，他们的损伤只有在涉及利用流体智力的问题上才会变得明显，他们仍可以对话、看电视和遵循指示。但是这个人表面上的正常行为，实际上是伴随着他们在解决问题层面所做出的奇怪选择或在现实世界中所做出的奇怪决定出现的。

采用博弈型任务的决策实验与此相关。研究者会在不同的条件下监控被试的选择，在这些条件下，各种结果的概率是可以被操纵的，且对被试随后做出选择所造成的影响也会被测量。小额奖金或其他奖励可以用来激励被试。

前额叶皮层损伤的患者在这些任务上产生的一系列结果与他们在现实生活中做出决策时所遇到问题的轶事证据[①]一致。他们在对许多选择可能带来的负面后果进行思考时，展现出了比较差的思考能力，且更倾向于根据短期奖励和积极的联系做出决定。

---

① 轶事证据也叫观察性证据，一般指业内人士普遍接受的（但是未经实证研究支持的）说法。——译者注

法医心理学家使用这种测试证明，许多职业罪犯在问题解决任务中表现出与前额叶皮层损伤者相似的模式。这突出了前额叶皮层在做出适当决策过程中的重要性。

追踪决策的发展

传统上，人们认为大脑中最有趣的变化发生在幼儿时期，青少年思维或决策的差异可归因于性成熟和他们生活的社交世界所带来的荷尔蒙效应，以及同辈群体压力等效应。但一种新兴观点认为，青少年思维的差异可能是由于他们大脑结构的根本生理差异造成的。

分析青少年大脑

认知神经科学家萨拉·杰恩·布莱克莫尔（Sarah Jayne Blakemore）主要研究大脑在人一生中发生的主要变化。前额叶皮层在青春期经历了相当大的发展，布莱克莫尔就这一事实如何影响青少年的教育方式进行了研究。

由此看来，人们拥有两种相互竞争的系统。

- ✓ 脑边神经系统：当人们从事危险行为时，给人一种兴奋感。
- ✓ 前额叶皮层：参与执行决策，抑制过于冒险的行为。

布莱克莫尔认为，青少年大脑与成人大脑在生理上有所不同。这些差异是由于边缘神经系统比前额叶皮层更早达到完全成熟的状态造成的，在这种冲动驱动的边缘神经系统和更深思熟虑、更明智的前额叶皮层的较量中，边缘神经系统胜出了。在前额叶皮层赶上之前，青少年的大脑更容易发出做出冲动的决定和危险的行为的指令。事实上，前额叶皮层似乎要到 25 岁才成熟，而这可能就是犯罪（从危险驾驶到参与恐怖主义）的平均年龄是十几岁到 20 岁出头的解释。

进入青少年的大脑

如果你是一名青少年，请不要生气——显然你有一个更成熟的前额叶皮层，因为你做出了阅读这本书的重要决定。如果你仍然感到被冒犯，那说明你可能太关注你的边缘神经系统了；相反，你应该让你的前额叶皮层更多地参与大脑的控制。

公共健康和安全宣传运动能迎合青少年思想的一种方式，是通过情绪化和发自内心的广告来获得青少年更多地关注。例如，一则广告为了传达开车时用手机发短信的危险，生动地再现了由此造成的车祸，以及对事故造成的身体伤害和情感伤害的长期且令人痛心的关注。

通过将这种行为与强烈的视觉和情感内容联系起来，这则广告就变成了一个针对青少年精心设计的产物了。开车时发短信的行为与强烈的负面情绪相关联，这触动了边缘神经系统中一种更原始的联想机制——你对一种情况的基本"直觉"。

这类情感广告可能对前额叶皮层发展良好的人没有什么吸引力。他们可能会发现信息过于情绪化，他们更喜欢开车时发短信会损害司机注意和反应时间等类型的描述，例如显示司机使用手机相比正常情况下刹车距离不同的广告。当然，两种风格都有效，要看目标受众。

记住经历的作用

心理学家在解释大脑的发育变化时必须非常小心。认为大脑的变化会遵循某种生物程序，在生命的某些阶段会触发某些变化的观点可能是自然的，但另一种观点认为，经验决定大脑的变化。

人们年轻时会冒更多的风险，因为积累一系列结局糟糕的经历确实需要些时间。只有对潜在风险有了更多的经验和了解，人们才会开始抑制这些冒险决策。边缘奖励系统会通过短期刺激迅速得到积极强化，所以个体可能需要更长时间来积累足够多（但却必要）的负面结果，这些负面结果来自人们所做出的、参与前额叶皮层抑制过程的高风险决策中。

改变人们的决策

认知心理学关于人们如何做出决策的发现可以用来影响这些决策，以便人们做出更好的决策，或者帮助他们抵制负面和不适当的操纵。

公共卫生信息协助

 有时人的逻辑推理是没有问题的，但前提却是错的。只有当人们对情况形成了正确的心理模型时，逻辑才能帮助他们做出正确的决策。如果他们的理解是错误的，那就很可能在完全理性的情况下做出错误的决策。在这种情况下，用适当的语言和例子更好地阐述问题不失为一个解决方法。

 如今，我们面临一个日益严重的医学问题是细菌耐药性的出现。出现这种情况的部分原因是，人们因病毒感染等情况服用抗生素后情况没有得到改善，进而过量地服用抗生素。此外，人们还会在完成整个疗程之前停止服用抗生素，这么做通常是因为症状消失了，他们认为自己好些了。不幸的是，抗生素可能还没有杀死残留的细菌，为这些传染性生物留下了进行重组的时间。这一过程会在许多不同的患者身上重复进行，给了这些生物体更多的时间来进化具有抗生素抗性的菌株。

英国医疗慈善机构威康信托基金（The Wellcome Trust）研究了人们对抗生素的态度和信心，试图确定他们经常提前停止疗程的原因，以及医疗专业人员如何克服这种行为。他们发现，许多人认为抗生素耐药性发生在他们的体内，而不是细菌中（耐药性实际上是在细菌中演变的）。如果你认为你的身体对细菌有抵抗力，那么停止一个疗程的抗生素服用对你来说就是有意义的，但事实上它反而有助于细菌获得耐药性。

 目前，比较有效的策略是向感染患者展示导致他们感染的有机体的图片，并告诉这些患者："这种细菌，而不是你，会对你正在服用的抗生素产生耐药性……如果想避免耐药性产生，你就需要完成整个疗程。"另一个建议是对表述时使用的语言稍微进行一些修改，更多地使用术语来促进对耐药关系的正确理解。例如，医生不应该谈论"抗生素耐药性"，而应该说"抗生素耐药性细菌"，因为这就将概念锚定在了细菌而不是患者身上。

应对超市操纵

和你做出的那些**重大**决策一样，你的生活也会受到你每天做出的所有小决策的累积的影响。

发达国家的人往往会面对过于丰富奢侈的选择，但即便如此，他们的选择也依旧会留下许多不尽如人意之处。这些国家中的许多国家都存在饮食不良的问题，导致人们的肥胖水平不断上升，并由此引发健康问题。吃什么的决定受到不同认知过程的不同影响。

✓ 认可度：广告商会瞄准人们所具有的更简单的启发式和联想学习。通过确保尽可能多的人看到他们的品牌标识，利用大品牌的曝光效应——在没有负面效应的情况下营造的熟悉感，从而给品牌带来积极的感觉（品牌认知度是成功的一个很好的预测因素）。

✓ 正向联想：广告商也会积极促进人们对品牌的正向联想。例如，他们会展示健康的年轻人在使用品牌时体现出的乐趣。这种关联的目标是边缘神经系统的联想反应，而不是更合理、更符合逻辑的过程（更多信息请参考前面的"追踪决策的发展"这部分内容）。

✓ 可用性：与公共卫生运动相比，大品牌在广告上的花费更多，因此更容易传达它们的信息。与警告相比，消费者更容易想起广告中的信息。

✓ 光环效应：一个单一的积极属性会影响人们在同一种情况下对其他信息的判断。例如，一个积极的健康主张会导致人们忽略更多的消极方面。有时这种光环效应会导致奇怪的结果。例如，当一盘垃圾食品的图片和一份健康的沙拉的图片放在一起时，人们对一顿饭所含热量的估计会降低。尽管两个盘子里垃圾食品的量是一样的，但是人们对吃垃圾食品加沙拉的卡路里估值会比只吃垃圾食品低，这就好像人们认为沙拉可以增加的卡路里是负的一样。

✓ 单位感知：人们似乎会根据容器的大小来估计分量。例如，当分量、勺子、盘子或碗变小时，人们往往会在自助餐中吃得更少，即使他们可以随时去自助餐台补充食物。

认知心理学可以通过把对人们如何决策的考量融入营养标签系统的设计中，来帮助公共卫生政策的发展。

关于陪审团决策的讨论

在我们前面提到的一个关于光环效应的例子中，模拟陪审团决策研究发现，陪审员会受到庭审中被告的外表吸引力的正向影响。

此外，美国心理学家南希·彭宁顿（Nancy Pennington）和里德·哈斯蒂（Reid Hastie）提出的一种理论认为，陪审员应该为案件中描述的一系列事件建立一种简单的心理模型。如果陪审员能把陈述纳入一个关于所发生之事的可信的故事模型中，那么陪审员就更有可能相信一个陈述；同时，当证据以故事顺序而不是证人顺序呈现时，陪审员也更有可能相信控方或辩方的证据。

这一理论符合一般发现，即人们发现确实有一些表述模式比其他表述模式更容易使用。具体来说，人们发现与个体内部模式一致的表述模式更容易使用（见第 12 章的相关内容）。重要的不是简单地向你呈现什么信息，而是如何呈现这些信息。

第 20 章

对情绪作用的清晰思考

通过对本章的学习，我们将：

▶ 定义情绪在认知心理学中扮演的角色；

▶ 把记忆、注意和思想变得情绪化；

▶ 讨论情绪如何影响认知。

实验表明，人们对情感类事件的记忆比对非情感类事件更生动、更准确。比方说，如果你试图回忆起三年前自己生活中的一件事，很可能这种记忆是情绪化的，也许是你的初吻、一次棘手的考试或一只心爱宠物的死亡。情绪对记忆的改善是情绪影响认知的方式之一，但故事远比这个更复杂。

情绪也会影响其他认知过程。例如，当你心情不好的时候（比如你被老师责备或者不得不带宠物去看兽医），你的工作效率就会降低。研究表明，当人们处于情绪状态时，他们似乎会专注于与情绪相关的事情。特别是当你难过的时候，你不会像高兴的时候一样集中注意力。

在考虑抑郁症和焦虑症等影响你情绪的临床状况时，了解情绪在认知过程中扮演的重要角色是很重要的。事实上，对这些问题的意识更广泛地显示了你的认知能力有多"热"。它们并不稳定（"冷"），只有当你学习新东西时才会慢慢改变；相反，情绪状态对认知的影响表明，不断变化的环境会影响你的能力。简言之，情绪对你在想什么和怎么想都有影响。

在本章中，我们将对情感和情绪如何影响人们的行为、学习、记忆和决策方式进行展示。我们观察情绪如何影响事物的检测（编码）和感知，以及人们对情绪刺激（物体、单词、人和声音）的反应与对非情绪刺激的反应有何不同。我们还将就人们是如何因为他们的情绪状态而记住事情进行描述：要么是因为这种状态与他们学习信息时的状态相同，要么是因为信息与情绪相匹配。另外，我们还将分析情绪影响认知的两个临床相关案例。

换句话说，本章所讨论的是情绪是如何影响我们在这本书里所讨论的一切的。

你感觉如何：介绍情绪

你可能认为自己确切地知道什么是情绪，但作为一名科学家，你往往需要退一步，质疑任何简单的假设。

思考以下这个例子。

在影片《星际迷航4》(*Star Trek IV*) 中，电脑问斯波克先生，"你感觉如何？" 这个问题难倒了这位友好的瓦肯人，因为瓦肯人是没有情绪体验的，而且总是被他那些 "有错误感觉的人类" 朋友搞糊涂了。假设，突然他感觉到了一种情绪，斯波克又怎么会知道那是什么呢？这是个非常棘手的问题！就好比你知道什么时候你觉得幸福，但什么是幸福呢？这个问题的答案远远超出了认知心理学的范围，甚至超出了心理学的范畴（或许可以试试哲学）。

在这一节中，我们将对认知心理学家所说的情绪的含义进行描述，展示人们学习情绪的过程，探索围绕情绪的思维过程。

情绪、心情和情感状态是相似但又不同的概念。

- ✓ 情绪：短暂但强烈的体验。
- ✓ 心情：持久、低强度的体验。
- ✓ 情感状态：所有的体验，包括情绪、心情、偏好和唤醒（身体对刺激的反应，如手心出汗或心率加快）。
- ✓ 效价：某一特定事件的主观性质，如认为某事是好还是不好。

寻找定义情绪的方法

广义而言，心理学家将情绪描述为以下因素的组合。

✓ 生理变化和唤醒：你的身体如何因刺激而改变。例如，当你害怕时，你的心率会加快、瞳孔会放大。

✓ 面部表情：当你感受到一种特定的情绪时，你的脸会扭曲成一种特定的模式。例如，当你开心的时候，你的嘴角向上翘；如果你非常开心，你会张开嘴露出牙齿（换句话说就是，你笑了）。

✓ 认知评估：当你感受到一种情绪时，你会从认知的角度对事件进行评估，并决定它是积极的还是消极的。例如，如果你刚刚被你喜欢了几个月的人约出来，你可能会发现自己很开心。

在这一点上，你可能认为人们会以不同的方式表达情绪和评价情感。事实确实如此，许多专家认为面部表情存在跨文化的差异。如果你遇到一个来自巴布亚新几内亚部落村庄的人，他露出了牙齿，你可能无法确定他所表达的是快乐还是饥饿。

美国心理学家保罗·埃克曼（Paul Ekman）声称，有六种基本情绪（快乐、惊讶、愤怒、悲伤、恐惧和厌恶）及其相关表达是普遍存在的，世界上所有的人都是一样的，因为它们是遗传决定的。你可以将这六种情绪与战或逃反应联系起来，将其做如下分类。

✓ 接近情绪：快乐、惊讶和愤怒让你感觉好像想要靠近引起情绪的事物。

✓ 回避情绪：悲伤、恐惧和厌恶让你感觉好像想要远离引起情绪的事物。

你也可以利用交感神经系统（控制对刺激的基本生理反应的神经系统的一部分）的反应来对这些情绪进行分类。例如，快乐、愤怒、惊讶和恐惧导致活动增加，而悲伤则会导致情感资源枯竭。

发展情绪反应

情绪看上去非常神秘。为什么有些事对你来说会变得情绪化？为什么有些人会产生恐惧症？地点、物品、歌曲和人都有情感价值，有些人的情感价值会比其他人的更多，这取决于个体和个体本身的经历。

你的一位作家朋友对橡皮筋有恐惧症。我们不想夸大其词，但他看到一个橡皮筋就会焦虑。另一方面，开车经过初恋居住的街区总是给他一种幸福的感觉。一条街道和一种情绪之间的这种联系是如何形成的呢？

 经典条件反射是解释人们发现特定事物具有情感价值过程的一个理论。简单来说，情感价值可以和一个对象配对。人们以此学会将特定的地方或事物与特定的感觉或情绪联系起来。

伊万·巴甫洛夫是第一批系统地测试这一现象的科学家之一。他注意到，他实验室里的狗并没有看到食物，哪怕是仅听到手推车运送食物的声音也会流口水。这些狗似乎把声音和它们收到的食物配对了。

同样，经典条件反射被用来解释一些恐惧症的发展路径。恐惧条件反射是当特定的神经刺激（如一个单词）与电击配对时。令人不快的电击会引起觉醒和恐惧，如皮肤电流反应升高（手稍微出汗）等。最终，被试将刺激与电击联系起来，只有刺激才能产生觉醒。

 美国神经科学家利兹·菲尔普斯（Liz Phelps）发现，杏仁核（大脑中每只眼睛后约 5 厘米的部分）在恐惧调节中起着至关重要的作用。她对一名叫 SP 的杏仁核受损的患者进行了测试。SP 记得自己参加过一个实验，并报告说自己在实验中受到电击。但 SP 从未表现出与对刺激的恐惧相关的皮肤反应。因此，菲尔普斯得出结论，杏仁核对处理恐惧至关重要。

尽管恐惧条件反射是显而易见的——你可以将几乎任何先前中性的刺激与恐惧反应配对——但有些刺激更容易形成恐惧条件反射。蛇、蜘蛛和其他常见的恐惧症对象（不同于对橡皮筋的恐惧）可以比不那么可怕的刺激（如可爱的豚鼠）更快、更容易地形成恐惧条件反射。因此，人类可能有某种害怕某些动物的遗传倾向，并且只需要通过非常轻度的了解就可以产生这种恐惧（查看专栏 20-1 "看到别的猴子害怕，这些猴子也非常害怕"）。或者，这些恐惧可能在社会和文化上更容易被预设或预测到，因此人们会更害怕它们。

专栏 20-1   看到别的猴子害怕，这些猴子也非常害怕

科学家在一项展示观察性恐惧学习的研究中使用了两组猴子作为样本：一组是野外饲养，另一组是圈养。前一组猴子天生害怕蛇，而圈养的那组猴子则从未见过蛇。随后，这两组猴子被放在同一个笼子里，都必须越过一条蛇才能得到一些食物。野生群体展现出了很本能的抗拒，但圈养的猴子却直接伸手去拿食物，这表明恐惧症并不是遗传的。

但是，当圈养的猴子看到野生猴子表现出对蛇的恐惧后，没过多久，也同样表现出了对蛇的恐惧，并拒绝越过蛇去觅食。这个实验的结论显示，猴子可以通过观察其他猴子来学习恐惧。

广告商在将产品与合意的东西配对时，使用了类似形式的情绪经典条件反射（基于评价性的而非基于恐惧的）。一个老套的、可能带有性别歧视的例子是，将衣着暴露的女性与速度快的汽车进行配对。广告商也会使用（据称）受欢迎的名人进行产品代言，这样你就可以把喜欢名人的感觉和产品联系起来。甚至，广告商还可以让他们的广告变得有趣，这样你就可以把广告的趣味性和喜好与产品联系起来了。

人们也可以通过观察，通过推断所有形式的条件反射来熟悉恐惧。你不需要接受惊吓来害怕某个特定的物体，简单地看着别人受到冲击就足以让你把刺激和冲击联系起来了。

思考情绪

有一个有趣的问题让认知心理学家着迷。通常，当你产生了与情绪相关的生理反应时，你需要知道这种生理反应发生的原因，并以此来感受情绪吗？换句话说，个体可能存在一种没有任何认知意识的情绪吗？

在围绕这个问题展开争论的几方中，波兰裔美国社会心理学家罗伯特·扎荣茨（Robert Zajonc）声称，个体可以在没有意识到情绪产生原因的情况下体验情绪，这被称为情感优先假说。他认为情感（你所有情绪经历的集合）和认知是基于两个独立系统存在的。

作为证据，扎荣茨用简单暴露效应进行了展示，在这种效应下，如果人们以前见过某个事物，无论他们是否记得，他们都会对这些事物相对给予更好的评价。

持相反意见的阵营中，美国心理学家理查德·拉扎勒斯（Richard Lazarus）提出，认知评估发挥着重要的作用：不思考对象或事件，你就无法产生情绪。首先，个体会对情况进行初步评估，然后把情况判断为积极的、消极的或不相关的。随后，个体进行第二次评估，通过暗示某人负有责任来评估他们的应对能力，并确定对未来发生的事件的预期。最后，他们会对这些结论进行总结和监控。

为了对自己提出的认知评估观点进行支撑，拉扎勒斯做了一个实验。在实验中，拉扎勒斯首先会要求被试观看一部令人激动的电影，然后要求被试对电影中的事件，在理智看待或否认两个选项中进行一个情绪上的选择。相对于控制条件，这些指令降低了被试对电影的生理反应，表明思考事件和情绪反应的重要性。

那么，哪种观点更准确呢？在我们意识到情绪之前需要思考吗？神经科学提供了一些答案。著名的美国神经科学家约瑟夫·勒杜（Joseph LeDoux）确定了两个与情绪相关的神经回路。

✓ 慢动回路：慢动回路包括对一种情绪进行的有意识的详细认知过程，这种回路支持拉扎勒斯的理论。
✓ 快动回路：快动回路绕过意识处理和脑皮层的更快回路，支持扎荣茨的理论。

所以，这么看，两者都是正确的。快速的情绪反应不需要思考，而较慢的情绪反应则需要思考——这就是为什么你感觉自己要生气时应该数到 10 再说的原因。

认识情绪的影响

大多数实验研究表明，当人们执行认知任务时，悲伤的情绪是不利的。悲伤的情绪会损害推理、思考、记忆和面部识别的表现，而快乐的情绪在许多任务中往往是有益的。但是事情远没有那么简单（心理学从来没有那么简单）。这些情绪差异往往只发生在困难或复杂的任务中，在那些简单任务中，快乐和悲伤的个体之间存在的差异相对较少。

情绪在很多层面影响认知。在这一部分，我们将解释它们如何影响我们在本书中描述的从感知和注意到记忆、语言和思维的所有基本过程。

关注情绪和感知

情绪影响你对世界的看法和对其中事物的关注。这一部分我们将对这种影响发生的过程进行描述。

情绪知觉

在某些情况下，情绪会影响你的感知。当受到界定不清的模糊刺激时，悲伤的人倾向于消极地解释它们，而快乐的人则倾向于积极地解释它们。例如，当被试看到一张没有任何表情的人脸，并被要求对其情绪进行判断时，悲伤的人会认为它是悲伤的，快乐的人则会认为它是快乐的。

 在观看视觉场景时，悲伤和快乐的人所注视的区域也存在着差异。在面部感知任务中，悲伤的人倾向于看眼睛以外的特征，而快乐的人更倾向于看眼睛。进一步的实验表明，悲伤的人对所处房间环境的观察，比观察与他们交谈的人还要多。

情绪和注意

一般来说，情绪材料比非情绪材料更能吸引你的注意。这是有道理的，因为情绪很可能会为你的生存或健康提供一些重要的信息。

在第 7 章中，我们介绍了斯特鲁普效应（当单词的意思与墨水的颜色不匹配时，命名那些书写表示颜色的单词所用的墨水颜色需要更长的时间，如用绿色墨水书写"红色"这个词）。

如果我们把斯特鲁普任务中的颜色词换成与情绪或恐惧相关的词（例如，"蛇"这个词代表对蛇有恐惧症），就可以看到情绪词对彩色墨水命名的干扰比中性词的更大，这就充分表明情绪会干扰注意力。

研究人员还使用了波斯纳线索范式——在有效实验中，线索位于目标位置之前，而在无效实验中，线索不在目标位置之前（参见第 7 章）——来研究情绪如何影响注意。当给出的提示是一种威胁性的刺激时（例如一张愤怒的脸），无效提示的影响比提示是中性的时候更大。换句话说，被试专注于愤怒的刺激而无法摆脱它，即情绪暗示能够吸引注意力。

　　但是研究并没有简单地表明情绪影响注意，而是揭示了特定的情绪以不同的方式影响注意。在视觉搜索任务中，人们发现愤怒的人脸更容易被发现，即使是在一群其他人脸中也是一样。但是同样的易发现性并不会出现在快乐的脸上，这突出了效价对认知的影响。

针对那些悲伤和抑郁的被试所做的实验发现了另一种效果：注意不再是聚集的，而变得更加分散。注意分散是指很难将注意集中在一件事情上。科学家们早就知道抑郁症与许多侵入性想法有关。如果抑郁的人能把注意集中在某个特定的任务上，并屏蔽掉这些侵扰性的想法，他们就能更好地完成任务。

　　在一项单词识别实验中，悲伤的被试坐在电脑屏幕前，屏幕的左侧或右侧会不断地出现被彩色边框包围着的单词，以供被试进行识别。在进行单词的识别任务时，快乐和悲伤的被试表现得一样好。但他们被问到边框的颜色和位置时，快乐的被试无法记住任何一点额外的信息，但悲伤的被试基本都可以记住。这个实验告诉我们，悲伤的情绪似乎会导致人们关注许多额外的、不想要的、不相关的信息。

刺激的情绪和观察者的情绪都会影响某件事被关注的程度。在后面的"对焦虑的担心"那部分内容中，我们将进一步讨论情绪导致的注意偏差。

回忆涵盖记忆和情绪

　　情绪还会影响被试记忆信息的方式、什么信息会被记住以及什么会被回忆，我们将在这一部分对这些影响进行描述。

情绪依赖

 大多数人如果在学习过程中可以保持相同的情绪状态，就会更高效地进行识记（参见第 9 章和第 11 章有关编码特异性原则的内容）。在利用情绪进行额外的研究后，这种效应的另一个版本被研究者发现了：如果人们以特定的情绪学习某个项目，他们在相同的情绪下就能够更好地回忆起这些信息（这被称为情绪依赖记忆）。所以，如果你在开心的时候复习准备考试，那你同样感到开心时就会表现得最好。

在一项情绪依赖记忆的研究中，研究人员要求被试感受一种特定的快乐或悲伤的情绪（称为情绪诱导）。然后，被试学习一组单词。有一半的被试在相同的情绪下对单词进行回忆，而另一半则以相反的情绪进行回忆。情绪匹配的被试会比情绪不匹配的被试回忆起更多的单词。

研究还表明，情绪依赖记忆对回忆童年记忆有影响。当人们快乐时，快乐的童年记忆要比悲伤的童年记忆多四倍。临床抑郁症患者倾向于认为，他们的父母在自己小时候更排斥和疏远自己。但是在非抑郁状态时，同一患者则会倾向于认为他们的父母更温暖、更善良。

 尽管情绪依赖记忆的逻辑简单且令人信服，但并没有得到一致的发现。许多研究人员就是因为没有发现这种情绪依赖记忆，从而导致他们认为它的效果并不可靠。事实上，为了获得情绪依赖记忆效应，有三个原则必须注意。

✓ 情绪必须被视为一种因果。也就是说，信息必须以某种方式与情绪相关联。

✓ 情绪依赖型记忆更可能出现意义较低的刺激或不明确的刺激。也就是说，情绪会影响不太重要的记忆。

✓ 在没有任何其他记忆线索的情况下，情绪可能会是最有用的。因此，在自由回忆实验中，情绪依赖记忆效应比识别或提示回忆实验更有可能出现。

尽管没得到那么一致的发现，但是如果情绪是强烈且稳定的，并在学习信息时被使用，情绪依赖的记忆效应就更有可能出现。处于一种特定的情绪并不意味着你能记得以前在那种情绪下学过的东西——只有当它们与当时的情绪相关时，你才会记得它们。例如，抑郁症患者经常报告有侵入性的负面想法。这就说明，负面情绪导致负面记忆重新出现。

情绪一致性

情绪一致性记忆类似于情绪依赖性，是指你现在的情绪有助于回忆与情绪一致的信息，而不管你在学习这些信息时的情绪如何。因此，当下感到快乐的人比悲伤的人更容易记住快乐的事情，当下感到悲伤的人比快乐的人更容易记住悲伤的事情。

在临床抑郁症患者中也发现了情绪一致性记忆效应的影子。给抑郁症患者一个单词表来记忆，他们往往可以回忆起更多的负面而不是正面的东西。此外，情绪一致性还存在于对特定刺激的认知努力中。处于悲伤情绪中的被试比处于快乐情绪中的被试更可能关注和花更多时间观看悲伤的刺激。

情绪一致性的这些影响可能归因于信息学习过程中的情绪一致性、编码或存储过程中的情绪一致性，或更好的情绪一致性回忆。研究人员通过让被试在情绪诱导前后学习情绪材料来测试这种效果。通常，情绪一致性效应在学习中比在提取中更强。

情绪编码

在第 9 章中，我们介绍了处理框架的层次，它确定了什么时候你更有可能更深入地处理事情，从而更好地记住它们。学习越精细，越语义化，你就越有可能记住一些东西。有一些研究就探讨了当你情绪激动时，阐述是如何受到影响的问题。

通过情绪诱导，实验者发现悲伤的被试不能从更深层级的编码中受益（至少在有限的时间内可以处理信息）。研究结果表明，悲伤情绪会损害对精细编码的记忆，并且只有在较高的认知负荷下才会如此。其他研究人员发现，心情悲伤的人比心情愉快的人更难进行深层编码。也就是说，他们没有表现出相同水平的认知加工效果。处于悲伤情绪中的被试或抑郁症患者，会把那些他们本应进行深层编码的单词当成浅层编码单词来回忆。这个实验的结论告诉我们，悲伤的情绪会对编码的努力进行干扰。

情绪化时对思绪进行整理

悲伤的被试似乎无法组织记忆的材料。例如，当我们把一份单词表同时发给悲伤、快乐和情绪中立的人时，通常悲伤的人记得的单词量更少。但是，如果单词列表是以一种有意义的方式组织起来的（也就是说，与相似概念相关的单词被放在一起），那么所有的被试在这个回忆任务中都将有相同的表现；相反，当单词列表以一种高度无序的方式呈现时，悲伤的被试会表现出更大的回忆缺陷。

虽然悲伤的人可以更好地回忆起有组织的信息，但当使用戴斯－罗迪格－麦克德莫特范式（DRM 范式）时，他们更有可能错误地记住相关的单词（参见第 12 章）。在实验中，研究者会向被试呈现一系列与特定概念相关的单词（比如"医生""护士"和"医学"）。当研究人员在识别测试中展示诱导词（与概念相关的词，如"医院"）时，悲伤的人也更容易做出错误的识别。诱导词并不是首先呈现的，理论上不应该被识别，但是悲伤的人比情绪中立的人更容易回忆起那些看到次数更多的诱导词。

另一种显示记忆组织的方法是关注单词被回忆的顺序。通常，人们会以类聚的方式回忆单词——他们倾向于同时回忆很多个与相似概念相关的单词。但悲伤的被试没有表现出这种效果。抑郁的情绪会影响人们组织材料的能力。

谈谈语言和情绪

情绪也会影响人们理解信息的方式。在一项研究中，被试对一篇没有标题，上下文很难理解的文章进行了阅读。比如说，这段模糊的文字描述了洗衣服时没有用"洗"或者"清洁"两个词（可以在第 12 中尝试一下）。悲伤的被试在理解和回忆这篇文章的内容时，比情绪中立的被试所能理解和回忆的要少得多，在判断他们可以记住多少信息方面也显得不太自信。

在词汇－决策任务中（被试必须识别一个字符串是否是一个单词），当单词与快乐相关时，快乐的被试对单词的识别速度会比单词与悲伤相关时更快，这突出了情绪对编码早期阶段的影响。虽然这些效果存在一定的精确性，但悲伤的情绪并不会加速对一般负面词汇的决策，只会对与悲伤相关的特定词汇做出更快的决定。

对情绪如何影响阅读的另一个评估来自单词命名任务，这是一种被试只需对单词进行阅读的任务。研究再次发现，命名单词的速度与情绪一致，快乐的人读与快乐相关的单词比读与悲伤相关的单词更快。

你可能陷在情绪之中

情绪对人们的思维方式有着普遍的影响。想想那些感到悲伤或沮丧的人。如果你说了一些无关痛痒的话，他们通常会马上联想到不好的事情。这种反应不仅仅是抑郁者的闷闷不乐导致的，它还是一种语义和情绪关联的结果。

情绪和你的想法

研究表明，如果你让抑郁的人说出一种以字母 S 开头的天气，他们通常会给出一些不太令人舒服的天气，比如 "storm"（暴风雨）等。如果你向快乐的人提出同样的问题，他们大概率会告诉你 "sunny"（阳光）这个词。因此，情绪会影响脑海中浮现的东西。在你的朋友身上试试吧！

情绪也会影响选择和喜好。当你开心时，你倾向于在户外积极地活动；当你难过时，你更喜欢待在室内，久坐不动。快乐的心情还能让你把知识整合到更大、更包容的单元中。当人们开心时，他们会把更多的东西放在积极的类别中。

情绪决策

情绪也会影响你对信息进行编码的方式，悲伤的人感受这个世界的方式与快乐的人非常不同。

当向快乐的人和悲伤的人展示有说服力的信息时，悲伤的人似乎比快乐的人更不容易被无力的论点所左右。悲伤的人更有可能使用更精细的认知处理方式来深入处理信息（这可能与我们在本节开始时所说的相矛盾，但老实说，事实并非如此），这无疑是一个悲伤情绪似乎有利于认知加工的例子。

快乐的人倾向于使用更快、更简单的认知处理方式，其特点是认知过程中会有更多的启发式使用和更浅显的编码。他们会更多地关注情况中存在的要点而不是细节，并且也更倾向于使用更开放、灵活和创造性的处理方式。

 相比之下，悲伤的人对信息的处理往往更慢、更系统、更有分析性。他们更注重场景的细节，在处理过程中更加警惕，在解决问题时显得也并不那么灵活。也许他们是故意更准确地去完成这些任务的，想要通过在某个任务上更加成功来改善他们的情绪。

情绪如何与认知相互作用

许多理论解释了情绪如何与认知相互作用。在本节中，我们将对其中的四个模型进行简要的回顾，它们大多数是为了解释抑郁症患者的认知缺陷而设计的。

激活情感：情绪网络

 1981 年，美国认知心理学家戈登·H. 鲍尔（Gordon H. Bower）用神经网络模型对情绪如何影响记忆和其他认知结构进行了解释。简单来说，知识是通过一系列节点在记忆中表现出来的（参见第 12 章内容）。每个节点代表一个想法或结构，并与代表相关结构的其他节点相连。情绪节点也与生理系统相连。每当一种情绪被激活时，它就会激活与之相连的所有节点（称为扩散激活）。当激活达到一定的阈值时，想法就变得有意识了。这其中的关键点在于，每个节点都可以由外部或内部的原因激活。

我们通过图 20-1 对这一理论进行了总结。椭圆形代表语义信息、自传体记忆、生理反应和行为节点，五角星则代表了情绪。

因此，如果情绪节点"快乐"被激活，它会导致面部微笑以及生理系统释放内啡肽。同时，它还激活了与快乐时光相关的记忆节点（比如，一个特定的节假日或一次成功的约会），也激活了快乐状态下学到的所有东西。激活这些节点会使它们更容易进入意识大脑。也就是说，这种影响会激活所有相连的节点。

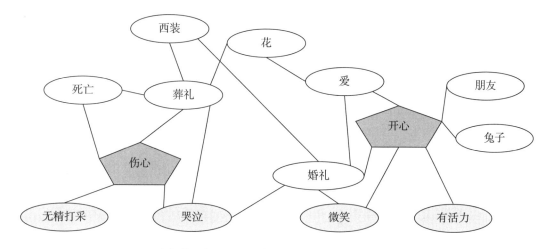

图 20-1　鲍尔的网络理论（底部阴影椭圆项代表的是人类的行为）

这个简单的模型也解释了情绪依赖性和情绪一致性效应（参见前面的"回忆涵盖记忆和情绪"这部分内容）。对于依赖情绪的记忆，这个观点认为，单词表是在附着于情绪节点上进行学习的。如果这个联结很强，单词表和情绪之间的联系就会变得很强。因此，当情绪恢复时，那些单词也就一并恢复了。情绪一致性也一定会被考虑在内，因为当一种情绪被激活时，所有联结的节点也会被激活，使得它们更容易被访问。

保持专注：资源分配模式

美国心理学家亨利·C.埃利斯（Henry C. Ellis）和帕特里夏·阿什布鲁克（Patricia Ashbrook）基于网络理论（参考前面的"激活情感：情绪网络"这部分内容）发现，经历特定情绪的被试可能会激活相关的思维，这种效果在有侵扰性思维的抑郁症患者中尤为明显。进入大脑的额外情绪想法意味着注意系统（参考第 7 章）必须加班加点地阻挡这些分散注意的想法，但这并非易事。所以，不想要的情绪材料就会占据太多工作记忆。

这种资源分配模型（RAM）是基于有限注意和 / 或可用工作记忆资源的原则而产生的。情绪状态会调节可用于其他任务的资源量，但同时也会占用一些与信息无关的资源。

该模型表明，情绪一致性记忆效应的发生是因为情绪导致注意系统将更多资源分配给情绪一致性刺激。它解释了为什么情绪会导致认知加工信息的缺陷，但却未能对情绪依赖的记忆效应进行完全描述。

相信你的感觉：丰富的情绪

情绪－信息模型表明，当面对特定的刺激时，人们只会简单地决定自己对特定刺激的感受，但这个决定会指导他们的认知（我们在前面的"你感觉如何：介绍情绪"这部分中定义了"情绪"）。在记忆实验中，被试会看到一个单词，然后决定它是否"感觉"良好（这的确是一种非常主观的感觉）。简单暴露效应的潜意识知识（我们在前面的"思考情绪"这部分中描述过）意味着，如果这个词感觉良好，被试可能会认为他们以前见过这个词。

这个模型需要建立你在那个特定时刻的感觉，并把它与所呈现的刺激联系起来。人们会根据自己的情绪对某件事做出快速的、未经充分思考的判断，这表明判断并不是基于详细的精细编码做出的。

证明这种模式的一个有力证据来自一项电话调查。实验者给随机选择的被试打电话，并在交谈中要求被试对他们自己的情绪和总体生活的满意度做出快速判断。在阳光明媚的日子里，被试往往会给出更快乐、对生活更满意的回答。而在下雨天，他们往往会说自己不太开心，生活也不太满意。但是，当研究人员通过询问天气情况让被试意识到他们情绪的可能来源时，这些影响就全都消失了。因此，人们倾向于根据天气来判断自己的情绪，除非他们知道天气本身就是情绪产生的原因。

情绪－信息模型会通过暗示情绪指导认知使用的搜索过程来解释情绪一致的记忆效应。情绪也会对人们如何看待他们的记忆系统进行指导，但只有在缺乏可识别的情绪原因的情况下才会影响认知。如果这种情绪源于不相关的刺激，它就会被个体忽视掉。

虽然这一理论简单且全面，但许多研究发现其基本前提（即只有没有明显原因的情绪被用来指导认知）是错误的。该理论还曾预测，情绪只会影响判断（无论是评价性的还是基于识别的），然而大量数据表明，情绪还会对学习和编码产生影响。因此，当快速和基于模式的处理被需要时，情绪似乎才能在有限的条件下被用作信息。

选择合适的处理类型：情绪注入模型

结合上述模型，澳大利亚心理学家约瑟夫·福加斯（Joseph Forgas）开发出了情绪注入模型。这个模型带来了更多的、表明情绪以不同的方式影响认知的证据，并且这种影响高度依赖于背景。该模型基于这样一个观点建立，即人类在执行所有任务时都会投入最少的认知努力，采用最简单的策略来成功完成任务。但是，不同的任务需要不同的策略和效果水平；同时，这里面还存在几种类型的认知加工，但只有其中的一些加工可以注入情绪。

不同类型的处理基于以下内容进行。

✓ 信息的特征：例如熟悉度、复杂性。

✓ 人的特征：例如动机水平、认知能力。

✓ 情境的特征：例如期望、时间压力。

这些因素结合在一起，形成了四种可能的加工类型。

✓ 直接存取：这种最简单的类型是自成体系的（它不能被改变），即你有固定的观点或事实。你用这种方式处理非常熟悉的任务，比如说出自己的名字或者你在哪里长大等。这些事实是如此容易获得，以至于你不需要精心处理，并且如此强大，以至于它可以抵抗情绪的影响。

✓ 动机式：当你有强烈的愿望去搜索某一条特定的信息时。这个过程是目标导向的，也就是说你用它来寻找特定的信息。它涉及相当多认知资源的使用。

✓ 启发式：依赖最少的信息，在没有个人相关性或动机时使用，以进行更深入的加工。换句话说，就是捷径。基于这个原因，加工可能是基于不相关的社会因素，或者确实是不相关的内部因素进行的，比如情绪。使用启发式的时候，人们可能会说"我觉得很开心，所以那东西一定是好的"。

✓ 实质性：只有在无法使用更简单的策略时，才使用的最精细和最广泛的加工类型。它最容易受到情绪的影响，每当任务复杂或与个人相关时，或者当你需要准确性时，它就会被使用。情绪可以影响这种类型中的许多不同的子过程，这就是为什么它最有可能受到情绪的影响。

当需要更精细的编码时，个体一般会使用动机式和实质性加工。然而，情绪对启发式和实质性加工的影响可能比其他加工类型更大。

许多因素会影响一个人采用的加工方式。表 20-1 总结了其中的一些影响以及它们的工作原理。

表 20-1   影响情绪注入模型中认知加工类型的因素

加工类型	特征	影响注入的程度
直接存取	熟悉的 不相关 不重要	不影响注入
动机式	密切相关的 重要 特定动机	低影响注入
启发式	典型目标 简单加工 认知能力低 积极的情绪状态 不要求精度	高影响注入
实质性	非典型和异常目标 复杂加工 认知能力高 消极情绪状态 对准确性高度追求	最高等级影响注入

当情绪出错时

有时候严重的情绪会影响认知。我们将在这一部分对其中的唤醒（在前面的"寻找定义情绪的方法"一节中，我们定义了这种情况）和焦虑两种情况进行描述。

记忆的刺激唤醒

你的一位作家朋友非常清楚地记得一件小事：他试图通过喊老师的名字来引起老师的

注意，但出于某种原因，他喊了一声"妈妈"，大家笑得前仰后合。他当时非常想逃离现场，找个角落躲起来哭，并且到现在，每当想起这件事时，他依旧感到尴尬。问题是：为什么这样尴尬的记忆能保持这么久呢？

 原因似乎是，情绪序列导致杏仁核的唤醒和激活，然后杏仁核帮助海马体（存储记忆所必需的部分，具体请参考第 9 章内容）巩固记忆。因此，唤醒通过使记忆中心更好地工作来帮助建立更稳固、更深的记忆。

唤醒还有助于防止记忆被遗忘。尽管人们会在学习后相对较快地忘记那些低唤醒刺激，但却可以在学习后 24 小时甚至更长时间内对那些高唤醒刺激进行有效的回忆。

 唤醒对记忆的影响是有限的。当事物适度唤起时，记忆更有效率。但对于强烈唤起的事件，记忆往往会更差。正如弗洛伊德关于压抑的观点所说："高度情绪化的事件太痛苦了，以至于无法记忆，因此也无法被恢复。"同样，英国认知心理学家蒂姆·瓦伦丁表示，伦敦地牢（一座恐怖博物馆）中高度恐惧的被试比低度恐惧的被试对信息进行回忆的准确率更低。所以，记忆对于适度唤起的刺激要比中性或高度唤起的刺激好。

对焦虑的担心

社交焦虑的人表现出情绪和刺激效价之间的趋同性（参考前面的"你感觉如何：介绍情绪"章节）。他们会比那些没有社交焦虑的人更快地发现威胁刺激（如愤怒的脸）。但一旦被发现，社交焦虑的人就会避免对威胁刺激的进一步关注。

 这两种行为模式共同形成了一种被称为高度警觉回避的注意偏差。

社交恐惧症患者识别关键人脸比识别非关键人脸更准确。他们也更有可能认为他们以前见过被认为是关键的人脸，并且认为他们比自己经历过更多的评论。相对于悲伤的表情，控制组的被试表现出对快乐表情的记忆增强，而社交恐惧症的被试则没有。

part 6

第六部分

个案研究与破除迷思

本部分目标

✓ 了解 10 个著名的个案研究，这些个案研究中的个体的特定障碍让世界对认知心理学有了更多的了解。

✓ 避免学生在写研究报告时常犯的 10 个错误。

✓ 消除媒体层面针对认知心理学形成的 10 个迷思。

第 21 章

10 位脑损伤患者的个案研究

通过对本章的学习，我们将：

▶ 利用案例研究对认知心理学进行理解；

▶ 聚焦临床病例。

在第 1 章中，我们曾提到过，认知心理学对认知的一些了解实际上来自神经心理学。更具体地说，这些了解来自神经心理学对不同形式脑损伤患者的研究。本章中我们将介绍 10 个著名的案例研究，以及它们所揭示的一些复杂的认知心理学问题。

在这些案例研究中，神经心理学家从大量不同的来源收集并分析各种信息记录，包括医生的病人病史信息、神经外科医生和神经科学家关于大脑结构的信息、家族史和任何重大事件等。神经心理学家利用这些信息、大量的认知心理学测试以及神经心理学评估来确定脑损伤的原因，进行诊断并在某些情况下对患者进行治疗。

个案 1：嗅觉比平常更灵敏

美国医生罗伯特·亨金（Robert Henkin）曾提到过一名患嗅觉亢进症女性的病例。她由于暴露在剧毒气体中，鼻腔通道受损，导致她的鼻子可以接收到比正常情况更多的信号。她的嗅觉比以前更强烈，与其他人相比也更灵敏。她的嗅觉非常精准，以至于能分辨出店里所有的香水。

这名患者检测气味的阈值降低了。也就是说，她需要更少的气味粒子才能闻到某些东西。通常，这种嗅觉亢进会随着时间的推移而慢慢消退，因为大脑并不习惯处理这么多的气味。

 这项研究告诉你，人们的鼻子其实可以比平时承载更多的嗅觉。事实上，你的大脑必须防止你的意识察觉到如此多的气味。原因之一是，嗅觉被认为是一种"基本"感觉。而人类应该是文明的，他们不需要嗅觉，他们更喜欢使用更"高级"的感觉，比如听觉和视觉或者语言来交流。

个案 2：动视障碍

德国神经心理学家约瑟夫·齐尔（Joseph Zihl）在 1983 年对一位叫 LH 的患者进行了描述。这位患者有头痛的毛病，并且处于高处时会感到颤抖和恶心（眩晕）。这个问题是因为大脑中一个不常见的血管受到损伤而引起的，这种损伤会导致大脑中一个叫作 V5 的区域（就在耳朵上方）产生中风（称为上矢状窦血栓形成）。

齐尔和他的同事对 LH 进行了许多不同的测试，发现在 LH 的视觉层面，除了视觉深度和运动觉有点问题外，其他完全正常。这些所谓的缺陷只存在于她的中心视野范围，这些缺陷导致她无法过马路、倒茶或看电视，并要通过听移动发出的声音来识别物体在移动。LH 把自己的经历描述为用快照的方式看世界。就像那些不断翻转的图画，一幅接着一幅，但是位置却存在很大的不同。

 在电脑上使用视频制作软件，以每秒 2 帧的速度观看一部电影（而不是更常见的每秒 24 帧），你就会体验到与 LH 所经历的类似的生活了。

 这个案例研究和许多其他研究表明，大脑存在一个专门处理运动的部分。如果这个部分受损，人们就看不到物体的快速运动了。研究还发现，视觉的边缘会向大脑的不同部分发送视觉信号，以检测更多的全局运动。

不幸的是，目前并没有针对这种运动失认症（动视障碍）的治疗方法出现。而心理学家也只能给出一些帮助 LH 适应的策略：更直接地使用声音来检测运动（比如当液体装满杯子时，敲击杯子，其音高会变高），并使用她的边缘视觉来观察物体是否在移动。

个案 3：无法识别人脸

英裔美国神经病学家奥利弗·萨克斯（Oliver Sacks）在他所著的《错把妻子当帽子》（*The Man Who Mistook His Wife for a Hat*）一书中对著名音乐家和教师 P 博士进行了描述。症状早期，P 博士无法通过学生的脸认出他们。随着症状加重，他变得无法分辨一个人的脸和一个古董钟表的正面，开始与消防栓和门把手互动，并认为它们是一张张人脸。甚至，他试图抓住妻子的头，因为他以为那是一顶帽子。

P 博士没有痴呆或精神问题的迹象。他的视力非常好，尽管他的眼球总是在不断地轻微抖动：他的目光似乎在许多小特征中不断地跳跃，而不是在处理事物整体的信息。当他集中注意力时，他能够理解他在看什么，但唯独不能理解人脸。如果某些人有非常明显的特征，他会认出他们，比如叼着雪茄的温斯顿·丘吉尔和有着一头野蛮生长的头发的爱因斯坦。

 P 博士所患的是一种典型的严重面部失认症，即无法识别人脸。更具体地说，他似乎无法将一张脸的所有特征联系在一起。这个案例告诉我们，人脸是一种需要配置处理的特殊刺激因素（对整个人脸进行编码的能力请参考第 6 章）。

很不幸的是，面部失认症是无法治愈的。

个案 4：几乎忽视了这个世界

在第 7 章中，我们介绍了空间忽视的神经心理学条件。在许多关于这种衰弱性疾病的案例报告中，我们来看看英国神经心理学家约翰·马歇尔和彼得·哈里根对患者 PS 的研究。

患者 PS 的右侧顶叶皮层因脑损伤而受损。她表现出了两种缺陷。

√ 偏盲：丧失一半的视力（参见第 4 章）。PS 的偏盲在左侧。
√ 忽视症：患者 PS 表现出对左侧的忽视，这意味着即使她转过头去看，也看不到物体的左侧。她的这种情况在忽视症中非常典型。如果你让她对某些物体进行删除，她只删除右边的物体。她只吃她盘子右边的食物。临摹物件时，她也只画右边。

患者 PS 表现出了一种有趣的忽视症模式，即她对物体左侧无视，但确实又存在隐蔽的（无意识的）意识。当 PS 看到两栋房子（一栋在左边，火从左边的窗户冒出来；另一栋在右边，没有着火）的照片时，她会说这两张照片是完全相同的。然而，当被问及她更喜欢哪栋房子时，她果断选择了右边的，这表明她并没有意识到火灾这个因素。

 人类大脑对左右进行编码的方式并不简单。人们会根据相对于自己的空间对左右进行编码，同时也会编码对象的左右。这两种类型的左和右在大脑中的处理方式是不同的。

半侧忽视症没有治愈的方法。心理学家也只能提供一些方法去使患者对看不到物体左侧进行适应，比如保证定期转动物体，使得患者可以看全物体的两边。

个案 5：忘记学过的东西

病人 HM 是心理学史上被研究最多的人。1953 年，为了治疗非常严重的癫痫，HM 做了脑部手术，移除了海马体。虽然他的癫痫被治愈了，但其副作用可以说是毁灭性的：他无法将信息从短时记忆状态转换成长时记忆。手术后，他就从来没有记住过新认识的人的名字，从来没有记住过所发生的时事，也没能记住他父亲去世的消息。对他来说，每天都像是做手术的前一天。

HM 的工作记忆和语言能力完全正常。他对手术前就认识的人的记忆非常完整，他能够学习新技能，但他并不知道自己能这样做。他总是惊讶于他能做一些他认为以前从未做过的事情。

 海马体对长时记忆的形成至关重要，知道事情和知道如何做事情之间存在着很大的差异：一种能力可能被破坏，而另一种能力则会保持不变。

像许多其他脑损伤一样，这种顺行性遗忘症是无法治愈的。其实患者在某种层面上也是可以放心的，因为他们并没有失去受伤前的任何技能和经验，这样就可以帮助他们避免患上抑郁症（这是很常见的）。

个案 6：意识到知识正在溜走

英国神经心理学家卡拉琳·帕特森和她的同事报告了几例左侧颞叶损伤的患者，其中一位名叫 PP，两年来 PP 对人名、地名、事物的记忆变得越来越糟。有人问她是否去过美国，她的回答是："美国是什么？"她甚至不知道什么是食物。

即便这样，这些严重的记忆问题也没有影响她对事件和约会的完美记忆。她能自己做饭、打扫卫生、照顾自己，她的视觉能力完全正常。不幸的是，她对问题的认知导致她患上了抑郁症。

尽管她的语法和对个人事件的理解似乎依旧非常好，但 PP 在说话时很难找到正确的单词（命名障碍），并表现出表面的阅读障碍的迹象。她的病情持续恶化，她变得无法购物、不会做饭，因为她不知道该选择什么。

这种情况被称为词义性痴呆，是无法治愈的。这种情况表明词义知识和单词存储在大脑中不同于语言的地方，语法和句法与单词存储的区域也存在着不同。

个案 7：脱离语言的发展

美国语言学家苏珊·柯蒂斯（Susan Curtiss）是研究杰妮（化名）悲剧的主要科学家之一。杰妮是一名被严重虐待的孩子，她从 20 个月大开始被关在一个没有人接触的房间里，直到 13 岁被当局发现。有证据表明，杰妮在 20 个月大之前是一个相当正常的孩子。

科学家们发现杰妮非常野性。她几乎在所有认知和社交任务上都表现不佳，也根本不能说话。

经过几个月与心理学家和医生的互动，杰妮开始取得了一些进展。她能够发展一些认知技能，就自己的需求和愿望进行交流，甚至开始说几句简单的话。但是，她完全不能理解语法结构这个概念。

在杰妮身上进行的工作揭示了许多关于语言如何发展的问题。研究结果表明，在幼儿期和青春期之间存在着一个关键时期，这个时期必须进行语言学习。在这段时间之外完全学习一门语言是不可能的。

个案 8：阅读但不理解单词

约翰·霍普金斯大学的默娜·施瓦茨（Myrna Schwartz）和她的同事在 20 世纪 70 年代末对患者 WLP 进行了研究。WLP 来到医院时已经出现了痴呆症的症状，其症状在接下来的 30 个月的时间里逐渐恶化。她在理解单词的含义方面遇到了特别不同寻常的问题，这为纯粹的词汇阅读路径提供了一些第一手的直接证据（阅读者只需要通过视觉识别单词，而不需要读出单词）。WLP 能够相对流利地阅读单词，并且没有表现出明显的阅读障碍，但是她在理解单词上存在困难。例如，她可以读出一系列动物的名字并发音正确，但她很难将单词与动物的图片相匹配。

WLP 的案例为我们提供了一些证据，证明大脑中确实存在一条路径，将书面文字的视觉形式与这些单词的发音联系起来，并绕过了对这些单词的含义的认知。她还为语言的模块化观点提供了一些支持，证明个体会用不同的过程来处理单词的含义和声音。

WLP 所患的是一种早期记录在案的病，现在被称为词义性痴呆。对该病的研究提出了一个重要的观点，即并非所有患有这种疾病的患者都表现出相同的问题模式。这种可怕的情况可以选择性地损害某些心智能力，而让另一部分患者幸免。

个案 9：努力按语法说话

神经科学家珍妮·奥格登（Jenni Ogden）在她所著的《破碎的心智》（*Fractured Minds*）一书中描述了一个叫卢克的患者的情况。卢克患有脑出血，损伤了大脑额叶上一个叫作布罗卡区的小区域（以保罗·布罗卡的名字命名，他在 19 世纪首次发现了这个区域）。

卢克表现出一系列认知症状，这些症状是该区域受损的特征。他能理解单词和简单句子的意思，但他在语法上却很吃力。在一次标准的理解测试中，研究者展示了几张图片给卢克，并询问卢克哪张图片与某个特定的句子相匹配。当被问到"猫在椅子下面"这句话时，他选择一张猫在椅子上的照片的可能性和选择一张猫在椅子下的照片的可能性是一样的。

说话时，卢克能够说出有意义的词汇，却很难说出语法上的虚词，所以他说了一些像"给妈妈打电话，衣服，嗯，外套，黑色，嗯"这样的句子。这种语言通常被描述为语法缺失（因为它缺乏语法），是布罗卡失语症的典型表现（这种情况是众所周知的）。

这个案例的研究和前面一节中的研究给出了一些证据，证明大脑中确实存在独立的过程来对语言的意义和语法进行处理。卢克还患有一定程度的失用症（无法执行有目的的行动），这并不罕见，因为布罗卡区位于大脑中负责规划复杂的身体运动序列以及口语的部分。

个案 10：性格的改变

最早的神经心理学案例研究之一，是 19 世纪时针对美国铁路工人菲尼亚斯·盖奇（Phineas Gage）进行的研究。1848 年，当使用炸药为铺设一条新铁路开辟道路时，一根金属棒穿过了盖奇的头骨，损坏了他的大脑额叶。

盖奇由此产生的症状是现在公认的常见脑损伤形成的典型症状。除了行为和性格上的变化之外，这样的患者通常看起来像是没有受到什么损害，并且他们的行为方式看起来很正常。菲尼亚斯·盖奇出事前就认识他的人，在他出事后都表示他不再是原来的那个他了。

额叶容纳了大脑的执行区域，这些区域会做出高层决策，决定你下一步要做什么，以及关注哪些事情。它们对抑制大脑中更冲动的部分也很重要。额叶受损的人通常会开始表现出不寻常的行为，有时在社交上会表现得不合时宜。他们在规范自己的行为和抵制一时冲动的决定方面也存在着困难，所以可能会出现赌博问题、失业或难以维持关系的问题等。

第 22 章

10 个撰写成功研究报告的小技巧

通过对本章的学习，我们将：

▶ 学会合理组织研究报告；

▶ 认识到什么是需要批判的、什么是不用去理会的。

作为一名认知心理学的学生，你大概率绕不过写研究报告这个坎。研究报告撰写的目的，就是呈现你自己的实验发现，即你需要设计、实施和运营你自己的实验。毕竟，认知心理学是一门科学。

当撰写这些研究报告时，你必须遵循美国心理学会（American Psychological Association，APA）出版手册中规定的某些规则。美国心理学会经过多年的发展，确立了这些出版规则，以确保所有科学家都可以做出格式上相似、易于每个人理解的研究报告。这些规则中可能有那么几条看起来很迂腐甚至很死板，但你也必须遵守它们。

即使你不用写研究报告，对研究报告的结构进行一些了解也是非常有用的。归功于在线免费科学期刊的大量出现，越来越多的人接触到了认知心理学研究。有很多记者也会阅读科学研究报告，然后撰写相关的报道。但是，他们经常会犯错或错误地解释这些报告。所以，能够准确阅读科学研究报告就显得至关重要了。

在本章中，我们会提出写认知心理学研究报告时的八个注意事项和两个不需要注意的事项。同时会给你介绍一些工具，辅助你更加顺利地书写和阅读科学报告。这些建议是基于专业研究人员（比如我们）的工作提出的。所以，你可以和你的导师就这些建议进行核实，你会发现，对于你所学的具体课程，导师所给出的建议可能是一样的。

我们知道你希望本书可以对自己带来更多的价值，所以这里有一个额外的小提示，即查阅一些免费的在线期刊，如《认知心理学进展》（*Advances in Cognitive Psychology*）、《认知前沿》（*Frontiers in Cognition*）以及《视觉杂志》（*Journal of Vision*），了解一下已发表的认知心理学论文是什么样的。

技巧 1：使用正确的格式

美国心理学会撰写报告的规则会告诉你使用什么字体、如何设置边距、应该包括哪些小节以及如何科学地写作。

就设计和大小而言，你选择的字体需要易于阅读。众所周知，像 Arial 和 Times New Roman 这样的字体肯定是比 Comic Sans 和 Brush Script 要更容易阅读的。字号必须要大一点，大到可以阅读的大小，但不能太大，太大就会浪费纸张，所以用 12 磅 Times New Roman 就刚刚好。此外，请始终用 1.5 倍行距，这会让阅读更容易，同时也给了你的导师写评语的空间。

按顺序，研究报告需要包含以下七个部分。

- ✓ 标题：告诉读者这项研究的内容。
- ✓ 摘要：报告的摘要（不超过 120 字）。
- ✓ 引言：告诉读者你为什么要做这项研究。
- ✓ 方法：准确描述你做了什么……详细地说，要比你想象的更详细，然后再补充更多的细节进去。
- ✓ 结果：你发现了什么（重要的部分）。
- ✓ 讨论：你的发现意味着什么。
- ✓ 参考文献：列出你阅读过的、有助你撰写研究报告的所有其他人的研究报告、图书、文章等。

 标题、摘要和参考文献需要另起一页，为了节约纸张，其他的内容可以按顺序写下去。

图表非常适合展示结果，但是一定要正确清晰地进行标注，切记不要用彩色进行标注。对于图来说，所有轴都需要进行标注，并需要在图的下方放置一个标题（读者必须能够在不阅读文本的情况下理解该图）。不要在表格中使用竖线，因为它会使空间变得杂乱无章，难以阅读。

在正确的格式内，使用适当简洁的科学语言。科学家喜欢平淡、平实、简单的句子。他们讨厌那些有很多从句和逗号的长句子，简单地给出信息就可以了。尽量使用短句。确保你正确使用科学词汇和短语（通常这意味着你不需要定义它们）。只写下让你的观点被理解所必需的词就可以了——不需要再多写什么。

技巧 2：纳入背景研究

在报告的引言中，你需要证明与你研究有关的一切，包括你为什么做这项研究。也就是说，从科学的角度解释这一研究的目的。仅仅对一个话题感兴趣是不够的（尽管这很有帮助），你的研究还需要有实际应用的价值。

引言的开头通常可以为研究打下基础，解释为什么这项研究对社会有益，以及做这项工作的任何实际原因。例如，记忆研究通常有助于理解和改善目击证人的证词。

引言的其余部分需要对以前发表过的作品种类进行一个总览的描述。这些描述只需要包括相关和重要的研究就可以了，不需要把所有你读过的内容都写上去。事实上，为了让别人理解你的观点，只写那些最核心的绝对没错。

通过对背景研究的描述，我们需要对可能涉及的讨论的所有方面进行展示。还要解释你的工作给这种讨论增添了什么新内容、它有什么不同以及为什么它是这个领域目前最优秀的研究等。

技巧 3：批评现有的研究

撰写研究报告以及作为认知心理学家的日常乐趣之一就是，对现有的研究工作进行批评。没有一篇发表的论文是完美的（显然除了我们自己发表的以外），所以我们总是在寻找批评别人的方法。批评是推动科学进步和建立新的、更好的测试方法的基础。

 研究方法和程序的适当性绝对是值得批评的。研究人员经常在进行一项研究时设置一个混淆变量（第二个变量可能解释他们的发现，但并不是他们原先描述的那个）。例如，最近我们读到一篇论文，指出情绪影响对面部表情的识别，但不影响对身份的识别。然而，研究人员在实验中只告诉被试要记住面部特征，并没有提到表情。因此，表达/身份识别和学习指导之间存在混淆。

你也可以对用来衡量某种效果的工具是否合适进行批评。一个特定的实验变量真的能测量某种效果应该是什么吗？换句话说，试着用另一种方式解释别人的结果，对他们的结果提出你自己的解释。

在一项特定的研究中使用的统计方法是另一个可以进行批判的点，尽管这可能需要你对统计学有所了解。

技巧 4：形成可测试的假设

确保你的实验假设满足以下四个要求。

✓ 简单：它需要描述一件事如何影响另一件事（可能只有在某些情况下）。在提出建议之前，千万不要把一套复杂的命题摆在建议之前（这不是哲学）。正如我们在第 18 章中所说的，一个简单假设的逻辑是，如果一件事发生了，那么另一件事也应该随之发生。

✓ 清晰：你需要清楚地表明你在说什么。也就是说，清楚地确定你在研究哪些变量。这方面可能是学生在第一次做的时候所面临的最难的事情。你必须把一个复杂的假设结构（比如说性格）转化成简单且容易衡量的东西（比如艾森克人格问卷中的外向性）。你需要清楚地说明这个变量是如何影响其他东西的。你的假设也必须来源于你总结的背景文献资料。

✓ 受控：许多专业研究人员也不符合这一要求。受控实验不容许出现混乱（参考前一节）或错误。一个假设必须针对被调查的特定环境。从你的实验中，你可以得出关于这个概念的预期推论，因为你可以与相关的控制条件进行比较。控制条件就像一个中性条件或基线，其他一切都是相对的。

✓ 可测试的：没有必要为你无法测试的东西设计一个假设。比如测试"人类是从猴子进化而来的"，你将如何通过实验来测试它？假设必须包含经过明确定义的概念，你可以很容易地测量或操作。例如，你可以通过进行回忆测试来轻松衡量记忆表现，但你不能轻松衡量脑力。有了一个可测试的假设，你就能准确地陈述你将如何测量和操纵实验中的一切，并对你打算使用的范式和过程进行更详细的描述。

技巧 5：提供详细的方法

在方法的部分，你需要对自己做了什么进行准确的描述：陈述发生的每一件事，然后添加更多的信息进去。但这一部分也是最容易漏掉一些东西的部分，你必须确保把自己的方法可以顺利地传达给读者，这样他们就可以重复你的实验了。

方法部分通常分为以下四个小部分。

✓ 被试：对你的被试进行描述，比如，你是如何招募他们的以及他们为什么要参加等。因为有证据表明，不同的人在实验中的表现完全不同。例如，男性和女性在错误记忆的戴斯 – 罗迪格 – 麦克德莫特范式（DRM 范式）中就给出不同的结果（参见第 11 章），有偿的被试在人格问卷上给出的结果也与志愿者不同。

✓ 材料：详细描述你使用的所有东西。如果你用单词做了一个记忆实验，那你就需要描述你所使用的单词是什么类型的。有证据表明，较短的单词比较长的单词更容易被记住，同样更容易被记住的还有与众不同的单词、高频单词等。当然，你也可以说明一下自己为什么会选择这些特殊的材料。但是要注意，关于实验中所使用的材料你不能在这一部分写得太多（不要包括过于繁复的细节，比如用来填写问卷的铅笔类型等）。

✓ 设计：告诉读者你选择的实验类型，并确定变量。简单来说就是，是所有的被试都参与了所有条件下的测试还是不同组的被试做了不同的测试。

✓ 程序：详细说明被试在实验过程中到底发生了什么。程序通常描述的就是实验和阶段两个层面。

✓ 实验：导致单一被试反应的事件序列。

✓ 阶段（或组块）：一组相似的实验按顺序放在一起。例如，识别实验的特点是首先学习实验的一个阶段（首先呈现刺激），然后才是涉及识别实验的测试阶段（呈现学习刺激和新刺激，被试判断他们以前是否见过）。

在方法这部分，我们再怎么强调细节的重要性也不过分。因为使用方法的细微差异会造成论文与其他论文相矛盾，这其中甚至包括了使用单词的平均长度，或者被试坐在距离计算机是 60 厘米还是 100 厘米等。

技巧 6：清晰地展示你的结果

报告的全部意义在于收集数据并展示出来。因此，实践报告的结果部分是最重要的部分之一，内容清晰且易于被理解至关重要，以确保任何人都能理解你的结果，并且该结果与你的假设相关。

不要忘记对研究中的数字进行描述：它们意味着什么，基本上分数的范围在什么区间；数据中的趋势和模式也不能忘，即要说清楚哪个条件下产生的平均值比另一个高。然后是画龙点睛之处——图表，但美国心理学会的指南总是提到"数字"这个词，所以不要在你的研究报告中使用"图表"这个词。

图表可以很好地、简洁地总结所有被试的数据并予以展示。在本书里，我们曾提到实验效应，在这种效应中，有些东西"比"其他东西更大，这些都来自研究报告中所描述的结果。数字的美妙之处在于，它们清晰地显示了数字之间的视觉差异，但它们并不像表格中的数字那样精确。

确保你的结果反映了你的假设（参考前面的"形成可测试的假设"这部分内容）。分析中的变量必须是你在引言中描述的变量（许多人做统计时没有考虑它们代表什么）。

技巧 7：在理论框架中解释结果

你需要在一个理论框架内解释你的结果。再次参考你在引言中提出的理论和背景研究：这些理论是否得到支持？如果不是，为什么不是？

 当你对不一致的结果进行解释时，确保你所引用的理由来自某个理论中。也许原因在于你的研究和其他人的研究之间的差异，但一定要确保你的任何理由都是基于某种形式的科学理论提出的。

确保你对结果的解释考虑了任何潜在的偏差或有效性问题，包括测量的不精确性。如果你想解释你所研究的影响背后的心理机制，那么在可能的情况下，这些机制需要呈现出一种因果关系。也就是说，你要试图解释为什么事情会以这样的方式发生。

 尝试从你不一定相信的其他理论视角来解释你的结果，以展示你真正的天赋和非凡的创造力。

技巧 8：对以后的研究提出建议

在各种理论框架内解释你得到的结果（参考前面的部分），你可以通过描述读者如何在这些理论之间进行实际测试来大放异彩。并且，你可以根据理论和额外的背景阅读来对未来那些新的和重要的调查研究给出一些建议。但是，切记不要因为你觉得某件事很有趣就简单地提出建议，只依据重要的理论用途对工作提出建议。

你还可以就以后的研究方向进行一些设想，这可能会使你的结果更适用于其他人群的样本，甚至对现实世界更具普适性。换句话说，你可以告诉他人"为什么你的结果真的很重要"以及"你可以做些什么来使它们彻底改变整个世界和人们看待心理学的方式"。这么做会显得有那么一点浮夸，但不要担心。

专业研究人员经常会对未来的研究提出建议，以此作为一种方式来暗示心理学家应该得到更多的经费来做更多的研究。姑且就把这当成一种工作上的需求吧。

技巧 9：避免批评样本

学生经常会对自己发表的研究提出笼统而模糊的批评，诸如我的研究"样本量太小""样本只涉及心理学专业的学生"或"要是随机样本会更好"等，所有这些批评都是不妥的。原因如下。

当心理学家进行实验并发现有统计学意义的结果时，样本量就是合适的，这就是全部的解释了。这种做法是统计学中的一个规则，因为每次测试一个新被试，都要花掉很多的经费。测试最少数量的被试可以更好地找到一个有意义的结果。但是，如果你还没有找到一个有意义的结果，那就意味着你的实验可能缺乏影响力（找到一个重要结果所必需的统计质量），这需要更多的被试。但是有更好的方法来增加影响力，简单地去增加更多的被试并不是一个好方法。

不要批评自己只测试了心理学专业的学生。在你所做的认知测试中，这些心理学专业的学生被试会和其他被试表现出明显的不同吗？答案几乎是否定的。如果你从那些已经发表的论文中找出了不同的证据，你可以使用它，但你必须有一个理论对此进行支撑。如果你认为心理学专业的学生被试可能知道某个实验的逻辑和目的，并由此会影响结果，那只能说明这个实验本身是糟糕的，需要在实施之前更好地设计。

也不要因为缺少随机样本就进行批评。尽管简单随机抽样在技术上会比机会抽样要更好一点，但实现它们几乎是不可能的，而且成本太高，难以组织。鉴于你描述了你测试的被试，读者需要确定你的结果是否可以涵盖其他人群即可。

技巧 10：不要指责生态效度

学生往往会犯一个很典型的错误，就是批评已发表的论文和自己的论文缺乏生态效度，缺乏生态效度意味着实验中获得的结果不太可能在现实世界中进行复制。

虽然许多实验是在实验室进行的，但这是创建受控环境以探索特定过程的唯一方法。这并不是问题，其实反而是件好事。

你可以说，虽然结果可能只在有限的条件范围内通用，但进一步的研究依旧会在使用此结果的基础上进行，在后面的研究中也会试图在现实世界中进行复制。例如，如果研究语言的研究人员在实验室发现了一种效果，他们就可以设计一种新的方法来帮助患有诵读困难症的人，并在现实世界中进行测试。如果没有最初的实验室工作，这项有益的新技术就不会被设计出来。

第 23 章

10 个认知心理学迷思

通过对本章的学习，我们将：

▶ 破除 10 个常见的迷思；

▶ 对真相进行剖析。

许多人认为，他们对认知心理学略知一二（其实里面很多东西只是常识而已）。但其实，正如你在本书中看到的，认知心理学的大部分内容更具技术性也更有趣（我希望你同意这一点）。

在本章，我们将揭示 10 个常见的、与认知心理学相关的迷思，它们大部分都是与大脑相关联的。不排除我们会给出一个迷思使用的例子（通常是好莱坞电影或电视），并站在科学的角度去解释为什么它是错误的。

迷思 1：用上你整个的大脑

在电影《超体》（Lucy）中，主人公露西服用了一种药物，这种药物可以让她激活并使用全部的脑容量，发展出一些（坦白讲）很荒谬的能力。一种观点认为，人们只开发了 10% 的大脑。

当然，这个神奇的故事是完全错误的。诚然，学习可以增加大脑连接和大脑物质的数量，但人们一次只可能使用一部分大脑。例如，你正在阅读，所以你大脑中负责阅读的部分就在工作；与此同时，你大脑中识别人脸或控制踢球的部分是不工作的，这部分的脑细胞也没有那么活跃。

例如，通过功能性磁共振成像技术对大脑扫描显示，大脑在大部分时间都是活跃的（甚至在睡眠期间），只是其中某些部位会比其他部位更活跃一些。此外，损坏大脑的任何部分都会导致某种形式的认知缺陷，显然每个部分都有专门的用途。大脑中的某些部分也会比其他部分更多地被用于某些任务和行为（称为大脑功能的定位）。

电影《永无止境》（*Limitless*）的底层逻辑是，如果人类可以开发他们全部的脑容量，那他们将拥有超人的力量。这非常可笑！如果你的整个大脑同时活跃，且所有部分都呈现出相同的活跃水平，那你就会同时做和思考所有事情，大脑会进入某种形式的感官过载。事实上，孤独症就被认为是由感觉太多引起的。大脑感觉部分的过度刺激导致孤独症患者退缩到自己的世界，避免任何额外的感觉（如社会刺激）。

迷思 2：深度只能用双眼同时感受

在第 5 章中，我们描述了看到三维所需的各种信息来源。其中只有立体视觉一个来源，需要就两只眼睛看到的图像进行比较，这意味着你可以从一只眼睛获得许多深度感知的来源。因此，即使你只有一只眼睛，你也不会失去深度知觉。

但毫无疑问的是，如果只用一只眼睛来感受深度，肯定会更加困难，尤其是如果你以前没有见过这个物体，或者你在一个空旷的地方看东西（比如一个开阔的田野，远离任何树木）。但显然，这种情况很少见。

所以，这么说吧，如果你失去了一只眼睛，你失去的可能只有立体视觉。在绝大多数情况下，你不会注意到任何不同。

迷思 3：男人看不到颜色

色盲的类型有很多（正如我们在第 5 章中所描述的），但这里面有一个迷思存在，即只有男人才可能是色盲。抛开大多数色盲患者其实并不是完全看不到颜色（他们只是混淆了某些颜色）这一事实不谈，色盲同时影响着男性和女性。

色盲的主要原因在于 X 染色体上的一个特定基因。男人只有一条 X 染色体，而女人有两条 X 染色体。因此，色盲女性需要在两条染色体上遗传这个问题，而男性只需要遗传一次。色盲也可能是糖尿病和脑损伤（色盲）的结果。

因此，男性患色盲的可能性大约是女性的 10 倍，尽管这取决于色盲的类型。女性更可能是红黄色盲（黄色和红色混淆的颜色缺陷）而不是红绿色盲（绿色和红色混淆的颜色缺陷），而在概率上来说，男性也是如此。总体而言，大约 8% 的男性和 0.5% 的女性是色盲患者。

此外，还有两个迷思可以一并消除。首先是，色盲不会从父亲传给儿子（尽管如果母亲是色盲，她的所有儿子都会是）；其次是，狗不是色盲。

迷思 4：爱上一张对称的脸

对称性对人眼非常具有吸引力，这个"事实"以及一些科学研究衍生出了对称的脸有吸引力这个说法。那些对此负有责任的研究涉及了一系列看似对称、更有吸引力的人脸。但优秀的科学家会在这些基本发现的背后探索混淆变量——在实验中同时发生但没有被测量的事情。

如果对称的脸有吸引力，当你给你的脸拍照并使它完全对称（镜像一侧）时，它应该看起来比你正常的脸更有吸引力才对，但事实并非如此。人们通常不会认为人为的对称的脸是有吸引力的脸。

事实上，对称的混淆变量是平均脸。有魅力的脸实际上是平均的脸。平均脸通常没有瑕疵、痕迹或奇怪的特征，看上去很健康。一般来说，平均脸是对称的，但并不总是对称的。平均脸比对称脸更有魅力。

迷思 5：像录音机一样记忆

在美剧《生活大爆炸》（*The Big Bang Theory*）中，谢尔顿·库珀（Sheldon Cooper）

这个角色声称自己有一个非常清晰的记忆力（又称遗觉记忆）：他能以惊人的准确度记住事情，只需要看到或听到一次他就能完美地回忆起来。这种能力与过目不忘相似，但又不完全相同（过目不忘是指某人看过一页文本可以瞬间记住全部内容）。

在某些情况下，在儿童身上可以发现一些明显的清晰记忆的案例，他们能够在短时间内准确回忆起被告知的全部事情。但是，他们对内容的理解可能不完全准确，因此清晰记忆与某人的智力无关。

但是目前，在成年人身上还没有发现有清晰记忆的案例。每一位声称拥有这一能力的人最终都被证明是假的，他们非常擅长的是记住所有情况的要点，并经常制造错误的记忆。患有超忆症的人可能比大多数人能回忆起更多的细节，但他们的记忆肯定不等同于清晰记忆（如果有谁读到这里认为自己具有清晰记忆，请联系我们）。

迷思6：听莫扎特音乐让你更聪明

一个普遍存在的迷思是，听莫扎特的音乐会让你变得更聪明，这就是所谓的莫扎特效应。美国的一家公司出售基于这一迷思制作的各种视听材料，杰出的政治家建议在学校听莫扎特的音乐，甚至给新生儿父母赠送光盘。

这个迷思是基于在美国进行的一项研究产生的，其中大多数白人中产阶级被试在执行一系列特殊任务时听莫扎特的音乐。虽然他们在空间任务上的表现有所改善，但没有任何改善效果持续超过15分钟。进一步的研究表明，与没有训练（很明显）、唱歌（同样很明显）和在电脑上演奏相比，在钢琴上弹奏莫扎特的音乐可以提高空间能力。

关键问题是，听莫扎特的音乐通常被拿来与折纸或其他无聊的任务对比。如果你在做这些任务之前给人们阅读或观看他们喜欢的东西，他们通常会比你给他们不喜欢的东西看之后做得更好。当然，也可能是最初研究的被试喜欢莫扎特。当英国广播公司对英国人（不仅仅是白人中产阶级）进行这项研究调查时，发现他们的智商在听流行音乐时有所提高，但听莫扎特的音乐时却没有。事实上，最初的研究结果并没有被复证过。

最初的研究人员曾澄清说，他们从来没有说过听莫扎特的音乐会让你变得更聪明。

人们误读并对此进行了错误的报道（在媒体上读到关于科学的内容一定要小心）。你给人们任何能让他们放松和快乐的东西都会让他们在特定的任务中表现得更好（参考第 20 章）。

迷思 7：电脑游戏越来越毁孩子

许多人声称，玩暴力电脑游戏或观看暴力电视节目的孩子更容易变得暴力。这个迷思在心理学中是最有争议的，因为投入了大量的资金来研究它，以及围绕这个研究产生了不同的、强烈的观点。

关于这一主题已经进行了大量的研究，许多研究确实显示了暴力电视节目观看量和攻击性之间的相关性。加拿大社会心理学家阿尔伯特·班杜拉（Albert Bandura）在这个问题上是一个关键的存在。他给一些孩子看成人在打一个波波玩偶的录像，然后让孩子们带着波波玩偶进入房间。很多孩子在房间中也出现了对波波玩偶的殴打行为。

这一发现可能看起来太明显不过了，这也就是相信这个迷思的原因。但是如果你深入观察，你会发现这项工作存在很多问题。例如，孩子们几乎总是看着实验者拿着波波玩偶在房间里做什么：因为房间里没有太多其他事情可做，所以孩子们能做的就只有打波波玩偶了。此外，该实验是由一个政府游说团体资助的，目的就是试图证明媒体暴力是不好的。

 大多数表明这种相关性的研究都有问题。

✓ 大多数这样的研究是由试图证明这种联系存在的人资助的，这种行为并不适合科学家。

✓ 这些研究需要成千上万的被试来展示一种效果（表明如果一种效果确实存在，那么它也是非常小的）。

✓ 这些研究几乎总是忽略父母角色产生的影响，关键是排除了父母的攻击性。父母的攻击性很可能预示着孩子的攻击性，而且比其他任何东西都更有影响力。在家里经历攻击的人更容易在媒体上寻求攻击，给人一种媒体暴力导致攻击的印象（而这实

┃   际上是其他事情的结果）。

媒体暴力可能只会改变观看它的人本身具有的攻击性的性质。对一些人来说，对攻
击行为的观察可以减轻他们的攻击感，因此对他们来说是有益的。对于那些本来就
好斗的人来说，媒体暴力只是向他们展示了行为以何种方式实施。

迷思 8：追寻自由意志

自由意志可能是本章中最有争议的观点。大多数人相信他们有自由意志——选择如何
行动的自由——并且他们的意识决定如何行动。

然而，美国生理学家本杰明·利贝特（Benjamin Libet）进行了一项创新研究（该研
究已被重复多次），他让被试简单地选择何时按下停止钟表指针的按钮。利贝特测量了人
们在做出"自由"选择时的大脑活动。他还要求被试以秒为单位记录自己选择按下按钮的
时间。

利贝特在被试选择按下按钮之前（这种选择发生在人实际按下按钮之前），在大脑的
运动皮层（开始手部运动）发现了大脑活动。这意味着何时按下按钮的选择是由大
脑无意识地做出的，而不是由人的意识做出的。

在人决定移动之前，大脑开始移动手的时间如此之长（大约 300~500 毫秒），以至于
研究人员可以识别这个人将使用哪只手。心理学家能读懂人的心思，或许就是因为他们没
有自由意志吧。

迷思 9：男人和女人有着不同的交流方式

许多人认为，男人和女人的交流方式是完全不同的，这一点被流行书籍所强化，如
约翰·格雷（John Gray）所著的《男人来自火星，女人来自金星》（*Men Are from Mars,
Women Are from Venus*）一书。然而，从认知心理学的视角来看却大相径庭。

男性和女性的大脑在基本线路和功能上非常相似，任何出现的差异都是文化经验的结果，而不是任何天生的生物差异。威斯康星大学的心理学家珍妮特·海德（Janet Hyde）和她的同事检查了语言能力性别差异的证据。他们发现，在语言能力的每一个方面，即使存在差异，性别之间的差异也都非常微小。

迷思 10：催眠你后能让你做任何事

电影和电视节目经常有催眠的场景，声称某人可以被催眠去杀人，就像在美国电影《超级名模》（*Zoolander*）中所描绘的那样。稍微现实一点的是，有催眠师在舞台上让观众做傻事的节目。这个迷思源于对催眠的作用和发生机制的误解。

无论是通过冥想、阅读、深入思考还是指导，催眠都会让人们进入一种高度警觉、恍惚的极度放松和充满丰富想象的状态，有点像白日做梦。在这种状态下，你很容易受影响，因为你很放松。如果有人告诉你一些事情，你就会像在白日做梦时一样去相信。

 虽然你变得不那么拘谨，但催眠师依旧不能让你做你不想做的事情。就像在白日梦中一样，你身体的自我保护行为得以维持。催眠不会影响你的道德感——你只是更有可能做出愚蠢的行为。此外，催眠只能发生在那些希望它发生、足够放松地让它发生，并且相信它会起作用的人身上。不想被催眠就不能被催眠。